水系都市京都

水インフラと都市拡張

小野芳朗［編著］

思文閣出版

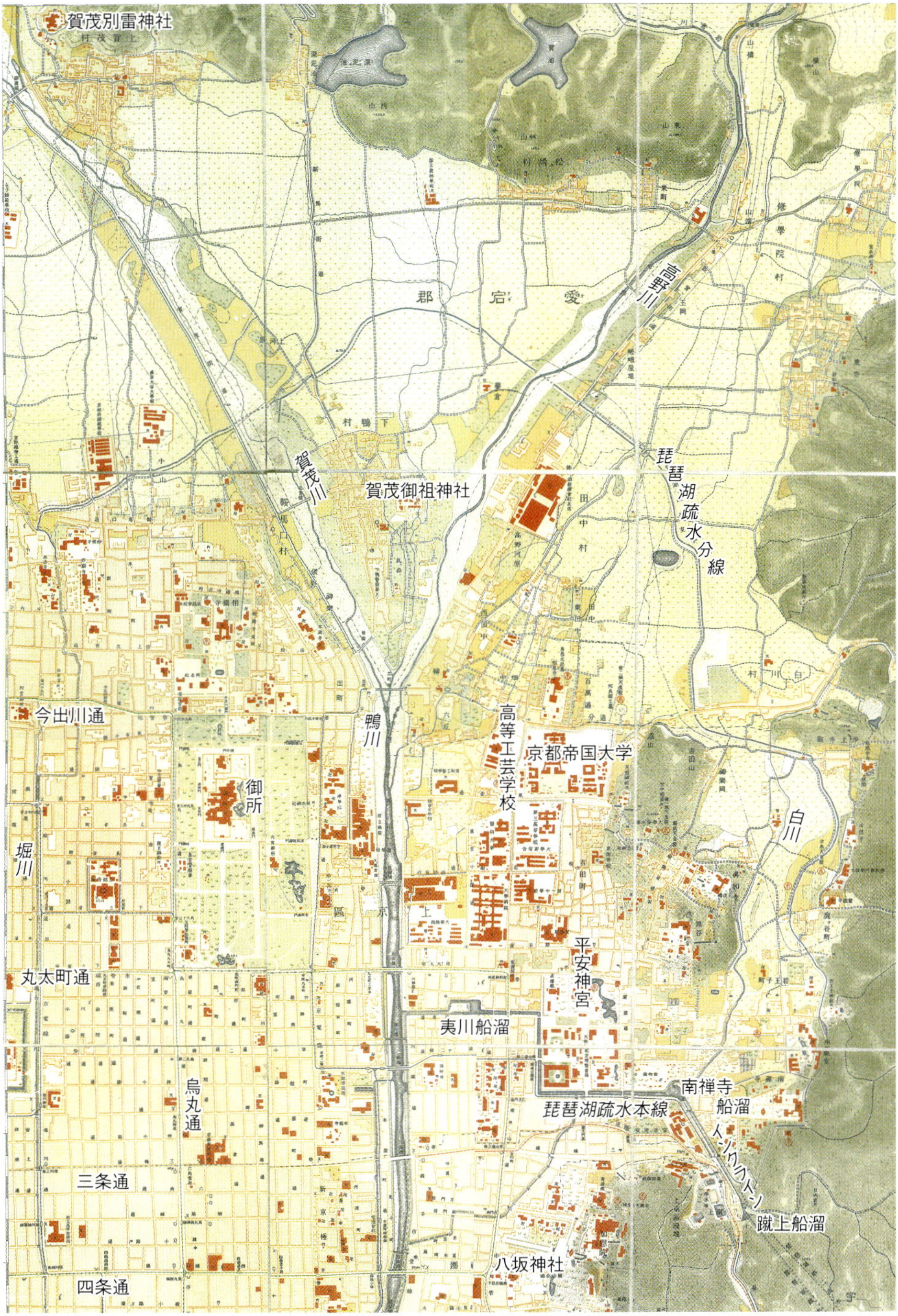

口絵１　京都市街図（大正４年）

出典：「京都近傍図」（陸地測量部、1915年／京都府立総合資料館蔵）を基に作成

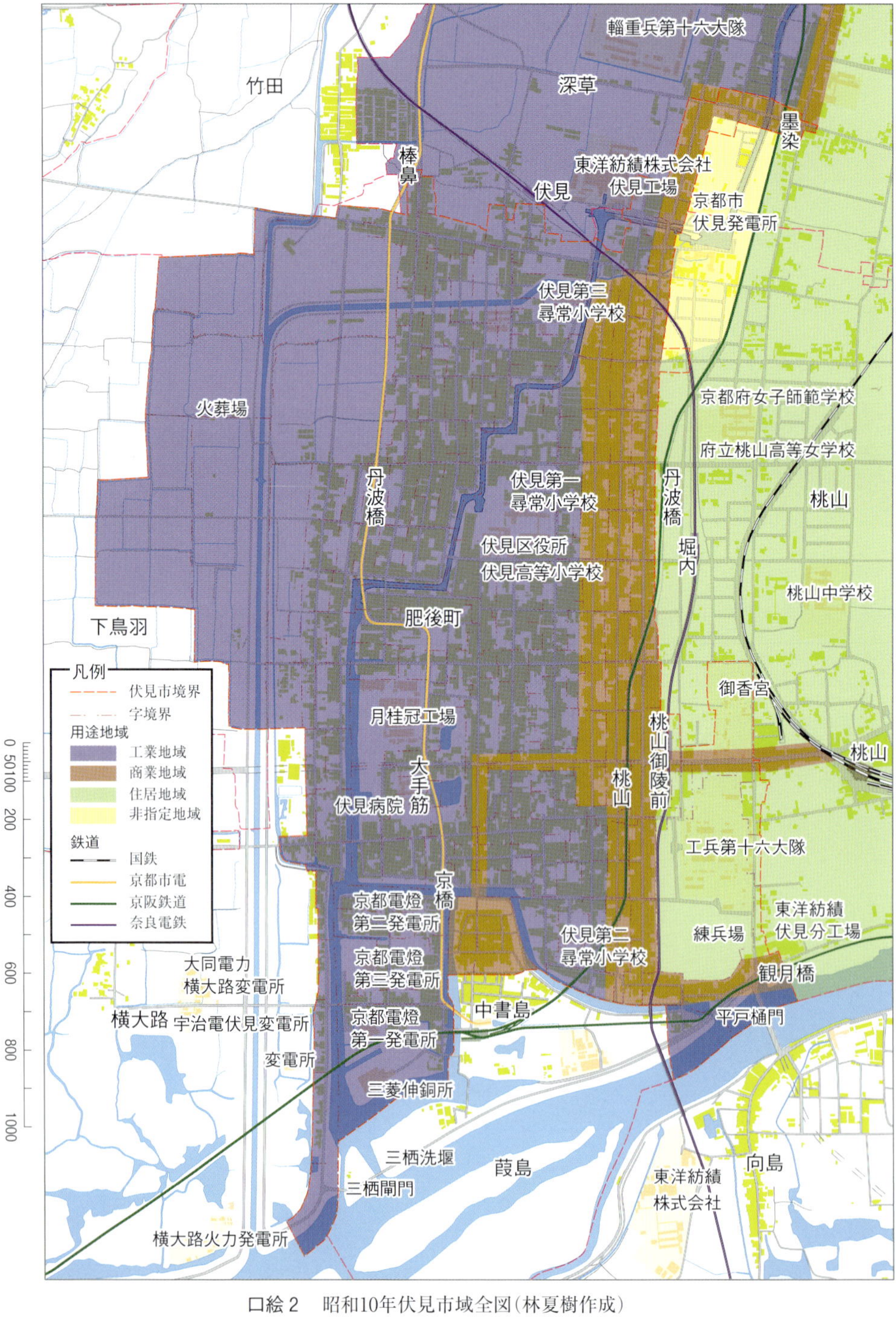

口絵2　昭和10年伏見市域全図（林夏樹作成）

はじめに

小野芳朗

京都の近代の都市史を書くにあたって、本書では水に着目する。本書の背景にある都市史家としての筆者の視点は左記のようなものである。

まず、日本の都市において近世と近代の結節点はいつなのか。都市により事情はさまざまかもしれないが、大概的に考えれば、それは都市計画法の成立の時代であると考えている。大正八（一九一九）年の都市計画法の成立により、まず東京、大阪、京都、名古屋、神戸、横浜の六大都市に同法が適用される。それに先立つ大正七年には市区改正の準用が京都、大阪に対してなされているが、そもそも市区改正とは明治二一（一八八八）年に内務省が公布した東京市区改正条例に始まる東京の帝都改造計画であり、都市改造は法的に進められてきた。しかし、それらを全国一律のスタンダードとし、都市改造を始めるのは都市計画法以来である。

都市計画の歴史に関しては、あまたの著作が存在するが[1]、都市史という視点で捉えると、都市計画は都市改造のために全国統一の技術と施工の法令を定め、それを帝国大学土木工学科出身の内務省技師群が担うシステムであったといえる[2]。その規模が全国的であり、かつ戦前の朝鮮半島や台湾の各都市にも植民地法で適用されていったので、すべての都市はインフラという構造が法に規制されて同一の規格になっていく。いささか乱暴にまとめれば、大正八年以来計画された都市は、その後財政事情や戦災などの障害を経ながら事業を推し進め、ようやく近年になって八〇年来の計画を完成させた。そして、それらは都市計画法規格都市であるため全国的に似た表情の都市が出来上がったといえる。

筆者のいう都市の近代とは、規格都市の計画と事業が遂行されて以後の時代を指す。都市計画は研究事例が豊富である。それでは、その時代以前、つまり明治時代は都市史上どのように捉えればよいだろうか。東京は前記のように帝都の体裁を整えるための市区改正事業が適用された特別な事例である。東京に首都の座を奪われた京都はどうか。都市の骨格を改造する道路計画は明治三〇年代に京都策二大事業として計画され、それが明治末の西郷菊次郎市長による京都市三大事業の一つとなって、道路の拡幅と新造が現代の京都市の骨格を作り、やがて都市計画事業に結びついていく。改造の本格的な着手は明治末であった。多くの都市の明治時代が近世的な空間の継承にあるように、京都でも基本的に近世京都は続いていた。

大きなインフラといえば明治二三（一八九〇）年竣工の琵琶湖疏水である。明治天皇が上京区、下京区に遺した産業基立金《もとだてきん》をもとに興した事業であり、財政的にも近代京都の産業都市への脱皮をねらった大事業が疏水であることは間違いない。

なぜ、疏水という水インフラであったのか。それは計画立案された明治一〇年代の社会的、技術的背景が理由であると考える。当時の交通の主力は舟運であったこと、産業の中心としては工業は未だ幼く、それゆえ農業生産力の向上が求められたこと、また日本の都市は燃えやすく、常に防火の備えが必要だったことがあげられる。おそらく時代が下がると、必要なインフラは鉄道や火力発電となり、かつダム技術による水力発電、そして自動車交通の発達により道路が求められるようになったであろう。琵琶湖疏水は日本では比較的早く都市改造に取り組んだ京都が、その時代に求められた都市インフラとして、水流を引き込み、都市の水量を飛躍的に増加せしめることに意義があった。ただ、引き込む水には都市的な条件が課せられる。

第一に都市において飲用水と生活・灌漑・防火用の水は水質的に区分された。後者は河川水などの表流水でよいが、前者は衛生上汚染を免れなければならない。それゆえ、多くの都市では地下水（井戸水）を使用した。京都の水は「古来佳良」との評判は、この飲用・食用としての地下水が豊富かつ軟水であることによる。しかし、地下水は灌漑や防火に充てるほど量的に豊富ではない。一時的にある量が確保されないと灌漑や防火の用には役立たないが、地下水はそうした一時的な大量確保が難しい。それは河川水に頼っていた。しかしながら、生活内の洗濯や農事に適する水は真水でなければならず、かつ、ある程度の水質を保つ必要がある。

海に近い都市では河川に満潮時に塩分が遡上してくる。これを塩水楔《えんすいくさび》という。このため、塩が上がってくる河川沿岸の田畑は、それよりも上流の河川域から用水を引き込んでくる必要があった。たとえば、城下町の岡山では大潮時に旭川を遡上する塩水は内・外濠を含む城下すべてを覆った。したがって、城下の生活用水やその周囲に広がる在郷の田畑の灌漑用水は城下北方八キロの地点から用水で引いた。現代でもこの構造は変わっておらず、水道水源も北方から取水する。

京都には海水は遡上してこない。しかしながら、唯一の表流水源・鴨川は、市街地に入る地点・賀茂川と高野川の合流点辺で皮のなめし業や染色業により、つまりアンモニアや染料によってその水質が著しく汚染されていた。その合流地点より下流の鴨川水質はおよそ灌漑や庭園の用途に適するものではなかったはずだ。だから用水は上流から引いた。鴨川以西の京都市内の堀川にいたるまでの地域は賀茂川、すなわち上賀茂神社（賀茂別雷神社）付近から、以東の地域は高野川を、あるいは比叡山麓から流れる白川を水源とした。こうした河川水は、権利として上流側が優位にあり、それゆえしばしば水論、水争いを起こした。争いが起こるのは、水が基本的に不足しているからである。その解決法が、まったく別の水系から持ってくる琵琶湖疏水という水インフラであった。

本書では、こうした都市経営を支配している水インフラのあり方に対して、水量・水質的な視点を交え、かつ土地所有権とともに水利権について特に注目する。水利権は必ずしも土地に付着したものではなく、流れる水系に沿ったものであり、時に土地所有者から別の土地所有者へ飛ぶことがあるなど独特の特徴を有する。

その視点で本書ではまた京都の南方に位置し、かつての王都の外港として機能した伏見（現京都市伏見区）にも研究のメスを入れた。京都と伏見は水系でつながっている。いや、同一水系に発生した都市といえ、上流と下流の違いはあるとはいえ、同じく鴨川の水により、やがて琵琶湖疏水に依る。近世には高瀬川を通して、大坂から京都へ上る物資が交流し、また人の交通もこれに従った。奥深く鎮座する都の入り口の外港として伏見は繁栄した。明治二三（一八九〇）年の京都―大津間の疏水開通後、明治二七年には鴨川運河が開通し、京都―伏見間の舟運が疏水を通して完成した。そこには、京都と伏見は一つの水系都市という概念が相応であり、一水系を通した文化や文物の一体性が存在したと考えられる。

ところが、伏見町は独立市制、市域拡張の路線を昭和初期に選ぶ。この時、水道水源として選んだのは、琵琶湖疏水ではなく、宇治川であり、琵琶湖・鴨川水系からの独立が、市制の独立を下支えすることになるのである。かつて伏見は伏水とも表わされ、京都盆地の地下水が伏見の地にて湧出し、その水をもって酒造業が発達した。水系都市の範疇では表流水も地下水も同一のものでよかったものが、独立志向とともに水道水源を別に持とうとした。そのことが財政負担を過重に強いることになり、結果的に伏見市は京都市に吸収合併される。

都市経営の重要な要素に水のコントロールがある。本書は京都の都市史を、水支配とインフラという視点から解析する。

（1）　都市計画の制度を扱ったものとして、石田頼房『日本近代都市計画史研究』（柏書房、一九八七年）。東京の明治時代を扱った藤森昭信『明治の東京計画』（岩波書店、一九八二年）、大阪の関一の時代を、芝村篤樹『日本近代都市の成立――1920・30年代の大阪――』（松籟社、一九九八年）、植民地都市の都市計画として越沢明『満州国の都市計画』（日本経済評論社、一九八八年）、地方都市の都市計画データをまとめた浅野純一郎『戦前期の地方都市における近代都市計画の動向と展開』（中央公論美術出版、二〇〇八年）、企業都市の事例を扱った中野茂夫『企業城下町の都市計画』（筑波大学出版会、二〇〇九年）、新都市としての軍港都市の事例である河西英通編『軍港都市史研究Ⅲ呉編』（清文堂、二〇一四年）、など代表的なものでも多岐に亘る。論文に関しては、『都市計画学会論文集』、『日本建築学会計画系論文集』に多数掲載されている。

（2）小野芳朗「京都帝国大学土木工学科出身の都市計画系技術吏員」『土木史研究』三〇巻、二〇一〇年、一八五〜一九一頁。

第Ⅱ部　大京都への都市拡大と伏見編入

〔凡例〕

一、本書は編著者（筆者＝小野）による新稿、および編著者が中心となり執筆した既発表の論考からなる。本書の執筆・編集は小野が行った。

一、一部資料の収集並びに整理、および一部の図版は西寺秀（岡山大学大学院環境学研究科 二〇一一年三月修了）、林夏樹（京都工芸繊維大学大学院工芸科学研究科 二〇一三年三月修了）が実施・作成した。

一、引用資料、人名などの旧字は原則として常用の字体に改めた。また資料には適宜句読点を付した。

一、資料のうち長文になるものは巻末の資料編にまとめた。各資料には該当する注の番号を付して本文との対応を示した。

第Ⅰ部

防火都市・農業都市の京都

序章

京都の近代化に琵琶湖疏水は必要であった、と諸説はいう。なぜ、必要だったのか。結果的に疏水は水力発電の源となった。そして電力は近代工業の動力源であった。だから、疏水は京都の近代化に必要だったと説明される。そして疏水開削から二〇年後、今度は京都市の衛生状態を改善するための水道目的に役割は変わり、現代まで一〇〇年の歴史をもつ――。

さて、疏水の効用をこのような結果からみた歴史だけで語ってよいのであろうか。それが第Ⅰ部での問題提起である。疏水開削の目的は諸説ならびに刊行本の伝えるところにより、明治一六（一八八三）年の起工趣意書に遡る。それには目的として、製造器械、運輸、田畑灌漑、精米水車、防火、井泉、衛生と書かれており、歴史家はこれら目的がいかに後世の用途とずれているのかに注目する傾向がある。動力が水車から水力発電に変更されたが、要は工業化のための動力を水量にてまかなうことがそもそもの疏水の役目であった、と考えられる。

当時の京都盆地は慢性的な水不足にあえいでいた。地下水は豊富である。しかし、量的に市街地周囲の田畑を潤すほどのものではない。江戸時代に何度も大火災が起きたことからわかるように、市街地や御所の防火に役立つほどの水量が地下から得られるわけではない。地下水は滲みだしてくる水である。勢いよく流れているものではない。京都は流水の不足した土地であった。この事実に目を向ければ疏水の目的はおのずから明白である。京都に水量を招くこと、つまり疏水そのものが目的であり、その用途は多様に考えられたのである。疏水のもたらす水量がそもそも求められていた、そう考えると時代を経るにしたがい用途が変更されていったとしても、何ら問題はない。

明治期の日本の都市の課題が産業化にあったことは否めないが、産業化とはすなわち工業化だけではない。農業生産向上も課題であり、灌漑用水の確保は重要なテーマであった。そして防火都市の実現は、天皇の故郷京都にとって、そして都というアイデンティティと文化的課題を担うために、京都人の重要なテーマであった。必ず天皇は帰ってくる。これが京都の町と御所を守る動機になる。そうでなければ、みずからに負担を強いてまで市街地を走るわけではない疏水の建設を容認することはないであろう。

第Ⅰ部は、防火都市をテーマに御所用水、御所水道に代表される防火用水としての疏水に着目するが、それはもう一方の課題である灌漑用途とのせめぎあいの中で問題となっていく。そして疏水は工業用にも使われ、やがて用途が変わっていく中で、疏水周辺では企業家による新都市の創造がなされ、そして衛生問題としての地下水確保のあり方をめぐる議論を経て、疏水は水道水源化していく。

本書では琵琶湖疏水という水インフラの都市における意味と役割を、都市史と都市経営の視点から再検証していく。この第Ⅰ部で資料として扱ったのは宮内庁宮内公文書館、京都府立総合資料館、京都市歴史資料館、そして京都市蔵の疏水関連文書である。

第一章　京都・御所用水の近代化

一　近世までの京の水支配

京都盆地の表流水の幹線は鴨川である。それは賀茂川と高野川が合流して一大水脈となり、そのほか堀川、小川など多数の支流小河川が北から南へ下る流れである。盆地の地下水が豊富なこと、そしてその水質がかつて良好であったことで[1]、明治二八（一八九五）年の奠都千百年紀年祭に際し、この地を「山紫水明の地」ともよんだ[2]。しかし地下水、すなわち井戸水は飲用や、豆腐・生麩・酒などの食糧生産には適していても火災を鎮火するだけの水量が確保できたわけではない。京都は近世に五回の大火（宝永五〈一七〇八〉年、享保一五〈一七三〇〉年、天明八〈一七八八〉年、嘉永七〈一八五四〉年、元治元〈一八六四〉年）を経験し、そのつど市街地のほとんどを失った。

また、京都御所は明徳三（一三九二）年の南北朝合体で土御門里内裏を御所と確定したのち、江戸時代には八回の火災に遭い焼失した。その復興については江戸幕府の奉行のもと、大名の手伝普請でなされた[3]。その基本的な空間構成は、正面の紫宸殿の東中奥に小御所、御学問所を配し、そこから東山に向けて庭を臨み、庭には池泉を造作した。唯一、寛永一七（一六四〇）年の小堀遠州（政一）によってなされた普請では、東庭に池泉の代わりに、本来紫宸殿正面に配置されている能舞台が出現したが、以後の普請では再び東庭に池泉を作り[4]、この形を保ちながら現在にいたっている。図1には延宝度の岡山藩主池田綱政による単独手伝普請時の延宝四（一六七六）

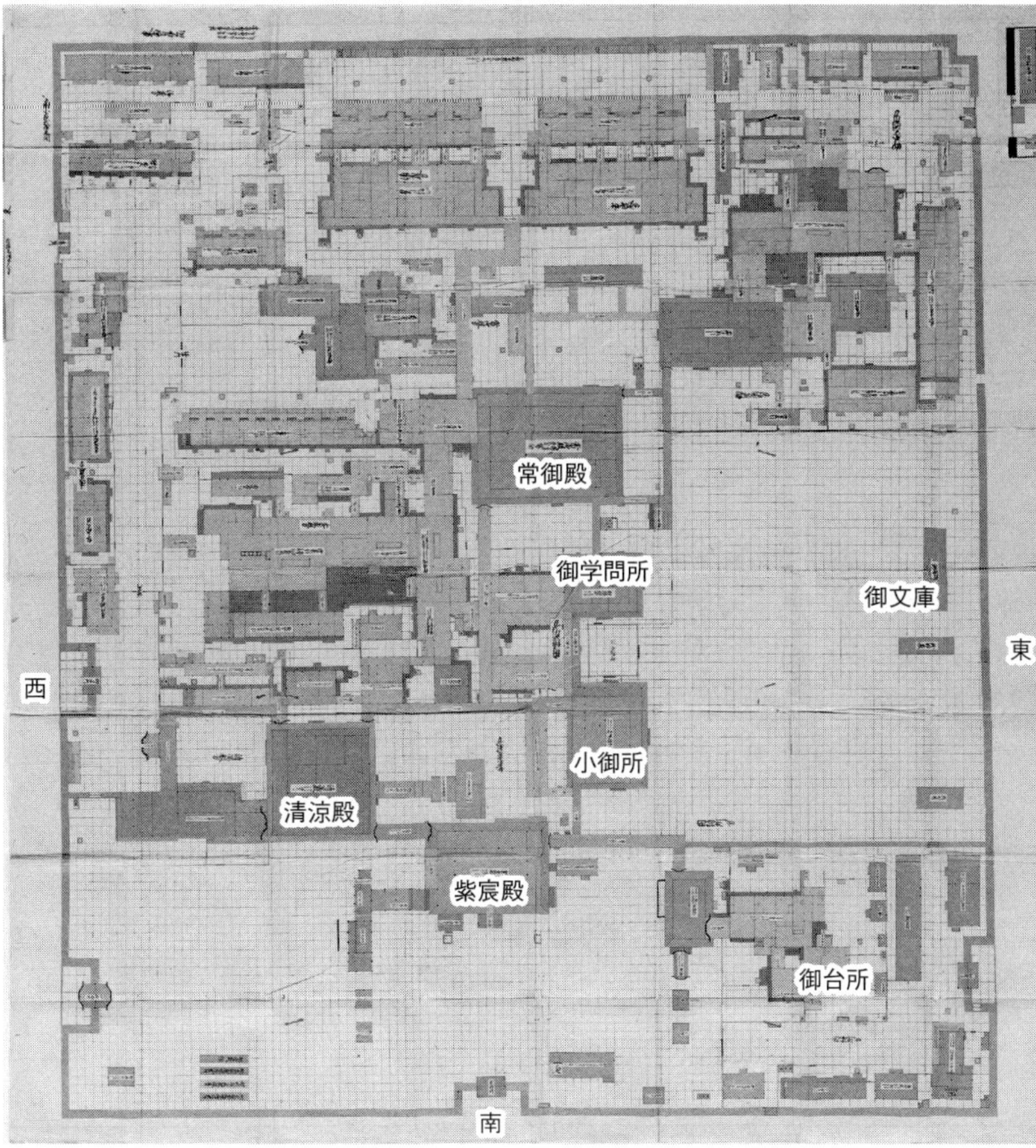

図1　延宝度普請時の禁裏御所指図
(『延宝四年禁裏御指図』に加筆／岡山大学附属図書館蔵)

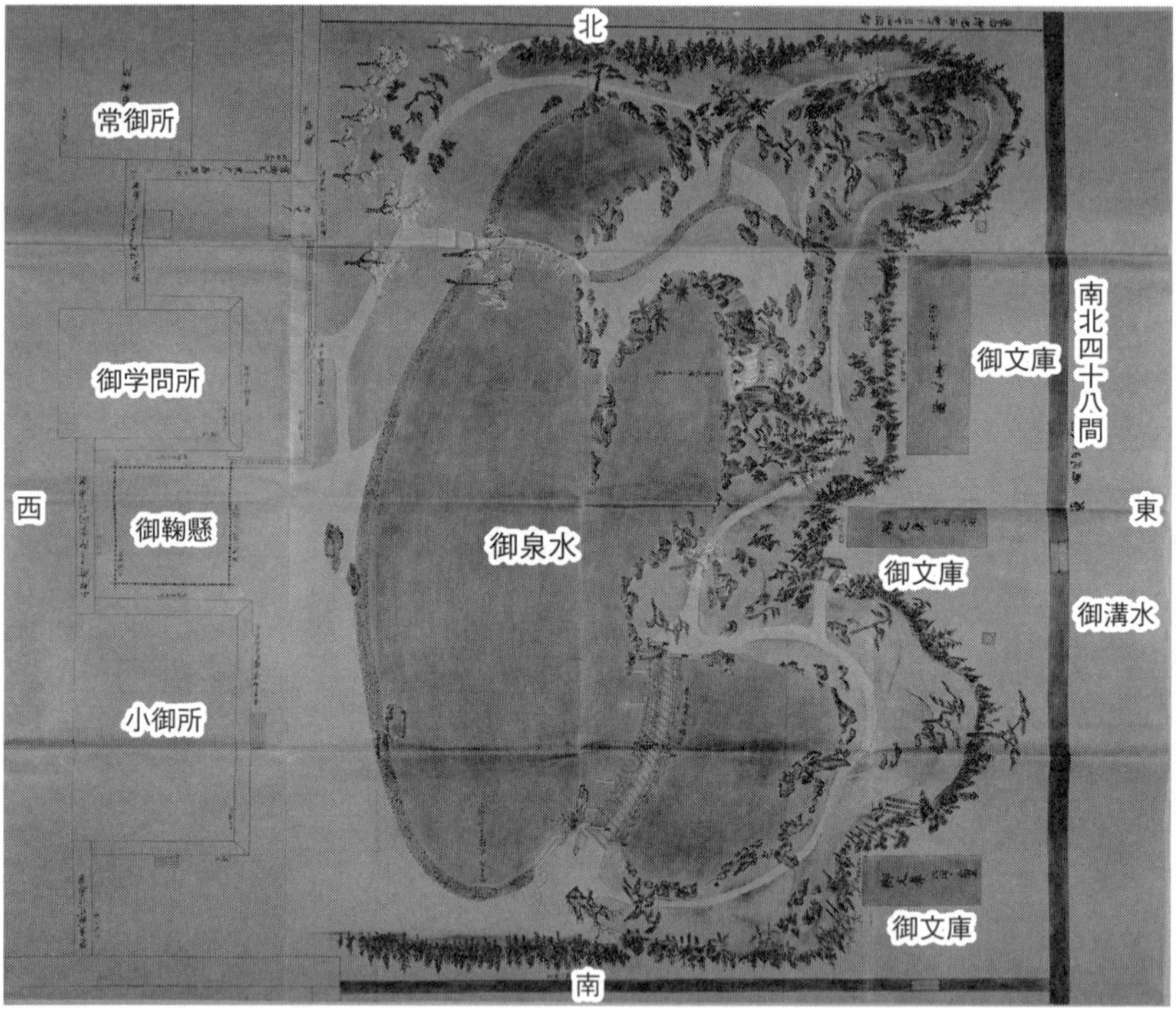

図2　御泉水図(『禁裏様御庭御絵図』に加筆／同前)

年の禁裏の指図を、図2にはその庭の御泉水部分の図を掲載した[5]。

この池の水は上流の賀茂川より流下してきたものであり、今出川御門より近衛邸の池水を経て、禁裏内の庭に入り、その後仙洞御所の池水を潤し、寺町筋に落ちた（後掲図3参照）。これがいわゆる禁裏御用水であり、近世には御溝水《みかわみず》、御河水とも呼ばれ、近代には御所御用水とも呼称されている。本書では近代を主として扱うため、呼称を「御所用水」と統一して議論する。

中世から近世にかけての御所用水に関しては、橋本政宣の研究がある[6]。本章で主として扱う近代以降の御所用水を論じるために、その導入として橋本の研究をここで概観しておく。橋本は清水三男の指摘を基としている[7]。上賀茂社（賀茂別雷神社）境内六郷（中世には、岡本・河上・

大宮・小山・中村・小野）は、上賀茂社とその氏人が支配権を握っていた。その根拠は、六郷の灌漑用水たる賀茂川の上流に上賀茂社が位置し、その利用権を把握していたことだ、としている。そして禁中の御池の水も上賀茂社の支配を受けていた、と清水は重要な指摘をしている。

橋本は、賀茂別雷神社文書の調査に加わったことにより、清水の指摘に基づきつつ上賀茂社と賀茂川の問題に取り組んだ。上賀茂社は、その社領の田地へ供給する水の樋門（井手）の開閉に係る権限を有していた。つまり、賀茂川水系の水脈は、堀川・小川も含め、上賀茂一社の支配下にあった。その最下流に明徳年間（一三九〇～九四）以来、禁裏御所が位置していたことになる。これらは現在の京都御所とほぼ同じ位置にあたる。したがって御所の水の分配権も、上流側の上賀茂社とその在中（上賀茂社の支配する農村）が持つことになった。

たとえば賀茂別雷神社文書には[6]正保四（一六四七）年真夏の記事で、御所側より賀茂社へ水の流下（「水下《みずさげ》」）を願い出たものがあり、池水や庭木に水が不足していることが書かれている。京都御所は地下水脈上、わずか七メートルの掘下げで自噴する井戸、いわゆる浅井戸の分布する砂礫層上に位置しているものの、井水の水量では地表の池水や庭木用の撒水は賄えなかったことがうかがえる。

こうした願い出の際、御所側は上流の小山村灌漑への遠慮をみせた、と橋本は指摘する。[6]渇水時に御所へ水を廻す事によって、村々が迷惑するようであれば庭木が傷んでも仕方ないから、御所への水を止めてもよい、という主上（後光明天皇）の意思が記録されている。この橋本の調査により、近世までは京都盆地の水脈の支配が上賀茂一社によっていたこと、御所側は池水への通水を上賀茂社に依頼していたこと、夏季など水不足の折には御所上流の村々の灌漑用水を優先させていたことなどが明らかになっている。

さらにこの上賀茂社支配の用水は、上賀茂社の川奉行が管理していた。川奉行は一人で、その下に下役人が二人おり、六郷には水役人が置かれていた。御所の北に位置する小山郷の水役人は二人置かれ、御用水役も兼ね、その任免権は上賀茂社にあった。

また、天明二（一七八二）年の上賀茂社より奉行所宛の用水路修復の願い出により、この当時の御所用水のルートがわかる。[8] このルートは明治以降もほぼ変わらない。図3に、明治二三（一八九〇）年琵琶湖疏水建設以降の疏水と御所用水のルートを示す。図は、大正四（一九一五）年の京都市地図（京都市史編さん委員会編『地図にみる京都の歴史』一九七六年所収）より、道路と水路を中心に筆者がトレースした。線の太いものが水路である。このうち御所用水は小山村から室町頭、つまり室町通の北端、洛中へ入る地点から、上御霊《かみごりよう》社の周囲を経て相国寺境内を通過し、今出川御門にいたっている。

天明二（一七八二）年の願い出に付された絵図面（不示）には、土砂流入による埋没、用水擁壁の破損等があり、通水に支障が生じたため、浚渫や修理の必要があり、その工事の許可を求める旨が記されている。田畑用水への優先的使用ばかりではなく、用水路の不具合によって御所用水が水不足となることもあったのである。

さらに賀茂社の社領である村方が、賀茂社の指示に従うとも限らなかった。寛永二〇（一六四三）年御所側の要望により、水を下げよと小山郷へ命じても、田地用水に廻したといって従わず、賀茂社と小山郷の間で争論が起こっている。しかも小山郷は賀茂社領にもかかわらず、百姓たちは直接御所に訴え出て水を田地へ流した。かつ、旱魃の際は小山郷の百姓どもが大勢集まり、賀茂川の川端を新たに掘り切って取水した。[9]

以上の「賀茂別雷神社文書」を読み解いた橋本の近世までの研究成果は、小山郷の町有文書によっても補強される。天明四（一七八四）年の小山村における水論の裁判の判決書（裁許）に、当時の争いの原因が書かれている。それには、上流の上賀茂村の「水役」の百姓が、水量を「平均」して分水する裁許の存在を無視し、「勝手に我儘いたし」、下流へ水を流さず、下鴨・小山両郷は「鍬入」することができないと訴え出ている。[10]

このように、近世までの水支配は橋本の指摘により、上賀茂社にあったことは確かである。それを利用する統

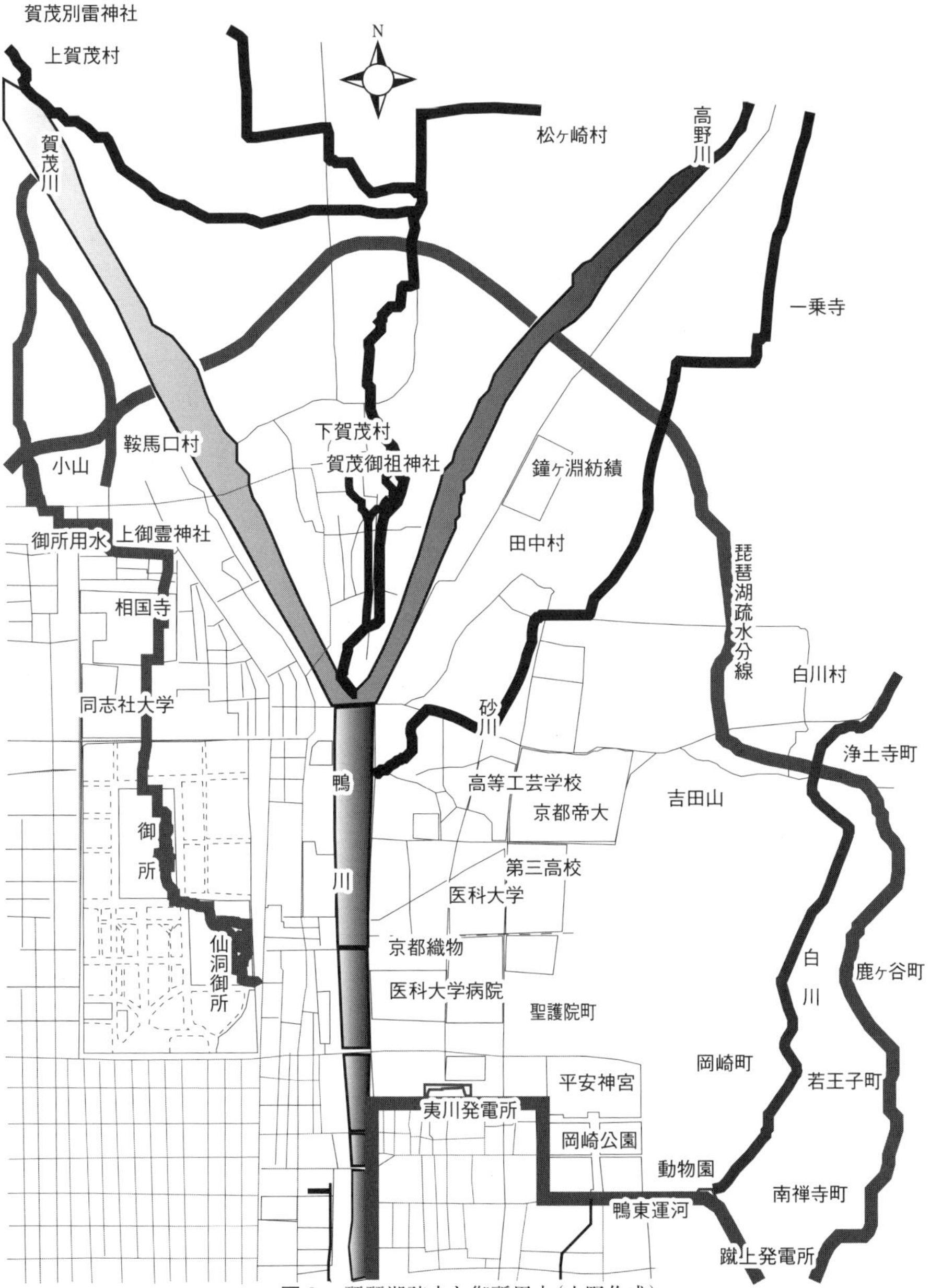

図3　琵琶湖疏水と御所用水（小野作成）

治者であった御所と、実際の行政権を担う幕府―所司代―奉行所の機構は、上賀茂社に要請（懇請）して水を受け、その指示が上賀茂社により小山村へなされる仕組みにあった。しかし水の分配の実態は、下鴨郷・小山郷の百姓も御所側の要請に必ずしも応えず、かつ直接の支配者であった上賀茂社の差配にも時に逆らい、自村の田地へ有益となる水利行動をとっていたことがわかる。

以上、清水に続く橋本の賀茂別雷神社文書の精査により、近世までの賀茂川支配の実態がわかった。本章では近代以降の用水支配に焦点をあてる。

近世までの上賀茂一社による水脈の支配は、明治四（一八七一）年の上知令をもって終焉する。上賀茂社領、ならびに同社が支配していた水面は官有地となった[11]。小山郷に存在した水路は、土地台帳でみる限り、この地が昭和初期の区画整理によって宅地化していく以前は、「大蔵省」の所有となっている。また鞍馬口通の明光寺では、その境内を貫く水路状の国有の土地を、昭和三〇年頃に買い取られている。これらの事例からも、御所にいたる用水の敷地が官有（国有）であったことがわかる。そして、賀茂川井手（取水口）よりの水量は、御所分として一応認められていた。その水量の管理は、上賀茂社の支配から宮内省に移る。では、この支配権の変更により、御所への用水水量が安定的に確保できるようになったであろうか。

また、明治二三（一八九〇）年竣工の琵琶湖疏水の効果も検討する。そもそも京都の産業振興を企図して計画された琵琶湖疏水は、京都盆地の水源として滋賀県の湖水を導水する画期的な工事であったが、その御所用水への利用と灌漑用水への使用を通して、この近代の大工事の位置づけを改めて論じたい。

以上のことを踏まえて本章の主題をあげると、ひとつは京都盆地の水脈は誰のものであるのか、その使用の実態を通してみた場合主体は誰なのかについて論じること。いまひとつは、琵琶湖疏水工事は京都という王都、そして近代産業都市を目指す都市の水利構造をいかに変えたのか、という点を論じたい。

この主題を掲げるにあたって、既往の琵琶湖疏水と用水に係る資料の文献批判、並びに疏水竣工の公式刊行物に書かれた御所用水の記事に関しての考察を以下に加える。

二　琵琶湖疏水工事の目的

琵琶湖疏水工事の立案、認可、調整過程については、織田直文の一連の研究がある。[12~14]それは、当時疏水工事を主導した北垣国道府知事の日記『塵海』[15]、明治二三（一八九〇）年の疏水竣工直後に編集された『琵琶湖疏水要誌』[16]、竣工五〇年後に刊行された『琵琶湖疏水及水力使用事業』[17]を資料として書かれている。織田の論文で使われた刊行本は、疏水竣工百年を記念して出版された『琵琶湖疏水の一〇〇年』[18]にまとめられる。

これら刊行本の伝える、琵琶湖疏水が明治一〇年代において期待された効果は、その明治一六年の起工趣意書に表れている。それには、製造機械、運輸、田畑灌漑、精米水車、防火、井泉、衛生の順に七つの目的があげられている。当時の京都は、実質的に首都の地位から転落し、衰頽する市勢の挽回が企図されていた。疏水工事の資金が、明治天皇より上・下京区へ下された産業基立金六〇万円に加え、市民への賦課金六〇万円で賄われたことを勘案すれば、この大工事の個別の目的の達成評価は別として、その大目的が京都の近代的都市への喫緊な脱皮にあったことに異論はないであろう。

明治一六年時、つまり計画の初期段階であげられた起工趣意書中の「製造機械」は、水車動力による工業促進策であったが、これはのちに日本最初の水力発電所の設置による電気軌道・工業用動力供給に向けられる。「運輸」とは、内陸部に位置する京都が工業都市となるための必要条件であった、水運拠点を得ることであった。港湾を持たない京都市が琵琶湖―京都―伏見港と、運河を切り拓くことで、瀬戸内海への出口を確保することが目指された。そして、工業地区の拠点については、明治一七年の内務省土木局の指示による疏水ルートの変更をうけて鴨東《おうとう》岡崎の地に疏水本線が出現することによって、この地区をして工業地帯とすることが企図された[19・20]。疏水本線は、工事の迅速化と用地買収の容易さ、その地の道路敷設計画を背景に田畑を中心に買収されていった[21]。

他方、慢性的な表流水不足解決のために、周辺農村の「灌漑」用水を確保することも疏水の目的にあげられた。さらに、近世に何度も大火に遭い全焼した経験を持つ京都は、天皇不在の、しかしながら皇室の故郷として、その「防火」保存をかなえるべく、防火用水の確保を企図した。

これら個別の疏水の目的に対する効果について、高久嶺之介はいくつかの言説をもとに評価している[22]。たとえば明治二三年四月の疏水竣工直後、早くも東京毎日新聞社長の関直彦は、わずか六尺の小舟による水運は多量の輸送ができず、やがて鉄道便に吸収されるだろうこと、水力利用は織物生産の用にまで供給し得ないことなどを指摘していた。『琵琶湖疏水及水力使用事業』も、竣工五〇年後の評価として、舟運が陸上交通の発達にしたがって不振となったことに言及している。同書はこれを予期に反することであったとしており、また水車水力は精米のほかは廃れ、漸次水力電気を動力とするにいたったと述べている。事実、明治三〇（一八九七）年の疏水事業収入の八〇％以上は水力電気の売電によって占められている。これらの事実をもって高久は、疏水の工業用動力を水車から電力に切り替えなかったならば、この大型土木事業は巨額の資金に見合うだけの経済的効果を生み出さなかったと後世いわれたであろう、と結論づけている。

このように、疏水は京都市が「製造機械之事」を掲げて工業化を目指したものの、その動力発生方法の転換が工事中途になされたため、当初の目的は効果が薄かったという論が展開されている。そうしたなかで、高久だけでなく白木正俊も水力電気の果たした役割について、それを結果的に疏水の数少ない効用のひとつになったと評価している[23]。その上で白木は、水力発電では許容水量を超えて発電量を増やす構造になっていないため、その後に起きる電力供給不足に対して、京都市は水力増加をはかる改修を重ねたが、その達成は第二疏水開鑿が果たされる明治四五（一九一二）年を待たねばならなかった、としている。

また白木は、灌漑用水の効用については、『琵琶湖疏水及水力使用事業』中に、その使用料徴収の記録がないこと、明治二三年交付の「疏水水力使用条例」中で、水力使用の記載場所が南禅寺より若王子までの間と、夷川船溜に限られていることをもとにして、「農耕地への恒常的な供給を予定していなかった」とし、かつ「継続的な水利契約を要しない臨時使用が適用された」と記している。

これらの論点に関しては、個別の目的とその効用に着目しているがゆえに、鳥瞰的視点にやや欠けた結論がなされていると筆者は考える。とくに農耕地への供給を否定している面は誤っているとみてよい。

まず、当時の京都市にとっての琵琶湖疏水工事のニーズを、ただ凋落の王都の工業化による挽回策であった、とする高久も含む一般的な通説についてである。そもそも京都盆地はさまざまな用途に使う表流水が不足していた。ところがわれわれは、京都が明治二八年の奠都千百年記念祭に際してみずからを賞揚して名づけた「山紫水明の地」というイメージにより、あたかも水が潤々と豊富な土地であるという錯覚に陥っているといってよかろう。京都盆地の地下の豊富な水は、灌漑や防火の用、ましてや工業用動力に使用する水量を常時確保できるほどのものではない。地下水は井戸内で浸潤している液体であり、都市表層を滔々とは流れ得ない。

この水不足の認識について疏水工事を主任した田邊朔郎は、市中では一般に井水が涸れ、用水に不足をきたしていたこと、山科、岡崎、浄土寺、白川、田中、下鴨等の諸村も灌漑水が不足していたこと、これに加えて西陣の染物・織物の用水も不足していたことを指摘し、「当時京都では水力を利用して工業又は運搬の用に供するといふことには未だ注意するものがなかつたけれども御用水並に防火用水を初め灌漑織物業等各種の方面で随分痛切に不便を感じて居た」と、疏水工事の大目的であった産業振興と交通網開発よりは当面の水量不足を補うことに意識の焦点があったと回顧している(24)。

田邊の証言が事実であるとすると、疏水の目的は起工趣意書にある個別の目的、なかでも動力源確保と舟運水路というより、水量の確保にあった、といえる。つまり、疏水開鑿の目的は、すなわち疏水そのものにあった。それによる琵琶湖という水源からの恒常的な水量確保にあった、と考えることができる。

このような視点に立つと、高久や白木が評価した水力発電の意義も見直すべきかもしれない。水車水力に替わって登場した水力発電は、白木もいうようにすぐに供給不足に陥るが、京都市に電力供給した京都電燈株式会社は、水力発電の導入によって全廃した火力発電設備を一年で復活させ、その後火力・水力を併用した[25]。昭和一一（一九三六）年段階では、水力約六二〇〇万キロワット、火力約六三五〇万キロワットで拮抗している[26]。水力発電は需要の半分を賄っている程度であり、疏水による水力発電には大きな効果があった、とするのは疏水事業の中で事業収入の占める割合が八割を超えているから、というにすぎない。

また灌漑用水については本章で詳述するが、白木のいう水力使用料の記録がない、というのは当然のことであった。田畑の用水は無償だったからである。ただし、一定水量を超える季節には臨時に水を買う例はあった。そもそも京都市周辺の農村の慣行水利権を保障・補塡する目的で水量は配られた。さらに水力使用条例による使用場所が農村部にはない、というのは、それが精米をはじめとする水車動力の用に設けられた条例であるためである。

疏水はやがて、京都市中に上水道を敷設したことにより、第二疏水とともに京都市水道局の管理となる。一部水力発電用に関西電力が水利権を現在も有している以外は、毎年認可される水量を水利権として水道局（現在の京都市上下水道局）が持ち、そして灌漑用には無償で配っているのが実態である。

防火用の水量も無償であった。北垣の明治一六（一八八三）年、上下京連合区会における疏水建設の趣意に関する演説[27]では、京都が大火に罹ったことは今まで数度あったが、その度に復旧されたのは帝都であったためである、しかし今はそうはならないだろう、といっている。防火用水のニーズがあったことも事実であろう。また「素より宮中の御用水に供したき希望もあり、又夫より段々市中に緩流するときは大に便を与ふるや必せり」とあり、防火用水の構想は、まず希望している御所、そしてその余水を市中に流し防火の用に充てるという構想であった。

この点、明治四〇年代から大正期にかけて、南禅寺旧塔頭の領地を買収し、成立する企業家別邸群の庭園用水は、「水力使用者台帳」上は「防火用水」とある。(28)しかしながら、台帳で管理されることからわかるとおり、有償での配分であった。登録上は「防火」だが、実際はプライベート空間の庭園用水なので使用料が徴収された。一方の、御所はじめ市中の防火目的の用には無償の水を通水した。灌漑用水と同様、都市を維持するための公共の用水であった。

さて、この防火用水の研究事例は、先の近世までの橋本の成果以外は稀少である。たとえば、林倫子はいくつかの刊行本や絵図面上に描かれた御所用水路をトレースすることにより、用水路の物理的形を辿ることを試みているが、その使用の実態に関しての評価はまったくなされていない。(29)

尼崎博正は「禁裏御用水の水源」(30)として室町時代以来の水路の変遷を論考しているが、そのデータは刊行されている『史料京都の歴史』(31)掲載の絵図史料をトレースしたものである。ただ尼崎は、「極端な推論だが」と断った上で、「疏水分線は御用水への給水を最優先させて系路決定されたのかもしれない」といっているが、諸記録の伝える当時の京都の水不足の事情に鑑み、その指摘はあながちはずれてはいないと考える。(32)それは疏水完成後、京都府より御所（主殿寮《とのもりよう》出張所）へ平水時六個、渇水時一〇個（一個は一立方尺毎秒）の水量が献納されることからうかがえる。(33)

本章において登場する主体は、京都府、京都市、主殿寮出張所（宮内省）、そして小山村などの郷村である。この主体たちを語っていくにあたり、資料として京都府立総合資料館蔵の府庁文書および図面、宮内庁宮内公文書館蔵の「御用水録」およびその図面、京都市歴史資料館蔵の町有文書、そして灌漑については京都市の琵琶湖疏水の「水力使用者台帳」を基に論をすすめる。

三　明治四年以降の御所用水

（1）水の支配の変遷

上賀茂社の支配した水脈、御所用水の支配権、そして水利権の変遷については、その中世以来の経緯が明治一二（一八七九）年の上賀茂・小山両村より府知事宛の上申書中に記録されている。

御尋ニ付上申書

一　御所御用水流通水掛リ之儀者、賀茂別雷神社旧一社ニテ支配被致候ニ付、御用水乏敷相成候節者、御花壇奉行ヨリ、此旨一社江被達候ニ付テハ、一社ヨリ賀茂川筋水掛リ之村々江、御下ケ水分之儀ヲ相達、一社川掛リ役人幷上賀茂村水役弐人ニテ、村々水役該村井先ニテ分水之儀、立会受取ノ傍示相立候上者、該井手ノ水役共自儘ニ水引取候儀不相成、此段承知仕候儀ニテ御下ケ水仕来、其向キ渇水ノ節御沙汰次第何ケ度ニテモ同様分水致シ、滞リナク御下ケ水致来リ候儀ニ御座候

但シ、其向キ御下ケ水相マ者ル節ハ、村々并先分水ノ上下鴨村井先ニテ十分トミナシ、其四分ヲ下鴨村、四分ヲ小山村、其弐分ヲ以テ御用相勤被来候

一　御維新後、明治四年、社家神勤被免候後ハ、上賀茂村庄屋年寄江、賀茂川筋御所御用水々番役被仰付、小山村ニテハ、該村井筋御用水合併之儀ニ付、井筋内御用水々番之儀被仰付候ニ付、往古ヨリ仕来ル通リ勤来リ候

（後略）

愛宕郡第弐組上賀茂村　旧戸長　神戸捨松㊞

同郡同組小山村　旧戸長　内藤宗兵衛㊞

前書之通相違無御照会伏而奥印仕候以上

同組　戸長　鈴木元徳㊞

京都府知事　槇村正直　殿(34)

これによると、近世の賀茂川は賀茂別雷神社一社の支配であり、宮中の御花壇奉行、すなわち庭園の管理担当者より水不足の時は上賀茂社へ照会がいく。上賀茂社では「川掛役人」に対して、村々に「御下ケ水」を分けるように指示し、この川掛役人と村の「水役」が「井先」で分水に立ち会うことになっていた。水役とは、川筋から用水筋への流入口「井手」を管理する村方の役で、その用水から御所用水への「井先」も管理していたが、田地を優先して「自儘」に引水することは禁じられていた。水量は、賀茂川左岸の下鴨村へ四分、御所へは二分と定められていた。つまり、御所用水上流では小山村二対御所一の割合で水量が分けられた。明治四年の上知令後、上賀茂村では庄屋年寄が水番役に、小山村では近世以来の水番役の者がそのまま任じられた。その後、村役は行政区の変遷と共に組戸長・総代と変わっていく。

この事象は別の証言でも得られている。明治三〇（一八九七）年、主殿寮《とのもりょう》出張所より木子《きこ》清敬《きよし》宮内省内匠寮技師に、御所用水の権利関係の調査依頼が出る。木子は慶応年間に御花壇奉行を勤めた広瀬季庸（当時東京在住）に当時の実況を聞書きした(35)。それによると、旧来は村三対御所七の割合で分配されていた水量が、慶応年間には逆転し、村七対御所三となっていた。先の二対一とほぼ同じ水量である。御所用水欠乏の折は、御花壇奉行より上賀茂社へ「下ケ水」を要求し、社より村々へ伝達された。ただ旱魃の時は田の用水を減量し、御所を優先したとある。旱魃が長く続いた時は、田地用水に引いていた水を御所に流した。あるいは昼間御所、夜間田地用水という例もあった。

こうしてみると、明治になると支配権の移動があり、御所優先の原則が定められた。そして現場で水量管理をする村方の水番役は近世時にみた「自儘」な行為を禁じられていたことがわかる。

（2）　用水絶水と水番役

しかしながら、御所用水はしばしば欠乏した。その理由は何であろうか。いくつかの資料には、京都府から上賀茂村、小山村あるいは愛宕郡役所宛の照会がある。これらの書類には、御所側の主殿寮出張所から京都府に用水欠乏の理由と、その対応を求める照会が付されている。

明治一二（一八七九）年の記録には、(36)水番役はその役目として、御所の御池水へ十分水を流すことになっているが、今年の渇水時は水が来ない。その理由は水路に塵芥が入って詰まり、道に水が溢れ、かつ樋門の破損している箇所もあるからだ、という。同じ一二年の次の記事は流水が止まったことの原因を調査した報告である。(37)

御所御池水、近来乏敷次第ハ、水路之伏樋破損致シ、他江流出シ候事ニハ候得共、第一、分水ヲ以水車営業致居候者、兎角流水ヲ窮ニ堰留、水路相妨ケ候云々、過日、旧中山邸地御見分之節、長谷川吉昌ヨリ上申致候、付テハ、右水車江之分水可差止旨、其節御口達ニ付、則水車人呼出、右之趣申渡候処、種々勝手ナル苦情申立、請書不差出、到底別添第一号之嘆願書差出申候、然レトモ、此水車営業、最初御許可之節、第弐号之通、御用水筋障碍不相来様、可致注意旨ヲ以御許可有之処、毎々水路相妨ケ候上ハ、願之趣御聴届無之哉、

此段奉伺候也

十二年十一月　　　　土木掛

（府知事宛）

これによると、まず御所への用水路を管轄していたのは、京都府土木掛であった（のちに分掌して土木部大内掛となる）。そして、用水を分水して水車営業する者がおり、流水を堰き止めてみずからの水車水路に引水している。京都府土木掛はこの者を呼び出して注意したが、水車営業を許可した際に、御所用水には障害のないように注意したにもかかわらず、勝手な苦情を申し立て、いうことをきかない、という。さらに土木掛から愛宕郡役所への報告によると、田地用水へ多量に引水している者があり、御所用水が不足することもあった(38)。

このように、一応の取り決めで御所用水の量が定まっており（年々減らされたらしいが）、渇水時も絶やさないようになっていたものの、上流村々で田地に水を流し、かつ水車引水など不法な使用もあり、加えて不法投棄による止水や、みずからの田地への引水を優先するなど、上流側のトラブルは先にみた近世時の状況とほとんど変わらなかったことが推察される。

その用水の管理を委託されている水番役が、村の者であることは先に示したが(34)、それでは、彼らの管理義務はどのようなものであったのか。宮内省より京都府知事への委託の書類がある。

一　金三拾弐円也

右ハ、兼テ当省長官宛、御上申相成居申候、御所御用水々源番人両人、給料壱人ニ付一ヶ年、米壱石宛之石代金、十三年・十四年両年分、既米壱石金八円之相場ニ而、支給可致之事、別添三井銀行為換券ヲ以テ差回候条、御査収之上、渡方可然御取計有之度、此段申入候也

明治十四年四月四日　宮内大書記官　堤正誼

京都府知事　北垣国道　殿

追而、本文給料支給方之儀、今般ハ御所宮殿取締御用掛へ、御照会有之候、此段了儀候也(39)

水番役は宮内省の雇いであった。彼らには京都府を通して給金が支払われており、明治一三（一八八〇）年時点で年間八円。それを二人雇った。したがって、当然ながら水番役は宮内省の御所用水を管理保全する義務がある。その水番役に対し、明治一三年一月に勤書が発行されている。故に、この年より宮内省雇になったと推察できる。その者たちとは上賀茂村の山下長八と、小山村の内藤孫次郎という者であった[40]。

その勤書には、第一に御所用水の水量を欠乏させぬことが勤めであり、欠乏の際は田地用水を減少させること、とある。その他用水への塵芥投棄の取締り、また洪水時には樋門を締切り、水害を未然に防ぐ管理が定められている[41]。

明治一七（一八八四）年にいたり、勤書は改められて水番心得書[42]として、山下、内藤の二名に対し、宮内省支庁（のちの主殿寮出張所）から下達された[43]。それはより内容が詳しくなり、苗の植付時に御用水を田地用水にみだりに分割することを禁じている。明治一三年時には渇水時の御所優先を命じてあったが、一七年のこの田地用水への禁止を強く押し出したことは、引水の御所優先の原則が、必ずしも達成されていなかったことを示唆している。ただし、天災により渇水を生じた場合には、宮内省へ伺いを出せば利用を許可することもあったという。それにもかかわらず、村民が許可なく水を田面へ流したことをうかがわせる以下のような照会が京都府宛にでている。

御用水路之義ニ付、京都府へ御照会按

当地、御所御用水路ヨリ、田面へ養水引水之為カ、時トシテ、渇水非常火防用ニ、宮中各所ニ水溜設置有之、流通乏敷相成テハ、非常之際忽チ差支、依而、曾而、当庁ヨリ水番之者差置、看守為致候処、稍モスレバ耕人トモ、許可不請上ハ、容易ニ分水不致相成旨、該水路ニ係ル地方戸長役場ニ御達相成候様、致度御談旁此段御照会候也

宮内省支庁長　北垣国道

京都府知事　北垣国道殿[44]

以上みてきた事象を小括すると、明治四年の上知令以降、水面の支配は宮内省に移管された。また上知された土地については、明治四年から一二年にかけて、一部上賀茂村村民へ払い下げられていった。田面への灌漑用水とその下流にある御所用水の利用には、御所への水量確保のための取り決めがあり、そのための管理人である水番役は、宮内省雇である村方の者であった。ただし、村々における水車や田面への不法引水、塵芥の用水面への不法投棄事件がしばしば起こっていた。

（3）旱魃時の対応と用水の汚濁

御所側と上流農村側の分配水量の取り決めがあったものの、平常時にもしばしばそれらが守られていない実態をみてきた。一方、渇水時には近世においては御所側が上流農村に遠慮して、水を田地へ優先的に融通することを認めていた。近代には水の所有権が宮内省にあるため、村々から京都府を通して主殿寮出張所へ水の融通を申請することとなった。

井水を汲み上げて補足しても間に合わず、御所用水の拝領を願い出た明治一六（一八八三）年夏の渇水の例がある。[45]以下に引用する。

旱魃ニ付御用水拝領願

本年一月以来、降雨稀ニシテ、賀茂川筋通水少ク、依テ、田地種秧ノ期ニハ、用水欠乏ナルニヨリ、困却致居候処、六月廿八日廿九日ノ降雨ニ漸々種秧ヲ終ル、其後七月十七日潤雨一回有之、以後非常ニ照続、炎威熾クカ如キ大旱ニテ、加茂川通水追々減水ナシ、当村田地用水ニ引足リ不申、ヨツテ、客月四日比ヨリ、田地毎ニ有之井水ヲ汲上ケ、右交合用水トシテ灌水ナスト雖モ、井水汲上ケ以来三十日間余ニ至リ、且土用日数者通年ヲ消スルニヨリ、賀茂川通水及ヒ井水ニモ益々水量減シ、稲作生育ニ百方尽力勉励ナスト雖トモ、北上用水ノ施術法無之、本日ニ至リ七分通リ干田ト相成、最早両方ノ間ノ内ニ降雨無之トキハ、当村多分不毛ニ可属景況ニ付、村内人民日夜困苦悲嘆致居候、往古ヨリ旱魃ノ年ハ、御所御用水拝領ヲ願、御聴届ヲ得テ、当村用水欠乏ヲ補イ候事、数度有之、則其例如左

一　安政二卯年七月旱魃際、御用水分水七月九日ヨリ日数十日間拝領ス

一　嘉永六丑年六月旱魃之際、御用水六月廿三日ヨリ三夜間拝領ス、其他享保明和ノ年間旱魃ノ際、御用水日数五日或ハ四日間ニ数度、当村江拝領仕度候、前掲ノ事情御監察ノ上、前々ヨリ御用水拝領仕居候特例ニ倣ヒ、当節御用水若干日数間、当村江拝領ノ義御許可被下度、右ハ目今田面急施ヲ要シ候場合ニ付、何卒特別寛仁之御沙汰ヲ以テ、右願之議御聴届被成下候様、只管奉懇願候也

明治十六年八月六日

愛宕郡下鴨村第百五拾壱番戸　平民　宮崎又左衛門

同　第百三拾四番戸　平民　宮崎六之助

右村戸長　鈴木元徳

京都府知事　北垣国道　殿

この年は一月以来降雨が少なく、田植時前後に三日間のみ雨があっただけで、その他は照り続き、炎威焼くが如き旱魃、となった。右に示した御用水拝領願には、近世の旱魃時に御所用水を田地側に拝領した例を引用している。かつては旱魃の時も御所の庭園用水を絶やさぬことが原則とされていたが、上流村々においてまったく水が欠乏した際には御所分を村へ廻すことがあった、という。明治一六年のこの申請時には引水期間を「若干日」

としており、どれくらいの期間水が廻送されたのか記録はない。いずれにせよ、賀茂川の水面とその用水の支配権が官有となったのちも、近世の渇水時の田地優先という慣行が持ち出され、その事例をもとに御所用水分を田地へ融通することが認められる構造がみえてくる。

また用水の汚濁問題も管轄が変わったからといって解決するものではなかった。用水という開渠である限り、その水面に何者が如何なる行為を加えるかはわからないし、あるいは事故が起こるリスクも極めて高い。用水筋には先の塵芥投棄に限らず、有害なものが投棄される事故があった。そのひとつが伝染病患者関連のものである。(46)

小川之水源、愛宕郡西賀茂村字菱屋橋ニ於テ、コレラ病者之排泄物ヲ運搬之帰、過テ取落シ難キ候、然ル処、各川散水ニテ、田地之養水ニ相用末流ニ至リ、御用水之溝筋へ流落シ候モ難斗候間、使用不致様、御用水之溝筋へ建札致シ、且毎戸へ可相達候、此段至急相達置也

上京第参号委員

右之御達相成候ニ付、迅速戸別無遺漏、注意可有之候也

十二年発月十九日　上京区第拾七組　戸長役場　印

各町組頭　御中

安政五（一八五八）年に始まる我が国のコレラ流行に代表されるように、患者の排泄物から表流水、飲用水をルートとする感染力の高い消化器系伝染病の大流行期が明治時代であった。コレラは特に致死率の高い伝染病であり、この御用水への投棄事故以外にも、患者の隔離小屋を用水筋に建てた者を取り締まってほしいという照会が、主殿寮より京都府宛に出ている。(47)

用水筋の掃除は京都府より各町宛に通知が出ていたが、しばしば掃除で集めた塵芥や土砂をそのまま用水へ投棄する者もいたようだ。(48)また洗濯をする者もいた。こうした実態は他の城下町でも近世より記録されていること

であり(49)、表流水の水質管理が沿道筋へ浸透するのははるか後世のことである。

四　琵琶湖疏水竣工後の御所用水

(1)　疏水の竣工

明治一六(一八八三)年、琵琶湖疏水の計画は勧業諮問会(一一月五日)と、上下京連合区会(一一月一五～一七日)に諮られた。その計画は当初、農商務省主導で作成された。疏水のルートは大津三井寺より山科の長等山をトンネルで抜け、蹴上着水点より東山山麓を北上し、高野川、賀茂川を伏せ越して堀川にいたるもので、琵琶湖水面の標高八四メートルに対し、この京都盆地北上ルート中、最も標高の高い高野川と賀茂川の中間、松ヶ崎付近が七〇メートルで、この落差を利用して愛宕郡《おたぎ》(現在の北区・左京区一帯)の田畑を灌漑するものであった(図3参照)。そして、鹿ケ谷周辺では山麓から南禅寺高岸町へ向けて落差を利用した水車群を設置し、それを動力源として機械業を振興、さらに鴨川右岸に沿って東高瀬川へいたるルートでは伏見への舟運の開鑿が図られた。計画水量は三〇〇個であった(50)。

しかし、明治一七年六月二七日の内務省による設計変更で、本線ルートを蹴上より南禅寺町へ降ろし、岡崎、聖護院を経て、鴨川にいたり、鴨川運河を開鑿して伏見へといたる舟運ルートを新設することになり、北上するルートは分流として水量五〇個に減じられる。鹿ケ谷水車群の計画は、明治二二年建設途中で水力発電導入が決まったため、実現しない。

いずれにせよ、疏水の目的のひとつには「防火」があげられ、分線ルートのゴールは堀川と、いまひとつが御所であった。疏水の竣工は明治二三(一八九〇)年四月であるが、同年五月一〇日、北垣国道府知事より主殿寮出張所所長宇田淵宛に、平時六個(一六七リットル毎秒)、渇水時一〇個(二七八リットル毎秒)の水量を献納している。つまり、産業基立金（明治天皇から上下京区民へ下賜された金）と上下京区民への賦課（地価別・戸別・売上別、さらには飲食・貸座敷や芝居などへの特別賦課）によりなされた工事の効用として、長年水不足に悩んでいた京都御所へは全量三〇〇個中、一〇個を献上する措置がなされた。後述するが、灌漑用水も村々へ無償で支給されており、疏水工事による新しい水脈が御所防火と田畑灌漑の公共工事として位置づけられていたことがわかる。(51)

図4は、その御苑中禁裏内の水路を示したものである。これは、宮内庁宮内公文書館蔵の「御所水路之図」を筆者がトレースしたものである。(52)残念ながら描かれた年代が記録されていない。禁裏御所中に水道施設ができるのが、明治四五（一九一二）年であり、それ以降ならば水道管施設や消火栓が見られるはずであるが、この図にはない。図面が測量されて書かれていることから、明治時代に描かれたものであることは間違いない。筆者が二〇〇七年に閲覧した、京都市上下水道局琵琶湖疏水記念館所蔵の田邊家寄託資料中の「明治弐拾参年六月調御苑内外水路測量之図」（非公開）に描かれた水路図と酷似しているので、おそらく琵琶湖疏水建設時に新たに禁裏内の水路を整備した図面で、宮内省側に遺されたものと考えることができる。

この図によると、禁裏御所北方の朔平門東の着水槽は、禁裏の北方にある近衛邸の池水からの導水である点で疏水建設前と比べて変わりはないが、そこからひとつは南進し、常御殿、御学問所、小御所東の庭園の池水を経て、禁裏南庭の桝に貯水されている。

またひとつは着水槽より皇后宮、若宮御殿を周回して南進し、禁裏建物内のいくつかの桝へ供給している。大台所、賄部屋など火を扱う箇所や小御所、紫宸殿裏の中庭に貯水槽がある。いずれの貯水槽も、階段で水面まで降りることができるよう掘られている。

また着水槽のいまひとつは、禁裏の築地塀の内側に水路を巡らしており、そこに通水されている。いわゆる御《み》溝水《かわみず》である。禁裏南東隅より水路は、仙洞御所へと流れていく。北東隅の御文庫付近には用水を若干幅の広い溝

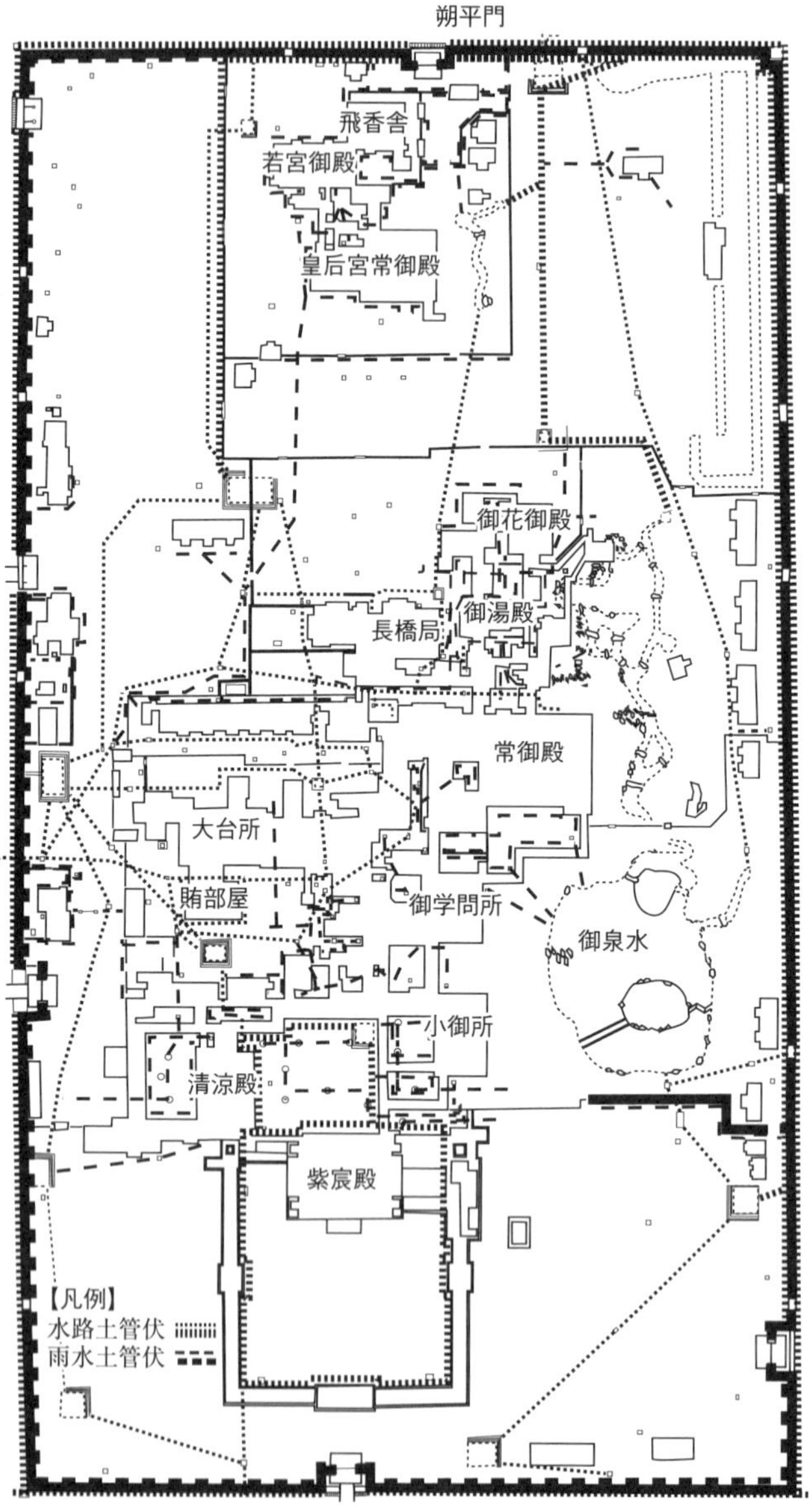

図4　禁裏御所用水線路図
（宮内庁宮内公文書館蔵の原図を小野がトレース）

に導水し、防火用に充てている。「御所水路之図」にはこの御所用水の系統に加え、建物群の軒下より集水される雨水排水系統も描かれている。

疏水線路から御所用水への分水口は、計画では三つの樋門を設置することとなっていたが、結果的に室町頭（室町通鞍馬口）付近に一か所新設した(53)。図5がその樋門の図面で、疏水分線より幅四尺九寸、高さ七尺二寸の取

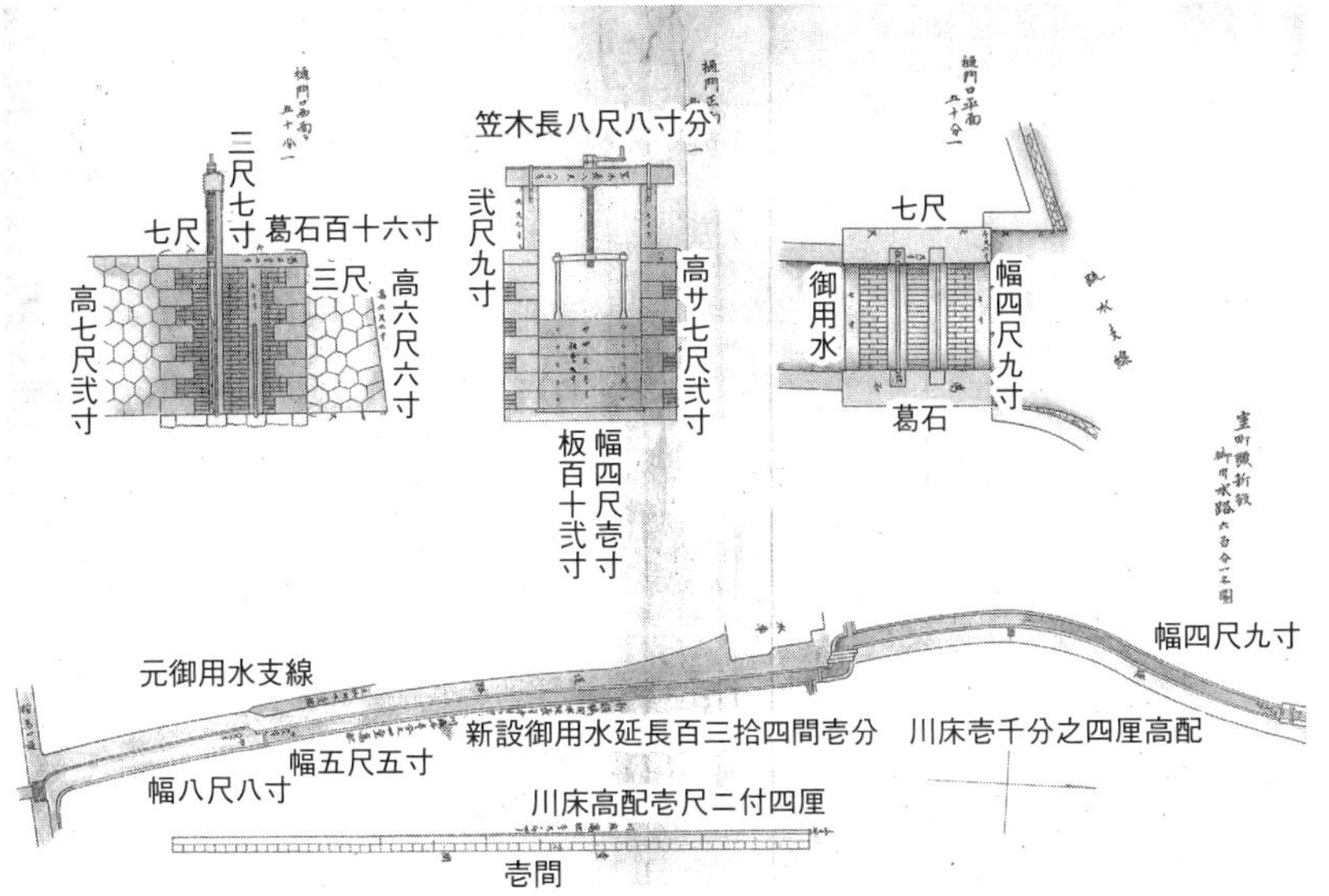

図５　疏水から御所用水への分岐樋門
（「御用水録」所収図に加筆／宮内庁宮内公文書館蔵）

水口に板厚二寸、高さ四尺一寸の門を設け、螺子《ねじ》式により開閉するものであった。[54] この新取水口から新設御用水が、延長一三四間で勾配一〇〇〇分の四、幅五尺五寸で南下し、鞍馬口通の北部で、旧御用水の支線と合流し、幅八尺八寸となって上御霊社、相国寺境内とつづく従来のルートを辿る。

(2) 御苑外の水路工事

琵琶湖疏水工事の起工趣意書中の「防火」は、近世より水不足であえぐ京都御所、並びに元公家町（御苑）の敷地だけが対象となっていたわけではない。京都御所の下流の京都市中に、御所用水の使用後の水を流し、防火の用に供することも考えられた。

たとえば、東本願寺は疏水竣工以前の明治一四（一八八一）年には、御苑内博覧会場（南東隅）と仙洞御所から流出する用水を、市中の水路（堺町→丸太町→東洞院→二条→烏丸→五条→新町）を経て、東本願寺を囲む堀溝へ導水することを、府知事宛に願い出て許可されている。[55] これは実現しなかったが、その場合の防火の効果はそれ程大きなものではなかったと推察する。防火装置として効果的な水路ができるのは、疏水竣工後の明治二三（一八九〇）年八月、防火用の専用水道を蹴上着水点から直接本願寺へ引水する計画がなされてからである。蹴上着水点から東本願寺まで標高差は四八メートルある。これだけの水頭があれば、消火用の水圧として十分であったとみなせる。その工事は、明治二八（一八九五）年一月から三月の間に、鉄管を蹴上より東本願寺北手に引くものであった[56]。

この例は、御所用水の下流では水量が不足するので、みずから専用水道を敷設したものであるが、ほかにも御所用水の水流を市中に廻らせる計画・施工があった。そして御苑内と御苑外は工事の主体も異なった。

御苑内の工事は宮内省内匠寮によってなされ（牧長冨内匠寮技手の設計）、御苑外や市中の工事は、京都府が担当した（喜多敬雄京都府技手の設計）。京都府庁文書には、御苑外工事の計画と、実際の施工を示したものが残されている[57]。この施工は大西音五郎（京都市上京区黒崎町）がなし、その見積りには材料費と人件費合わせて五三五〇円が積算されている。注(57)に示した京都府庁文書［資料13］にみるように訂正されたものをみると、実際には施設の長さ、大きさ、数などを若干小さくしていることがわかる。その実際に施工された路線は、同文書中に添付された工事図面中の水路で表されている[58]（図6）。水路は北方の室町頭より禁裏御所北方の近衛邸の池へ入る。その後、禁裏・仙洞御所と御苑を流れるのは先述した通りであり、これは資料的には宮内庁宮内公文書館のもの（図4）が正確であろう。この府庁文書は主として京都府側の工事記録であるため、担当している御苑外の市中工事を詳述している。

現在も御苑を囲む堀溝は、この時防火用水路として整備された。今出川御門よりこの堀溝を西進、烏丸通で南進、下長者町で西進し、京都府庁にいたる総延長一八三四メートル、幅一・二メートル、深さ〇・九メートルの水路が作られた。また府庁の南、椹木町《さわらぎちょう》通沿いに御所から堀川にいたる長さ三六七メートル、幅〇・九メートル、深さ一・三五メートルの水路が切られた。さらに御所の南側の市中に向かって、御苑南東隅の寺町丸太町より寺町通に沿う水路と、九条邸の池から流出する間之町通と、東洞院通を姉小路まで南下する長さ一二一五メートルの水路が作られた。これら御所内を含め、市中防火のための用水量が計画された六個から一〇個であった。また、丸太町を渡る閉渠の溝は石組みで、一辺一尺九寸の矩形図面が残されている（宮内庁宮内公文書館蔵「御用水録」明治一九年中）。

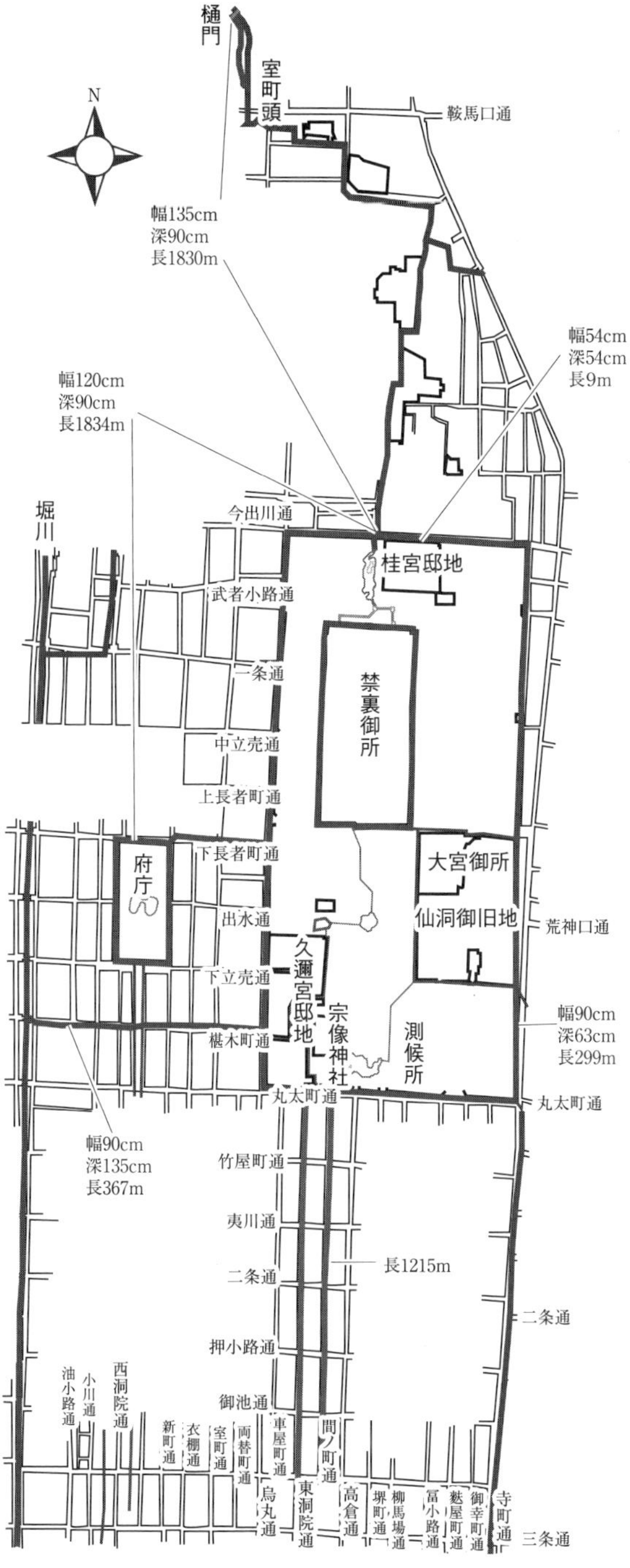

図６　御所および御苑外の用水路（小野作成）

なお、東本願寺だけを防火し、西本願寺へはなぜ防火水道を引かなかったのか、については確たる資料がないため言及できないが、京都府としては疏水分線のゴールのひとつは堀川であり、その水量を安定的に供給することで堀川沿いの西本願寺へは防火措置をしていたことにはなる。

（3）　灌漑用水

琵琶湖疏水における灌漑用水の位置づけについて、京都市の疏水水力使用台帳を基に検討する。『琵琶湖疏水の一〇〇年』の記述には、灌漑用水に関して、京都盆地が慢性的な水不足に見舞われていたことを背景に「かんがいの憂いから開放し良田にするという絶大な期待を担って、疏水は完成したとある。運河本線の山科村四ヶ所、分線路の南禅寺以北小川頭に至るまで二〇ヶ所に田養水分水口が設けられ、村々の用水路によって疏水の水は田畑へ導かれていった」という。(59) その効果は「山科を含めて見積もりの五割近くは満たすことができたといえよう」と評価している。この灌漑に関する記述はわずか二頁のみであり、詳細が書かれていない。また『琵琶湖疏水及水力使用事業』に中にも、灌漑用水の効果についての記述は皆無である。

これに対し起工趣意書中には、「第三　田畑灌漑之事」としてその主要目的中にあげられ、その増収の効果と、そのための愛宕郡北上ルートが計画当初より図られていた。この「灌漑事業」に関しては、明治一六年一一月一五日の上下京連合区会では、議員安田善兵衛から「若王子村より下鴨に至る迄の開鑿の水利は総て愛宕郡にありて京都は更に得益なし、然るに其工費を上下京区にて負担するは当を得ざる様なり」との質問がでた。それに答えて北垣国道府知事が、「勿論該郡村より相当の義務を京都区民に酬報せざるを得ざらん、且専有の特許を得ば其分水の多寡に由て相当の金額を徴収すべきなり、若し徴収に応ぜずんば彼れ仮令旱魃に苦しむも一滴の水も遣らざるべし」と答弁している。(60) ところが、明治二四年以降の京都市側の疏水の「水力使用者台帳」には、灌漑用水の使用記録はほぼ存在せず、疏水事業の予算書にも、灌漑用水から得られる水力使用料はあげられていない。灌漑は「水力使用事業」というべきものであったのだろうか。

このことに関しては、以下の琵琶湖疏水の「水力使用者台帳」から、灌漑用水の使用料は徴収されていなかったということができる。まず、東山区四宮《しのみや》（現・山科区四ノ宮）の諸羽《もろは》神社における昭和六年の台帳記録から、「従来諸羽神社ハ疏水ノ漏水ヲ以テ神社手洗及飲料水ニ使用シ下流ニ於テ灌漑用水ニ使用シ来レル処疏水用ノ件ハ神社用水並田養水ノ目的ナルヲ以テ料金特ニ免除セントス」とある。(61) ここから漏水には課金されていなかったこと、また灌漑用水も免除されていたことがうかがえる。また昭和一三年三月七日、京都府庁議決定の中に、京都府の水利使用料は精米用一八〇円（立方メートル毎秒当たり）とあるが、「灌漑用ハ免除ス」との記録もある。(62)

一方、各年の「水力使用者台帳」に現れる灌漑用水に課金されている唯一の例は、田中村字北高原における事例である。明治二五年四月七日許可で、愛宕郡田中村総代牧克正名義で精米用水車が、三八個×三五尺（京都市水力使用条例により、水量と落差の積数で課金を徴した）で稼動しているが、同二六年五月二三日より「短期六個追加」とある。(63) このことは予算書に現れており、明治三一～三三年度の予算として牧克正が「四ヶ月限定の使用」として六個×三五尺の申請をしている。(64) 通常の灌漑用水は課金されなかった。しかし、田中村では六月から九月の水田耕作期に通常期の上乗せ分としての水量を申請した。逆にいえば、多くの水量が必要な時期の上乗せ分に課金があったということは、通常期の利用については無料であるということがわかる。この水利権は大正七年三月二五日、牧より田中村普通水利組合へ譲渡され、さらに同年一二月二一日より同組合管理者田中村村長より京都市長に変更されている。(65) つまり、この夏季の耕作用水量は京都市が保障して支払うようになる。この田中村旱魃はしばしば起きていた模様で、昭和八年七月一三日にも田中村水利組合長牧末吉の名で京都市長宛に分線からの給水願いが出ている。(66)

以上のように、「水力使用者台帳」に灌漑用水使用の記載がないこと、断片的ではあるが、灌漑用は課金を免除されていた事実があること、田中村における夏季特別の使用願いがでて、大正七年からはそれを京都市で請け負っていることから、灌漑用水は無料で田畑に供給されたということができる。そもそも、北から南へ流れている各村での灌漑用水脈を横断する形で疏水線路は引かれている。それは慣行水利権の保障であるともいえるし、疏水分線のルートは、当初計画から水不足に悩む、これら地域へ供給するために引かれていったともいえる。

いずれにせよ、電力、水力、貸地、捕魚、舟運など収入を見込む事業と異なり、起工趣意書の目的にもありながら、「灌漑事業」はまったくの公共事業であったともいえる。以降、現在にいたるまでこの山科と愛宕郡における慣行水利権用の水として琵琶湖疏水は存在する。また灌漑用水を田畑への「漏水」とみなせば、二十数か所の樋門からの自由水が供給されたともいえる。なお、その代償として京都市には冥加金という曖昧な収入が雑収入として存在していた[67]。

こうしたことから、御所の北部のかつて上賀茂一社の支配を受けた村々も、疏水が横断したことにより、その有していた水利権の保障として疏水水量が無償で供せられたといえる。有償で水力を利用している者は台帳上に使用水量が記載されているが、灌漑用水は無償で供せられたため、記録が存在せず正確な水量が不明である。疏水分線の計画水量五〇個のうち、一〇個が御所以南の市中防火用水として使用されたとして、残り四〇個。さらに前述の京都市の「水力使用者台帳」より分線上で水車、あるいは防火の用途として使用されているものを積算すると、昭和初期の段階で約一三個数えられる[68]。したがって分線沿いの村々へは、渇水時最低で約二七個の灌漑用水が配られていたことになる。

（4）御用水欠乏事件

疏水工事は、賀茂川の水量で賄えない御所の庭園と、防火の用を保障するものであった。京都府（市）は、同様に渇水時の水不足に悩む愛宕郡の農村部の灌漑用水補塡も考慮して、疏水分線は完成した。五〇個の水量のうち、六～一〇個は御所に献納され、その余水が市中防火に供せられた。渇水時一〇個は、京都府が疏水という新水脈をもって御所に示した契約水量であった。しかしながら、明治二四年に疏水による新御所用水が完成して以来、トラブルが続出した。

同年、御所用水の水番役が交代する。

御用水水番ノ件

愛宕郡上賀茂村字上賀茂平民　山下政次郎

同郡　同村　字小山平民　内藤巳之助

右者、元御用水々番役山下長八・同内藤孫次郎死亡ニ付、今回水番役申付候条、愛宕郡大宮村・上賀茂村・下賀茂村等へ御通達相奉度、此段及御照会出候也

明治廿四年六月十九日　主殿寮出張所

京都府　御中[69]

おそらく、山下家、内藤家各々の子息が跡を継いだと考えられる[70]。その夏、御所用水が絶水する事件が起きる[71]。旧来の御所用水に加え、疏水分線は水量が保障されており、それに基づいてポンプなどの消防施設が備えられていた。ところが、近年時々用水が欠乏するため、それへの対応を求める依頼が主殿寮出張所より京都府知事宛に出された。疏水は水量保障のために工事され、御所分として水量は確保されていたはずである。何がこの欠乏を生んだのか。

明治二五年の夏、晴天続きのため、乾燥著しい御所の屋根へかける水もなく、その用水断絶の理由についての照会が主殿寮出張所より出る[72]。これに京都市参事会が回答した。その理由は疏水分線の賀茂川伏越の樋が漏水していたためとある。また上流の村方でみだりに田面への分量を増加しているのではないか、ともいっている[73]。

明治三〇年、主殿寮出張所所長より府知事宛に、契約水量六個ないし一〇個の存在を確認した上で、御所用水不足の原因について報告している[74]。

（前略）然ルニ、村方ニ於テ濫リニ分用之水量ヲ増シ、為メニ御所引用之本流絶水ニ至リ候事、往々有之、尤本年ハ村方ヨリ、三週間全量引用之願出有之、幸ニ疏水之分水有之候ニ付、願意聞届候処、期限ヲ過ルモ依然引用罷在、右不当之行為ニ対シ、村方へ注意致候処、一旦ハ来水有之候得共、忽チニシテ復涸渇致候ニ付、水路検査致候処、濫用之形蹟有之候、加斯村方ニ於テ、御用水ヲ濫ニ分用致候弊ヲ生シ候テハ、将来御用水疎通上懸念有之候間、爾後願出之外ハ、右様濫用之儀無之様、沿道村方へ厚ク御諭達相成、且警察官ニ於テモ、取締一層注意相成候様、御取計有之度候、又疏水之儀ハ、曩年開設之際、当出張所ト御庁ト御協議致シ、御用水トシテ、不断六個乃至十個之水量ヲ供給可致事ニ決定相成哉、之趣ハ曩ニ御申越之有之候得共、最早該事業モ整理致候儀ト存候間、更ニ疏水事務所ヘモ御達有之、爾後、無間断分水候様、御取計相成度候、此段及御照会候也

所長

京都府知事　宛

本年は渇水のため、村方から三週間全量を引用する願いが主殿寮出張所宛に出され、それを聞き入れた。しかしながら、期限を過ぎても引水を止めず、注意したところ一度は御所へ水を流したが、また止められた。水路を検査すると濫用の形跡があるため、京都府に村を取り締まってほしいとある。

さらに、賀茂川よりの御所用水は渇水で止まっても、疏水分線の水量があるため、御所庭園では減水はないと思いきや、絶水した。調査したところ、疏水分線口で堰き止められていたため、雇の水番役を呼び出した(75)。

御所御用水、通水之儀者、客月廿日頃ヨリ絶水ニ至居候処、幸疏水支線ヨリ通水有之候為、御庭園ニ於テハ、減水無之候得共、敢而差支無之ト認候ニ付、巡回不致候処、去廿八九日ニ至リ絶水致候ニ付、定夫差遣、現場為見回候処、前記之事実ヲ認候而、巳ナラス疏水分水口ニ於テ、何者之所為ナルカ、砂石ヲ以テ堰止有之、是カ為絶水ニ至候、右之番人等之注意怠リ候ヨリ、相生候儀ト被存候間、内藤巳之助・上田長三郎ノ両人召喚取調候処、別紙之通手続書差出候、就テハ、此度限将来ヲ戒メ、差許置可候哉、相伺候也

御手続書

私儀

先般六月弐拾九日以前、数日間御用水通水方不都合之段、恐縮之至リ奉存候、然レドモ、恐レ多クモ、全ク御用水ハ一面疏水ヨリ通水シ、御用之御務メヲ相成シ居リシヨリ、一方、常ニ御用水路ノ上流ニアル、各村井筋ノ田地植付期節ニ際シ、養水ノ欠乏致シ、農家一般困難ヲ致シ居リシシヲ、緩ニナシハ誠ニ不肖水番人ノ不都合ノ儀ト、重々心得候間、何卒、御寛大ノ御処置御被成下度、此段御手続書奉差上候也

明治参拾弐年七月三日

愛宕郡上賀茂村字小山　御用水番人　内藤巳之助

同郡同村字上賀茂　同　上田長三郎

主殿寮出張所営繕掛御中

疏水により水量は増加し、保障されたものの、上流村方における不法な水の横領は近世の上流と御所の関係と変わらないか、あるいは契約が存在するだけにかえって悪質なものとなっている。召喚された水番役二名、内藤巳之助、上田長三郎は、御所用水路上流村々の用水欠乏を見て、水番役の職務を「緩《ゆるがせ》ニナシ」たことを認めている。本来は契約どおりに御所側へ流すべきで、またそのための水番役である者が村方へ与していた。水番役が村方の者であるということは前にも触れてきた。「不肖水番人」の不都合という。

では彼らの村における地位はどのようなものであるのか。それは以下の文書より明らかとなる。

奉歎願候口上書

（前略）先例渇水之節ハ、御用水一日間下賜候義モ有之候（後略）

明治十六年八月十日

愛宕郡小山村　第十番戸平民

総代　内藤孫次郎　㊞

戸長　神戸捨松　㊞

京都府知事　北垣国道殿(76)

明治一六年渇水の際、府知事宛に御所用水を一日間下賜してくれるように願い出た代表が、小山村総代内藤孫次郎であった。内藤孫次郎が明治一三年に宮内省雇の水番役となったことは先述した。内藤巳之助は孫次郎の後継者である。また同じく水番役として名をみた上賀茂村山下長八は、明治八年と九年には上知された土地の払い下げを上賀茂村戸長の肩書きで知事宛に求めている(77)。

つまり、宮内省雇の水番役は、単に村方の者で宮内省に雇われたというだけでなく、一方で村の総代や戸長を務め、村の渇水の折には、水量を御用水筋から村方へなるべく多く引用しようとする村民の代表でもあった。そして彼らの家系は、近世にも各村の庄屋を務めていた家であり、明治以後も村の代表的地位にあった。疏水ができて以来、京都府からの契約水量があるにもかかわらず、しばしば御所が水不足に陥るのは、渇水や琵琶湖水面の低下のような物理的、自然的理由によるものもあるが、その多くは渇水時における村方の利益誘導に水番役が傾いていたから、と考えることができる。この点、上賀茂社の領地で、上賀茂社の支配する水利権を、御所よりも優先的に使用していた頃の水番に比べると、京都府と御所の間の水量契約や、宮内省が水番役を雇っているという契約の存在を鑑みれば、疏水以後の水不足の原因の方がより確信的である。

御所用水の不法な村方への引水は、年を追って次第に大規模になる感がある。分水口を堰き止めたり、樋門を調整するだけではなかった。水車を設けて大量に水を汲み上げ、御所用水を絶水する者も現われた(78)。

このように、水源の支配権が変わったとはいえ、その水脈の利用については慣行水利権に基づいた論理で、上流の上賀茂村や小山村は村代表のもとに、田面用水確保に向かったと考えられる。琵琶湖疏水は、その慣行水利権を保障し、補填する一大水脈を公共工事であった。そしてこのことによって御所への水量が担保されたものの、同一水脈の上流と下流という構造は変わらず、その上流で管理する雇われの水番役は一方で、村の利益代表者でもあった。こうした近世（あるいは中世）以来の水利構造を根本的に変えるには、御所の水利権を独立して別系統で持つほかはない、ということが明治三〇年代より議論されていく。

五　小括

本章をまとめるにあたって、冒頭にあげた主題、京都の水は誰のものであるのか、そして琵琶湖疏水はその水利構造をいかに変えたのか、について答えたい。

まず、近世と近代の水の支配権、水利権をまとめてみると表1のようになる。

表1　近世・近代の水の支配権と水利権

	支配(所有者)	管理者	委託者	現場管理	利用者
近世	上賀茂社	社の川奉行	村庄屋	水役人 (川役人共同)	村民 御所(御花壇奉行)
近代	宮内省	京都府	組戸長・総代＝水番役	(宮内省雇)	村民 御所(主殿寮出張所)

ここに、水の所有者と管理者、その管理委託者と現場監督、そして利用者の構造がまとめられる。近世までは御所用水筋の小山郷は上賀茂社領である。そのことは庄屋（内藤家）の蔵する水車設置に関する請願書と付図からも確認できる。[79] 土地所有者が上賀茂社であり、そして水の所有も同社であった。小山郷の村民（百姓）はその耕作権を持っていた。上賀茂社所有の用水から御所用水へ分水する取り決めがあったが、小山郷村民は水を得て耕作し、その生産高から上賀茂社に年貢を納めるため、渇水時の用水確保は必至である。御所側は枯渇した庭園用水（防火用水）の供給要請を上賀茂社になすが、一方で上流小山郷へは遠慮もしている。小山郷は上賀茂社にも逆らい、用水確保のための御所への直訴、用水の優先引水、新規の掘割を無届けで設営するなど、支配を受けながらもみずからに年貢がかかる米の生産を最優先する行動をとった。

明治四（一八七一）年、上賀茂社の小山郷支配は終焉し、土地は官有化され、小山村に払い下げられていく。払い下げられた土地には地租がかかる。[80] 上賀茂社の水利権は宮内省に移り、水路面は大蔵省の管轄となる。ここで用水の所有者と下流の利用者の主体が一致した。つまり、近世までは用水の一利用者にすぎなかった御所は、近代に御所と同じ主体とみなせる宮内省への水支配移転により、安定した水量を確保するはずであった。水は上賀茂社のものから明治政府（＝宮内省＝京都府）のものとなった。

しかしながら、それでも、しばしば絶水し、御所に水は届かなかった。その原因は村方と水番役の差配によるものであった。主殿寮出張所は、京都府を通して抗議するものの、現場の村と水役人は、土地の耕作権が所有権に変わっても、米作により税を納めることに変わりはない。そのための灌漑は近世と変わりなく優先された。

琵琶湖疏水は、その構造的変革をなすべき近代的工事であり、それゆえ官営（府営、のち市営）であった。御所の水量は府から献納という形で保障され、現場の水番役も宮内省雇で御所への水利優先のために働くことが義務づけられていた。しかし、結果は必ずしもそうはならなかった。むしろ、村の戸長、総代と水番役が同じ主体であったため、渇水時には村方に有利な行動をとった。

こうした動きをみると、土地や「水面」の支配権は明治の上知令、地租改正を経て大きく構造変化をしたにもかかわらず、生産現場の「水量」の利用実態は近世と同じく村方が優位に立つ傾向がみえてくる。水は誰のものか、の問いに応えるならば、所有・管理は官有であるが、実態の運用は最大の使用者である村方（小山村）である、といってよいであろう。それは近代的な土地・水利支配の下での不法な水の横領事件とみることもできるが、村方にとっては単に彼らが中世以来与えられている米を作るための慣行水利権を行使しているにすぎない。そのための水利行動であるともいえる。その慣行は土地・水の支配権が変化しても変わりがない。

琵琶湖疏水は、その水利構造を変えて、御所への安定供給を目指したが、一方で中世以来の農村の有する慣行水利権を認め、むしろ強化補塡するものであった。したがって、疏水からは灌漑用水には無償で配給した。村民からみれば、御所も自分たちと同じユーザーの一者にすぎなかった。契約一〇個とはいっても無償であり、その点では村々への灌漑用水と同等の地位に御所もあった。そうした水利権の慣習の中で、渇水時には特に村方が優先されるべきものだという先例が、水番役をして村方優先の行為に走らせた。つまり、琵琶湖疏水という近代土木工事とともに導入されてきた水の所有権という考え方は、疏水の工事主体と財源負担、所有（水利権）が京都府であり、契約者に宮内省の存在があったとしても定着したとは言いがたく、中世以来の慣行水利権が優り、それゆえ無償であり、渇水時には村方が優先された。その点では水利構造は変わっていない、といえる。

この抜本的解決のためには、こうした慣行水利権との共存をやめて、御所への専用の用水確保を図る他はない。先に示した東本願寺水道は、疏水以前は御所の余水を貰い受けていたため、水不足の折には絶水していたと推察できる構造を抜本的に変えた専用水道であった。この構造変革に倣うこと、それが京都御所の次なる課題であった。

早くも明治三二（一八九九）年一一月、宮内省技師木子清敬は御所水道の設計を始める。御所水道は、木子の設計に始まり、田邊朔郎が実地設計をなし（明治四三年内匠寮御用掛。主任は内匠寮頭片山東熊）、折からの琵琶湖第二疏水の開鑿と京都市上水道工事（ともにいわゆる京都市三大事業）にあわせて計画される。結果的に京都市上水道の配水池蹴上とは別に、大日山に専用貯水池を置き、明治四五（一九一二）年四月一日、御所水道の通水が始まる。

（1）小野芳朗『水の環境史――「京の名水」はなぜ失われたか――』PHP新書、二〇〇〇年。
（2）日出新聞、明治二八年一一月一日。「山紫水明、此の天然の美を除きては京都無しと云うも不可無きなり」。
（3）平井聖編『中井家文書の研究』中央公論美術出版、一九七八年。
（4）岡山大学附属図書館池田家文庫蔵『禁裏新院御普請御手伝留帳』。延宝二（一六七四）年の池田綱政の単独普請時も東庭に池が配置された。
（5）岡山大学附属図書館池田家文庫『延宝四年禁裏御指図』T七―七、『禁裏様御庭御絵図』T七―十一。
（6）橋本政宣「賀茂別雷神社と賀茂川」、大山喬平監修、石川登志雄・宇野日出生・地主智彦編『上賀茂のもり・やしろ・まつり』思文閣出版、二〇〇六年。［資料1］
（7）清水三男「山城国上賀茂社境内六郷」、『清水三男著作集　第二巻　日本中世の村落』校倉書房、一九七四年。
（8）京都市歴史資料館蔵「中町藪内町屋敷」。［資料2］

(9) 京都市編『史料京都の歴史　北区』第六巻、平凡社、五七五〜五七六頁、賀茂別雷神社文書、寛永二〇年五月三〇日。[資料3]
(10) 「内藤（武）家文書」京都市歴史資料館蔵、水論御裁許書写、天明四年一一月（原告の下鴨村小山郷と、被告の上賀茂村水役・上賀茂一社惣代へ、奉行所　大隅守・和泉守より通達）。[資料4]
(11) 賀茂社の上知された地を上賀茂村、西賀茂村、野中村、下鴨村、あるいは上賀茂社やその士族らに払い下げた記録が残っている。「明治四年ヨリ十二年　別雷神社上地處分済綴込」京都府総合資料館府庁文書　明四―四二。これに付属する絵図「社寺境内外区別取調　別雷神社　明治十六―十八年」には境内の池、反別九反四畝九町について「是ハ田地養水ノ為メ官有ノ儘水掛人民へ使用セシメ度分」とあり、水面の支配権は官有であり、その灌漑用水としての使用を旧来の水掛人（上賀茂社の使用人）へ委託したことが記されている。
　小山郷の水路が国有地であったことは以下の資料による。京都地方法務局の土地台帳「小山南上総町」の地番五―二の水路状の細長い七・〇坪の土地所有は、昭和三五年二月一日付で大蔵省に登録されている。また同様に「上御霊中町」の四五七ノ二番の水路は昭和九年五月二八日まで、「上御霊上江町」の二四八ノ二番の水路は昭和九年四月一〇日まで、各々大蔵省所有であることが確かめられる。
(12) 織田直文・玉置伸吾、「第一琵琶湖疏水開発における立案要因」『日本建築学会計画系論文報告集』四二六号、一九九一年、一〇一〜一一〇頁。
(13) 織田直文・玉置伸吾、「第一琵琶湖疏水開発における認可要因」『日本建築学会計画系論文報告集』四三九号、一九九二年、八一〜八九頁。
(14) 織田直文・玉置伸吾、「第一琵琶湖疏水開発における調整要因」『日本建築学会計画系論文報告集』四五一号、一九九三年、一七七〜一八六頁。
(15) 塵海研究会編『北垣国道日記「塵海」』思文閣出版、二〇一〇年。
(16) 京都市参事会『琵琶湖疏水要誌』一八九〇年。
(17) 京都市電気局『琵琶湖疏水及水力使用事業』一九四〇年。
(18) 京都市水道局『琵琶湖疏水の一〇〇年』叙述編、一九九〇年。

(19)　高久嶺之介「琵琶湖疏水をめぐる政治動向再論(上)」『社会科学』六四号、二〇〇一年、九七～一三四頁、「同(下)」『社会科学』六六、二〇〇一年、四一～八七頁。のち『近代日本と地域振興――京都府の近代――』(思文閣出版、二〇一一年)に再録。

(20)　小林丈広「都市名望家の形成とその条件・市制特別期京都の政権構造」『ヒストリア』一四五号、一九九四年、二〇〇～二二六頁。

(21)　小野芳朗・西寺秀・中嶋節子「琵琶湖疏水建設に関わる鴨東線路と土地取得の実態」『日本建築学会計画系論文集』六七六号、二〇一二年、一五一三～一五二〇頁。本書第Ⅰ部第二章第二節。

(22)　高久嶺之介「琵琶湖疏水工事の時代」、前掲注(19)書。

(23)　白木正俊「琵琶湖疏水建設の目的とその役割についての一考察」『電気評論』五六五号、二〇一一年、五三～六五頁。

(24)　田邊朔郎『京都都市計畫第一編　琵琶湖疏水誌』丸善、一九二〇年。

(25)　芦高堅策『京都電燈株式会社五十年史』京都電燈株式会社、一九三九年。

(26)　京都府立総合資料館編『京都府統計史料集』第三巻、京都府、一九七一年。

(27)　前掲注(17)『琵琶湖疏水及水力使用事業』六九・七七頁。

(28)　京都市「水力使用者台帳」、明治二四年～昭和一四年。

(29)　林倫子『京都鴨川水系を基軸とした水辺景域の形成と変容に関する研究』京都大学学位論文、二〇一〇年三月。

(30)　尼崎博正「禁裏御用水の水源」『瓜生』六巻、一九八四年、三七～五三頁。なお、御所用水の遺構は、二〇〇四年に相国寺境内で京都市埋蔵文化財研究所によって確認され報道された。京都新聞、二〇〇四年一〇月二二日。

(31)　京都市編『史料京都の歴史』第三巻～五巻、平凡社。

(32)　前掲注(17)京都市電気局『琵琶湖疏水及水力使用事業』七二頁、上下京連合区会　明治一六年一一月一五～一七日。安田善兵衛はなぜ疏水は愛宕郡を通過するのか、その費用をなぜ上下京区が負担するのか、と問う。これに対して京都府側は、愛宕郡が水不足の地であり、そこに水を通すことは年間九万七〇〇〇円の増収となる(米の生産が上がる)という。しかも、相応の工事負担を郡部にも求めるとしているが、その賦課はなされず、しかも無償で灌漑用水は配給された。愛宕郡だけを通すというのも訝しい。そのゴール、御所と堀川への水の供給が目的だったという指摘も納得できる理由である。

(33) 伊藤之雄『京都の近代と天皇』（千倉書房、二〇一〇年）はみずから中心となって編纂した『京都市政史』（京都市）で収集された資料を基にして、御所の近代に関する論文を批判的に書いたものである。その四八頁には、「疏水の水十立方メートルが火の燃え移りやすい檜皮葺の御所の防火用水として献じられた」とあるが単位がまったく理解されていない。水量とは時間の単位であり、正しくは一〇個（一〇立方尺毎秒）すなわち二七八リットル毎秒である。

(34) 宮内庁宮内公文書館蔵「御用水録」明治一二年中。

(35) 宮内庁宮内公文書館蔵「御用水録」明治三〇年中（小笠原主殿助の調査で、主殿寮出張所所長に報告）。［資料5］

(36) 宮内庁宮内公文書館蔵「御用水録」明治一二年中。［資料6］

(37) 宮内庁宮内公文書館蔵「御用水録」明治一二年中。

(38) 宮内庁宮内公文書館蔵「御用水録」明治一三年中。［資料7］

(39) 宮内庁宮内公文書館蔵「御用水録」明治一五年中。

(40) 宮内庁宮内公文書館蔵「御用水録」明治一七年中。［資料8］

(41) 宮内庁宮内公文書館蔵「御用水録」明治一七年中。［資料9］

(42) 宮内庁宮内公文書館蔵「御用水録」明治一七年中。［資料10］

(43) また「内藤（武）家文書」、京都市歴史資料館蔵には、内藤孫次郎宛の「御所御用水々番申付候事、但金八円支給候事」の明治一七年五月二二日付の宮内省支庁内匠課の辞令が残されている。

(44) 宮内庁宮内公文書館蔵「御用水録」明治一七年中。

(45) 宮内庁宮内公文書館蔵「御用水録」明治一六年中。

(46) 「清和院町町儀日記第一号」京都市歴史資料館蔵、五四四一―四八三―五六一。

(47) 宮内庁宮内公文書館蔵「御用水録」明治三二年中。

(48) 京都府総合資料館府庁文書、明二六―五七「主殿寮出張所エ御回答按伺」。［資料11］

(49) 小野芳朗「水路都市岡山の近世――西川用水前史――」『土木史研究論文集』二八号、二〇〇九年、五一～五八頁。

(50) 前掲注(24)田邊『琵琶湖疏水誌』二二二頁。

(51)　有償事業は、水車水力、防火用水、貸地、電気事業、舟運、捕魚。
(52)　宮内庁宮内公文書館蔵「御所水路之図」、三八七四八。
(53)　京都府立総合資料館府庁文書、明二三-五四「明治廿四年主殿寮出張所嘱託皇宮御用水路改修工事一件書」。
(54)　宮内庁宮内公文書館蔵「御用水録」、明治二六年中、「御用水路取入口」。
(55)　宮内庁宮内公文書館蔵「御用水録」明治一五年中。〔資料12〕
(56)　前掲注(18)『琵琶湖疏水の一〇〇年』叙述編、三五九頁。
(57)　京都府立総合資料館府庁文書、明二三-五四「明治廿四年主殿寮出張所嘱託皇宮御用水路改修工事一件書」、三　御用水路工事着手時照会、四四　御所御用水路修繕改築水吐工事目論見一件、五九　御所御用水路修繕改築水吐工事仕様帳、明治二三年一一月。この帳面に重ねて朱書きで精算帳原稿とある。〔資料13〕
(58)　京都府立総合資料館府庁文書、明二三―五四　六五「御用水路絵図面」。
(59)　前掲注(18)『琵琶湖疏水の一〇〇年』叙述編、三六三～三六四頁。
(60)　前掲注(17)『琵琶湖疏水及水力使用事業』七二頁。
(61)　京都市「水力使用者台帳」昭和一〇年度。
(62)　京都市「疏水関係書類」昭和一四年度。
(63)　京都市「水力使用者台帳」明治二四年から二八年。
(64)　京都市「予算書」水利事業費　明治三一、三二、三三年度。
(65)　京都市「水力使用者台帳」大正五年。
(66)　京都市「運河使用一件」昭和八年度から一〇年度。
(67)　京都市「予算書」水利事業費　明治三〇年度。明治三〇年時点で冥加金を支払ったのは、魚類生籠の商売をした者を除くと、鳥海弘毅、並河靖之、山縣有朋の三名で漏水を庭園用水に使った。このことに対する冥加金であったと考えられる。
(68)　一三個は昭和初期の庭園用水を防火用水名目で使用した南禅寺別邸群がほとんどで、その用途は当初精米水車などであったものが防火用水へと名義が変わってくる。

(69)　京都府立総合資料館府庁文書、明二四-五三-五九「御用水水番役ノ件」。
(70)　『史料京都の歴史』第六巻、五八八頁、三八　明治二三年、疏水工事による水車・水路への影響を訴える小山拾番戸平民内藤丑之助の名があり、その実父後見人が内藤孫次郎となる。内藤家は鞍馬口新町の小山村庄屋を勤めてきた家系である。
(71)　京都府立総合資料館府庁文書、明二八-八〇。［資料14］
(72)　宮内庁宮内公文書館蔵「御用水録」明治二四年中。［資料15］
(73)　宮内庁宮内公文書館蔵「御用水録」明治二四年中。［資料16］
(74)　宮内庁宮内公文書館蔵「御用水録」明治三〇年中。
(75)　宮内庁宮内公文書館蔵「御用水録」明治三二年中。
(76)　宮内庁宮内公文書館蔵「御用水録」明治三〇年中。［資料17］
(77)　京都府立総合資料館府庁文書、明四-四二-六、三四一、三八〇「明治四年ヨリ十二年別雷神社土地処分済綴込」。
(78)　宮内庁宮内公文書館蔵「御用水録」明治三五年中。［資料18］
(79)　「内藤（武）家文書」、京都市歴史資料館蔵、「庄屋吉兵衛他中溝水車絵図　文政十二丑年正月」には小山郷田地は「上賀茂社領」と記され、その耕作者の郷民の名が付記されている。水車設置願は小山郷庄屋吉兵衛以下六名より上賀茂社役人宛に出されている。
(80)　「内藤（武）家文書」、京都市歴史資料館蔵、山城国愛宕郡小山村図、明治九年地租改正ニ付明治十年一月調。

第二章　都市経営における琵琶湖疏水の意義

一　琵琶湖疏水の開削――その意義と鴨東開発論――

明治初期の都市形成の構成要素の一つに水運があげられるが、琵琶湖疏水工事は京都市が近代的産業都市をめざして開鑿した大工事であったとともに、今なおその上水源として利用され続けるという今日的意義も含め、この一二〇年前の工事は諸方面から評価されている。その立案、認可、調整要因について分析した織田直文の一連の論文[1~3]は、疏水建設初期の立案過程とその認可にいたる政府側と京都府側の対応についてまとめている。それは北垣国道京都府知事の日記「塵海」[4]、明治二三（一八九〇）年の疏水竣工直後に編集された「琵琶湖疏水要誌」[5]、竣工五〇年後に編集された『琵琶湖疏水及水力使用事業』[6]および「疏水回顧座談会速記録」[7]を資料として書かれている。

明治一四（一八八一）年五月、北垣知事は上京し、初めて疏水工事計画を伊藤博文参議、松方正義内務卿に開陳した。その後、明治一六（一八八三）年三月に農商務省と稟議した結果、主として上・下京区域周縁の、とくに北東部の愛宕《おたぎ》郡の田畑を灌漑する目的で水路開鑿を計画していく。このときの起工趣意書に書かれた琵琶湖疏水の目的は、製造機械、運輸、田畑灌漑、精米水車、防火、井泉、衛生の順に書かれ、その順は目的の重い序列であるとされる。これらを基に、後述のように後年の研究者は、各々の目的を達成したか否か、他の目的に転用

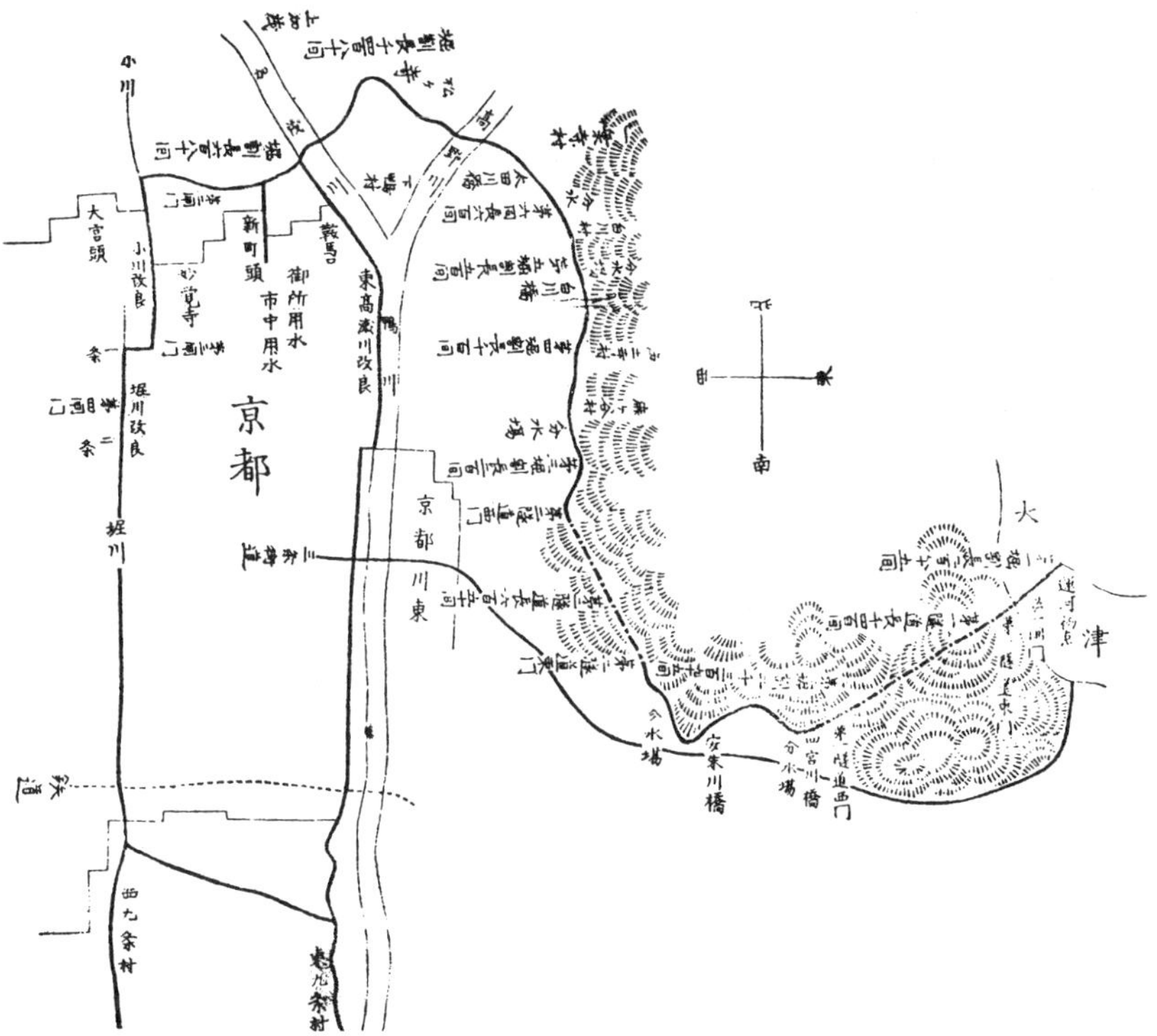

図１　琵琶湖疏水当初ルート図（明治16年11月段階）
最終決定ルートは第一章図３に示した（出典：『琵琶湖疏水及水力使用事業』）

されたか、という視座をもって、疏水の効用を論じる傾向にある。果たしてそれは正しい解釈であるのか。

同年一一月五日の勧業諮問会、および同一五日～一七日の上下京連合区会では総工費予算六〇万円とされ、京都盆地に下りることなく、鹿ヶ谷《ししがたに》から北上し、白川村、田中村を経て、松ヶ崎村、下鴨村を通過し、賀茂川西で東高瀬川に落とし、また室町頭《むろまちがしら》で御所用水と市内用水に流し、そして小川《おがわ》頭《がしら》より堀川に流入するルートが提案された[2]（図１）。同年一一月一九日には起工特許願が内務、大蔵、農商務各卿へ上がるが、この工事をめぐり内務省（山縣有朋内務卿）と、農商務省（西郷従道農商務卿）

の窓口の争いがあったことを、その背後に薩長藩閥の対立が存在したこととともに上記の資料群が示している。

結果的には一二月七日に井上馨参議宅において伊藤参議、山縣内務卿、西郷農商務卿、松方正義大蔵卿が集まり協議した結果、そのやりとりをこれら資料群は伝えてはいないが、起工趣意書は農商務省より京都府に差戻され、改めて内務省土木局の調査と指示を待つことになった。明治一七（一八八四）年六月二七日に、内務省より設計変更の「指令書」がだされ、疏水が京都盆地に出た後二分し、一つは運送用として閘門《こうもん》で直ちに平地に下り東高瀬川に接続するルートが計画された。これにより疏水には鴨東《おうとう》地域（南禅寺・岡崎）を東西に横断するルートが新設された。この案であると、疏水が蹴上《けあげ》着水点に現れた後、鴨川まで高低差約一二〇尺（蹴上―南禅寺船溜が一一八尺）を下りることになる。この鴨東ルートはその着工後に変更され、明治二〇（一八八七）年インクラインを設けることで、船を直ちに南禅寺の平地に下ろし、インクライン下に船溜を設け、そこから鴨川までいたることとなった。

さて、こうした疏水工事初期の農商務省主導の北行ルートの灌漑用水案から、内務省土木局主導の水運・水力開発による鴨東地区の線路開鑿と、殖産興業策への変更、それにともなう線路ならびにインクラインなど高低差対応システムについては織田の論文はもとより、上記刊行物中でも指摘されてきたことではある。

一方、鴨東地区の新市街開発を企図していた北垣の政治的意図と疏水の線路との関連を論じるものもある。(8)小林丈広は、この疏水が京都産業化の目的を持ち得たこととは別に、北垣府知事は本線が出現する鴨川東部の地に新市街を築こうとしていた、と指摘している。(9)そして「工場の立地など近代的産業基盤の整備が目的」であったとしている。いわゆる「鴨東開発論」と歴史学上通称されているこの計画は、北垣府知事が明治二二（一八八九）年九月一〇日、京都府臨時市部会で語った「新市ノ生ズル已ムベカラザル」(10)との発言によっている。またそれに先立つ京都府土木課長多田郁夫の報告中の、「産業振興ヲ鴨川東部ニ」(11)、の発言も根拠としている。高久嶺之介も疏水の効用を論じる論説中でとりあげており[12]、北垣府知事時代の京都産業化の具体的なターゲットは、この疏水本線を含む鴨川東部の地にあった、とする。

ただ、小林がそれを北垣府知事の「アイデア程度のものだった」と言及しているのは、実現前の明治二四（一八九一）年に北垣府知事が京都府を転出し、新市街計画そのものが立ち消えになった感があるためである。しかし、実際には道路案の存在したことや、その測量が始まっていた事実に鑑みてアイデア以上の事業として着手される準備段階にあったと本書では解釈し、次節で詳述する。

疏水の効用についても、前章と多少重複するが整理しておきたい。高久はいくつかの言説を示しながら評価している[13]。まず早くも明治二三（一八九〇）年四月の竣工後、東京日日新聞の社長関直彦により効用に疑問が呈される。わずか幅六尺の小舟による水運では多量の輸送ができず、鉄道便に吸収されるであろうこと、水力利用についても織物製造の機械には用をなさず、製糸あるいは精米、製粉用に供する程度であろうことなどが理由である。実際、疏水の事業収入における運輸、水力の占める比率は水力発電が懸絶して多く、明治三〇（一八九七）年より後は八〇％以上の収入が電力によって得られている。『琵琶湖疏水及水力使用事業』中には、舟運が明治二九（一八九六）年以後「予期に反するの結果」利用不振となったことについて、舟運運行の不便さもあるが、全体的には陸上交通運輸機関の発達に従って不振となったとあり、さらに水力利用にいたっては「精米の外、製粉、伸銅、針金、製絲、紡績、染色、加工等の原動力に用ひられたが、精米を除くの外は漸次電力へ転移するに至つた」とある[14]。

こうした結果より高久は、「もし一八八九年に、疏水の工業用動力を水車を回しての動力から電力に切り替えなかったならば、琵琶湖疏水という大型土木事業は、巨額の資金に見合うだけの経済的効果を生み出さなかったと後世言われた可能性がある」と評価している。さらにいえばその水力電気事業すら、火力発電に凌駕されていき、[15]疏水の存在意義は当初の目的とは別のところに変化したといわざるを得ない。結局、明治末の京都市三大事業の中で、全国の都市としては比較的遅い上水道を建設したことにより、水道水源として疏水の存在を現代に引き継ぐ形となった。

また白木正俊も、水力発電が疏水の果たした数少ない効用のひとつとしている。[16]だが結果的に水力発電のみでは京都市内の電力需要はまかなえず、火力と併用の形となり、水力発電の増強は明治四五（一九一二）年の第二疏水の開鑿を待たねばならない。

上記のように歴史学分野における琵琶湖疏水の効用についての評価は、起工趣意書における七項目の個別事業の成否について議論している。現在、疏水はわずかの水量が水力発電（関西電力が水利権を有する）に用いられるほか、京都市の有する水量の約四割は水道事業、半数は通過水という名目の未使用水量として年々国土交通省より水利権を認可されており、上記視点に立てば竣工一二〇年後の疏水は起工時の意図とはまったく異なる目的に変わっており、その点では高久や白木のように、当初目的事業はほぼ目算違いというべき評価となる。

当時の京都が産業都市を希求したということは、事実である。しかし、起工趣意書の第一目的の製造機械に重きを置くことに着目するあまりに、後世の法定都市計画の時代のような大工業化を目指したかといえば、そうではない。当時は、煉瓦製造技術はあるが、セメントは輸入品に頼っていた。また鋳鉄製品も日清戦争を経験して、ようやく国産の品質が保証される技術段階にあった。[17]産業化というのは京都の地場産業である西陣織、友禅染の近代化にあった。むしろ、京都盆地は工業に限らず灌漑用水も慢性的に不足し、米作生産量の増加をはかることをも含む産業化が目指されていた。産業化とは、農林・軽工業に加え、舟運による商業活性化も含んでいた。

水不足については、工事主任の田邊朔郎が、市中では井水が涸れ、京都市の東部から北部にかけての郊外である愛宕郡諸村の灌漑用水が不足し、かつ西陣の染物・織物製造用水も不足していることを指摘した上で、「当時京都では水力を利用して工業又は運搬の用に供するといふことには未だ注意するものがなかつたけれども御用水並びに防火用水を初め灌漑織物等各種の方面で随分痛切に不便を感じて居た」といっている。[18]こうしたことからも、疏水の目的の本質的部分は、慢性的水不足に悩む、乾いた京都盆地への水量確保にあった。つまり疏水そのものが目的であり、その分節として事業が複数目標化されていた、と考えてよい。

そうした事業の一つに製造機械と運輸があるわけだが、それでは、北垣府知事が目指したとされる鴨川東部の新市街とはどのような具体像を有していたのであろうか。

同地の開発を始めるきっかけとなったのは、以下の調査であると考えられる。その「市街劃定ノ儀ニ付伺」[19]は、疏水事務所の島田道生属と京都府多田郁夫土木課長による取調べであり、明治二二（一八八九）年三月に知事が決裁した。その中には愛宕郡南禅寺村ほか八か村を新区部に編入（上京区第三四組）し、「此部落ニ於ケル市街ノ劃定ハ遠ク百年ノ後ヲ計リ製造、商業、衛生、警察等ノ関係及勝地遊歩ノ便宜ニヨリ街衢ノ通路道幅之広狭等其適度ヲ察シ審ニ計査セサルヘカラス」とあり、この地に商工業と、水道など衛生施設や警察など公安施設の建設を目的とした街路計画がなされていた。この取調べを受けて同年九月一〇日の京都府臨時市部会[10]で北垣府知事は鴨川東部の新市街に一二間幅の道路を建設する理由について「絹糸紡績会社ノ如キハ一軒ニテ甲町ト乙町トノ間ヲ塞ゲリ是ヲ以テ考フルモ多数ノ小線路ヲ置クハ大建築等ノ妨ゲトナリ大ニ不利益」と言い、鴨川東部に疏水水路を導くとともに、新市街の区画割をし、その上で製造業や商業、公共施設など、その産業基盤のひとつを同地に築こうとしていたことがわかる。

こうした旧市街郊外の開発については、都市史・建築史学でも議論されてきた。[11]京都の旧市街、すなわち上京区・下京区の郊外地開発に関しては、以下の論考が存在する。鶴田佳子らによれば、大正・昭和初期の区画整理事業は京都市の北・西・南部に限られ、宅地・工場地の開発がすすめられる。一方、北東部の田園地帯にも事業が施されるが、本章で扱う鴨川東部の地域には宅地・工場地の大規模開発は及ばないとされてきた。なぜならその地は、明治二八（一八九五）年の第四回内国勧業博覧会、平安神宮の造営を契機として博覧会場、祝典空間へ変貌していたからである[12]。

以上のように、疏水通水とともに当初企図されたのが、東部産業地帯の新市街化であったことは上記歴史学分野では指摘されているものの、「アイデア程度のもの」とされてきた。また都市史学分野では、それがどのように伸長し、空間構成が変遷していったのかについては、産業群がほぼ消滅し、岡崎町の祝典会場が公園として整備されていくがゆえに、ほとんど関心を持たれてこなかった。

二　琵琶湖疏水建設のための土地収用

本節では、特に空間的に疏水線路がどのように現出していったのかを跡づけていく。内務省案により二分され鴨東の京都盆地に下りた疏水は、鴨川まで直線的に流されず、中途直角曲折して北に四〇〇メートル迂回して鴨川にいたる[20]。北垣の新市街構想と直接関連したとは言いがたいが、結果的にこの鴨東の疏水周辺では、明治二八（一八九五）年の第四回内国勧業博覧会が行われ、大極殿（平安神宮）建設、そしてやがて武徳殿、美術館、博物館などの文化施設に加え、商工業施設の進出がみられるようになる。そうした京都市鴨東地区（岡崎）の開発にいたるプロセスを検討するため、鴨東の本線と、愛宕郡を北上する分線について用地取得の実態を論証し、疏水線路開鑿による京都市郊外開発の初期段階をみることが本節の主題である。

（1）　鴨東における疏水線路

ここでは疏水線路の鴨東地域におけるルートと、既往研究で語られている鴨東開発との関連について検証する。

高久嶺之介によれば、先にふれた北垣国道の京都府臨時市部会における都市構想「鴨東開発論」とは、明治二二（一八八九）年九月、市部会に提出された「鴨東地域の道路の区画を定める諮問案」である。それは「新市街を、一、二、三等に区分し、一等は道幅を一二間、二等は八間、三等は六間とするものであったが、市部会は道幅を狭め、一等は八間、二等は六間、三等は四間で可と答議した」という。[21]前年の明治二一年六月にこの鴨東地区の南禅寺、岡崎など七か村を上京区第三四組として編入した理由は、京都府臨時市部会における北垣の発言をみると、[22]「固より之を町村として存すべからざるなり、何となれば疏水は市の事業なり、市の事業にして之を郡村の域内に托するを得べき歟、独り理に於て之を郡村に存在すべからざるのみならず、亦市の経済上より見て不利なりとす」とあるように、疏水事業が市の事業であるため、その線路にあたる地域を市域として開発する意図があった。

もっとも高久は、北垣の鴨東開発論は道路に関して述べたもので、彼の都市開発構想が鴨東に偏重していたわけではないこと、[23]また小林丈広の論文を引いて、[24]その後にこの地域にできる内国勧業博覧会場や平安神宮の建設により開発が進んだ事実との因果関係については慎重であるべきだとしている。

その小林は先にもふれたように琵琶湖疏水事業の進行中、鴨東の区部編入に際しての上記の開発構想は、「計画というよりアイデアに近いものであった」といっている。また小林は『京都市政史』の中でも、明治二二年の京都府臨時市部会での北垣の諮問が、「この地域に工場や人家が立ちならぶことを予想して、あらかじめ道幅八間（約一四メートル）の一等道路を二線、道幅六間の二等道路を二線、道幅四間の三等道路を五線敷設しようというものであった」と述べている。[25]

このように高久、小林は琵琶湖疏水のできる鴨東の空間に関して北垣と市部会の動向から、その後の鴨東開発との明確な因果関係は認められないものの、その構想があったという指摘をしている。問題は、北垣が鴨東に新市街を構想するための道路案を提示したとして、その路線をどこに敷設する意図を持っていたのか、その具体的プランが存在したのか、である。

一方、先の『京都市政史』の疏水線路に関する記述[26]の中に、「工事中にもいくつかの変更があり、その後の計画にも影響をあたえた。一つは、一八八七年に議論されたもので、疏水のインクラインから鴨川までまっすぐにつなぐのではなく、何度か折り曲げて流れをゆるやかにしたことである。この変更は、新市街の区画を見越しての措置であった」と、鴨東において疏水線路が「ㄟ」型となっていることを、小林の指摘している鴨東道路、新市街構想と関連させて説明している。第一章図３（九頁）は大正四年地図上の疏水線路全体図である。[27]

この疏水線路が蹴上着水点から京都盆地に下りて、南禅寺の船溜から西へ直進した後、迂回ルートをとったことについては、疏水竣工五〇年を記念して出版された昭和一五（一九四〇）年刊の『琵琶湖疏水及水力使用事業』に以下のように説明されている。[28]明治一六（一八八三）年の原案（北上ルートのみ）から、明治一七年内務省土木局の指示を受けて、北上するものと鴨東の鴨川に直結するものの二ルート（分線と本線）案に変更され、さらに明治二〇（一八八七）年にインクラインを設けることとなり鴨東に舟運の動線が考えられた。

最初は、「インクライン」より真直に鴨川に出づる予定であつたが、之がためには二個の閘門を要し、運輸船が一の閘門通過のためには約十五分を要するとの理由によつて、更に調査の末、現状の如くㄟ形に二か所において直角の曲折をなし、幅員十間を以て西北方夷川鴨川に導くことゝした。然るにこの直角曲折線をとることに対しては他にも異論があつたが、疏水事務所理事たる坂本則美は明治二十一年二月二十七日北垣知事に一書を呈して、この選定を改めてㄟ形の斜行線を以てすべきことを建議してゐる。その理由とするところは、斜行線による時は（一）直角の屈曲に比し延長約百三十間を減じ運輸に便があり、（二）迂回を厭ひ捷直を喜ぶは人情の自然に叶ふといふ二点を主とするもので、疏水事務所長たる尾越書記官は一応傾聴すべき所論として賛意を表したが、北垣知事は「該線路は将来市区計画の位置に於て其便利と体裁とを目的としたる者にして斜行の得失は既に研究を遂げたる者なり、由て敢てこの建議を採るを要せず」とこれを斥けてゐる。

鴨川への直通線路は、流速が早くなるため二か所の閘門を必要とし、それを回避するための直角曲折線であった。坂本が提案したのは南禅寺船溜から夷川鴨川までを乀形に斜行することであったが、これを北垣が「将来市区計画の位置に於て」斜行は好ましくないと否定したとある(29)。

以上の事柄を整理すると、まず高久や小林、あるい『京都市政史』の指摘するように、琵琶湖疏水事業が進行中の明治二〇(一八八七)年から二一年にかけて鴨東の疏水本線の開鑿を機に、新市街地開発が北垣やその周辺によって企図されていた。疏水を蹴上着水点からインクラインによって南禅寺船溜まで下ろすことは明治二〇年に決まり、疏水の⌐形の動線がみえていた。また道路も計画されていた。しかし明治二一年にはその路線をどこにするのかは明確ではなかった。そのため日出新聞には(30)「近頃続々と同地に家屋を建設せんと企つる者沢山ありて知事の許可を請出れど未だ道路の確定に至らざるの今日なれば将来或は折角に建築したる家屋をば毀たしめざる可らざる事あらんも知るべからず(中略)人気は漸く水路の近き場所に向ひ工業其他の業を始め種々思はくを立つる者の必ず将来出来るなるべく」とあり、早くも水路沿いをはじめとして鴨東の土地に進出する者の多いことが報じられている。

さて、では明治二二(一八八九)年九月一〇日の京都府臨時市部会における北垣の演説を(22)、小林のいうような「アイデアに近いもの」とみなすべきなのか。その「計画」は実際どのレベルまで考えられていたのか。北垣がいつ鴨東の開発を発案したのかはわからないが、道路案が先行したことは推察できる。新市街区画に先立ち道路計画を先行することは、たとえば道路下に電話や上下水道などのインフラを併せ計画するとすれば当然のことではある。[31] その日の京都府臨時市部会の北垣の演説中に「最初ノ取調ニテハ三間幅位ノ道路ト多数ノ小線路ヲ置クハ大建築等ノ妨ゲトナリ大ニ不利益ナルヲ以テ遂ニ其見込ヲ変ズルコトトハ成リタルナリ」とある。[22]

その「取調」とは、明治二二年三月に北垣より「市街地劃定」の儀について伺が出され、「取調委員会」が「新市街通線ノ位置並道路等級及道幅ノ広狭並実地施行方法」について調査したものである。[32] 実際に調査にあたったのは疏水事務所島田道生属と多田郁夫土木課長であった。それによると、道路は一等（一〇間幅）から四等（三～四間幅）で、図2中の疏水沿いの岡崎町と高等中学校一帯、さらに南禅寺から銀閣寺前（浄土寺町）にいたる主要道路はほとんどが一等となされ、その目的は聖護院町、岡崎町、南禅寺町の「工商業共ニ営業ヲナス」ことにある。また南禅寺から銀閣寺前への道路は「東山ニ於テ最良ノ風景ヲ有スルノ勝地」であり観光目的とされた。これら一、二、三等道路をつなぐ三間幅の小線路が計画されたのである。三条から出町橋までの川端《かわばた》と、出町橋から銀閣寺前までの路線の新設も考えられた。この「取調仮議按」はその後修正され、同年九月の京都府臨時市部会には知事からの諮問案として鴨東の路線をやや縮小、各道路の等級を格下げして路線図面とともに提出された。

この三月の取調委員会案には、直前に水力発電調査の渡米視察から帰った田邊朔郎（明治二二年一月三一日帰京）の報告書の影響がみられる。田邊は市街地改正について「町幅広く区画正しく所謂縦横直角碁盤形の如し」として「車道八間以下六間迄人道は各左右一間半宛」と主張したという。[33] また東山を天然の公園となすべきことが報告されていた。道路のことは田邊の「渡米日記」[34] 中にワシントンにおける道路幅一二間、狭くても八間で歩道両二間、並木両一間、車道四～五間を供える道の目撃記録があるので、それを参考にして書かれたものと考えられる。

これらの事実から、いわゆる鴨東開発論は単なるアイデアではなく、かなりの具体性をもった計画路線が考えられていたことがわかる。北垣が明治二二年九月に提出した図の複写は図2に示したとおりである。市部会では

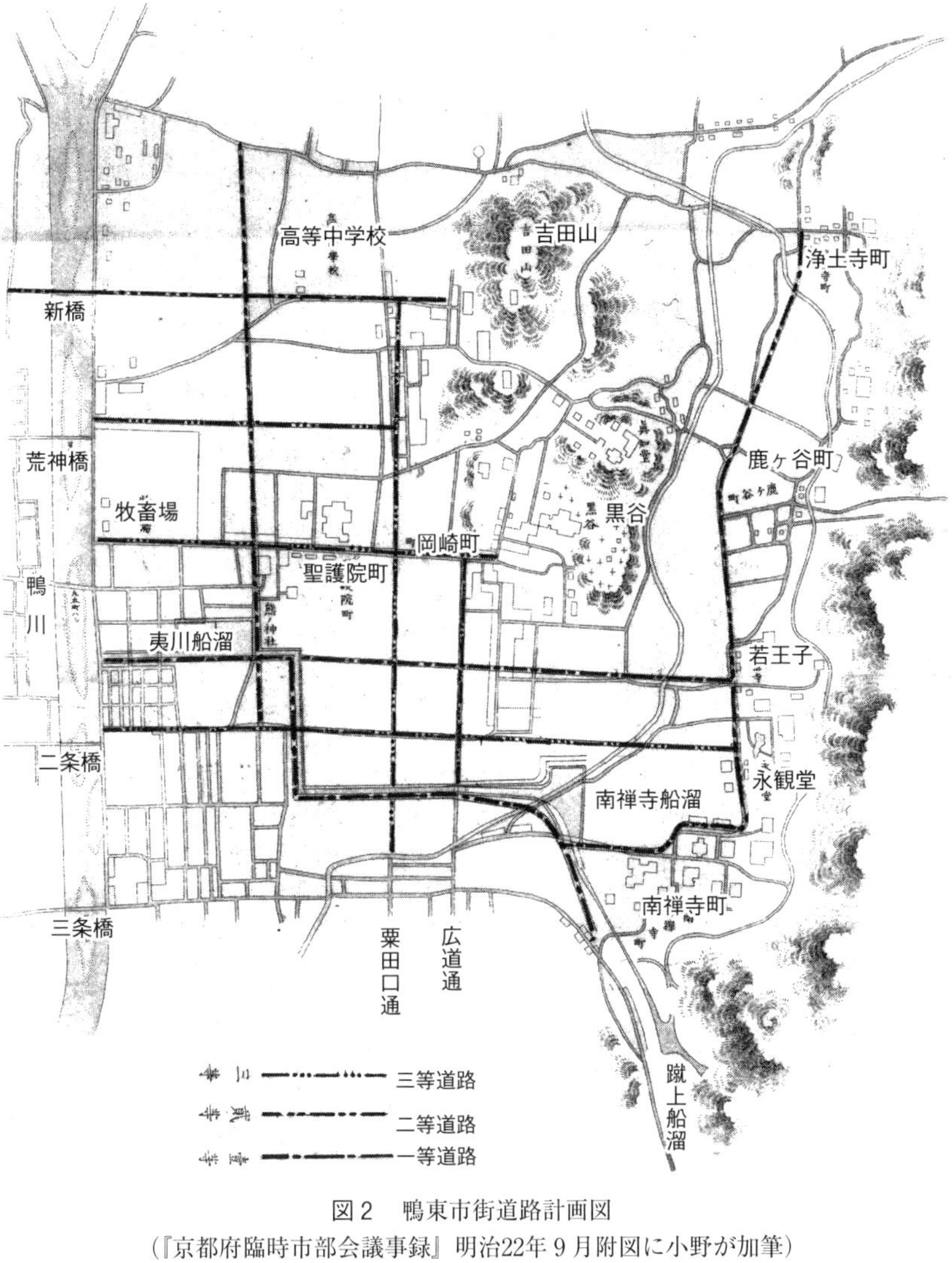

図２　鴨東市街道路計画図
(『京都府臨時市部会議事録』明治22年９月附図に小野が加筆)

北垣側の提案した一等一二間、二等八間、三等六間の幅員を、それぞれ八間、六間、四間と修正しているが、路線の変更はしていない。

これによると一等道路は、疏水線路の「形に沿って蹴上より夷川鴨川にいたるものと、若王子《にやくおうじ》から西進してくるものが合流する路線と、夷川船溜から熊野神社脇を北上し第三高等中学校西側にいたる（現在の東大路通付近）二線である。二等道路は吉田山山麓より第三高等中学校南側を直進し鴨川新橋を通過し京都市街へつながるものと、南禅寺船溜から南禅寺町、永観堂、若王子と鹿ヶ谷を浄土寺町まで北上するものの二線である。その一等、二等道路の間の聖護院町、岡崎町は南北、東西に三等道路をもって画した。つまり「新市街路線ノ諮問案出テタルハ全ク其原因ハ疏水工事ニ在ルコト」（同市部会における中安信三郎の発言）であり、「此道路ハ元来疏水工事ニ付帯シタルモノナリ」（同）であった。

このように疏水線路沿いなど明らかにその位置が判明しているものもあれば、未だ測量がなされていない箇所もあった。したがってアイデアにとどまっていた訳ではなく、路線の位置についての具体案はあったが、用地買上のための路線位置確定の測量はなされていなかった、というのが正確であろう。そもそもこの市部会においては、路線位置と幅員を削減することが諮問され、議論されているのである。以下の市部会の多田郁夫の答弁によってもそのことがわかる。(35)

路線ノ予定ヲナセシ上ハ之ヲ買上ルカ開墾セザルヲ得ス　今日ニテハ只位置丈ケヲ確定セントスルニアツテ未ダ着手ノコトニ及バズ

路線ノ位置ヲ予定スルコトモ目下左マデ必要ナキニ似タレドモ該組ハ将来繁華トナルノ見込アルニ依リ今日ノ儘ニ捨テ置キ家屋ノ建築毎ニ認可ヲ受ケシムル様ニテハ人民ニ取テモ不自由且窮屈ヲ感スルナルベシト思ヒ為メニ路線ノ予定ヲナサントスルニアルナリ

路線ヲマデ予定スルトキハ一二三等線ノ如ク猶數《（ママ）》地買上ノ見込ヲモ立テザルベカラズ斯クテハ経済上甚困難ナルヲ以テ姑ク之ヲ見合セ他日時ノ模様ヲ計リテ路線ヲ定ムルコトトハナシタルナリ

路線の位置は確定していた。それは上京区第三四組（鴨東七か村）が開発されることにより家屋が無計画に建設される無駄を省くためであった。ただ用地買収は経済上直ちに着手できないというのが実情であった。

またこれによって、北垣が鴨東地域における疏水線路の形を坂本の意見である斜行を退け、直角曲折形としたのは、道路路線のことが念頭にあったからであると認められる。『京都市政史』のいうように、疏水線路の曲折は新市街区画が計画されていたからだということは、以上の経過を見れば正確ではない。疏水ルートの決定が先行していたと考えられるからである。一方、竣工五〇年後の記録では、線路を折り曲げて北へ四〇〇メートル迂回させたことは、水流の流速緩和が目的であったとしているが、これは妥当なのだろうか。この線路形状の理由については以下で改めて検討することとする。

(2)　疏水線路の土地の買上

ここでは本節主題のひとつ、疏水線路のルート決定理由の根拠となる線路用地買収の実体について、買上台帳および新出の線路買収地図資料を基に分析を加える。

①　土地買上の手続

疏水線路の土地買収は、いくつかの資料が語るように官有地については無償借用をし、民有地については「公用土地買上規則」により買収した(36)。線路は三井寺・南禅寺境内やその旧領を通過する部分が多かったが、そのほとんどが上知され官有地となっていたことから、無償借用をして工事を容易ならしめたとされる。また明治一六（一八八三）年の上下京連合区会において「土地買上の方法如何」の質問に、北垣は「尤も現今の売買値段を参酌して買上ぐるものなり」[37]としているが、田邊がいうにはその実態は「運河の線路のなつた場合は「人民之を拒むことを得ず」と云ふやうなことで、地券面の三割増かなんかの金を払つて、それで土地所有者は一切何も言へなかつたのです」[38]というものであった。

この土地買上について田邊はその著で、[39]「公用土地買上規則では只当局官史《ママ》が地価を標準として一定の買上価格（此の時は地価約三割増を標準とした――小野注）を定め所有者に示すので殆ど命令的の規則であつた」としている。その公用土地買上規則（太政官達第一三二号、明治八年七月二八日）には、第一則に「鉄道電線上水等、大土工ヲ起ス時ハ其事業ニヨリ特別官許ノ上此規則ニ準スルヲ得ヘシ」とあり、続く第二則には「公用買上ハ必ス其地ヲ要セサルヲ得サルニアラサレハ之ヲ行ハサルモノトス故ニ人民之ヲ拒ムヲ得ス」と規定されており、京都府が指定した土地は所有者の拒否なく収用できるものであった。ただし、その買収価格については第四則に「公用ノタメ買上ル地価ハ券面ニ記シタル代価タルヘシ」とあり、原則地価での買上となっていたが、疏水用地は約三割増を標準とした。

当初明治一六年の上下京連合区会に提出された「経費支出方法」[40]中、第一工事（滋賀県藤尾村より一乗寺村まで）と第二工事（高野川より小川頭〈堀川〉まで）のうち、土地買上費の見積は一六、九五八円二〇銭五厘で、総工費見積六〇万円中二・八%にあたる。この当初案には鴨東岡崎地域は包含されておらず、その京都側の南禅寺以北については、「南禅寺官山、鹿ヶ谷、浄土寺、白川、一乗寺、下河原」の田三四四六坪が一坪につき平均三八銭八厘（損耗料五銭）、同地域の畑一〇、三三八坪が平均三二銭四厘（損耗料五銭）、「松ヶ崎、下鴨、鞍馬口、紫竹大門」の耕地八、七五六坪二合が三八銭八厘（損耗料五銭）としている。田の方が畑より若干買上価格が高い。

実際に明治一八（一八八五）年より行われた土地買上（本線・分線の二ルート）では、『琵琶湖疏水の一〇〇年』には原典を『琵琶湖疏水及水力使用事業』としながら、買上面積八〇六反二一三歩〇合で、その価格は五四、六七七円三一銭九厘で、総工費の四・三％であったとしている。[41]これは『琵琶湖疏水及水力使用事業』の「用地」の項にある「買収反別及金額」に依拠している。[42]

一方、上記二誌の元データであり疏水竣工時に編集された『琵琶湖疏水要誌』には、用地の項に八〇六、二一三歩〇四の買上面積で五四、六七七円三一九とある。[43]ただし、その項には、「用地総反別ハ専ラ工事用ノ為買収セシモノニシテ土捨場ノ如キ土取場ノ如キ不用ニ属セシモノハ工事落成後漸次売却セシヲ以テ現今ノ運河敷地総反別ハ稍ヤ減少セシモ本誌編了ノ際未タ処分ノ結了セザルモノアルヲ以テ曩ニ買収セシモノヲ掲ク」とあるので、明治二三年四月一日以前の編集終了時点での買収価格と不用な土地売却の差額として、買上価格が五四、六七七円となったとみることもできる。つまり、この総額が純買上価格としての最終集計とは書かれておらず総額については不明といわざるを得ない。同書には「明治十八年以降廿三年ニ至ル迄取扱セシ事件実ニ夥シク個々之ヲ細別スレハ際限ナキヲ以テ今総計セシモノヲ左ニ掲ケ其一班ヲ示ス」とあり、最終集計ではないことが示唆されている。[44]

一方、同書中の「工費支出精算一覧表」[45]には土地買上費として一八年から二三年度までの合計額九三、二九九円四四銭八厘とあり、一・七倍多い記述がなされている。坪当たりで前者は二二銭六厘、後者は三八銭六厘となる。後者の値が明治一六年時の見積と近いが、実際の買上価格データは、次節に記述するが、残されている地域のみでみると概ね坪二三〜三〇銭となる。したがって実際には前者に近い値で買上げられたのではないかと本書では推察する。

疏水用地の買収が進んでいく時期は、当初明治一六年の総工費六〇万円の見積が、明治一七年六月の内務省土木局の調査により鴨東線路が新たに設定される設計変更で一二五万六七三五円となった後で、上下京区民に賦課金が課せられたため一方では不満や反対が広がっていた。[21]それでも田邊は結果的に土地買上は地価の低廉さも含め上首尾に進捗したとのちに記している[46]。

当時は現今一坪五拾円百円の時価を有する岡崎聖護院辺の目貫の場所でも大抵貳円内外とあつて売買価格と券面地価と大差はなかつた、それに此の時の買上価格は最高が坪壹円参拾銭であるから時価に比し大差がなかつた、此の価格が土地所有者側の不平を少なからしめ土地買上事務の進捗した一原因といつても差支はない

文中「貳円内外」とあるのは田邊の記憶違いであろう。当時の一坪当たりの価格は先にも示したように、二〇銭から三〇銭である。いずれにせよ、一二五万円とすでに当初予算の倍以上に膨らみ工費は不足していた。これに当時の経済恐慌が加わり、市民に「協議費」の名目で地価、戸数、営業規模に応じて賦課された（明治二二年市制により市税となり、残りは市債で賄う）[47]。明治一九（一八八六）年から二〇年にかけて徴収された協議費は、地価割、戸数割（表屋持家、裏屋、借家、同居）、営業割（売上別）で二一年には上記に加えて売薬業、料理屋、待合茶屋、芝居茶屋、遊船宿、湯屋、理髪、貸座敷、遊技場、寄席などからも特別に徴収した。

このような状況で材料の自給や輸入セメントの節約、人件費の削減など経費節減の措置がとられていた。土地買上以外の工費節減措置の最大のものは材料費だった。木材、石材は国産、煉瓦は外注による高騰を避けるため御陵村に工場を作り一四〇〇万本を自給した。セメントは国産の品質が悪く英国製を輸入したが、節約のため「石と石の間を中切」する結果として丁寧な工法をとった。人件費圧縮のため山科に監獄出張所を置き囚人を使役したが、労働の質の悪さと治安不安のため中止された[48]。したがって地価が安かったとはいえ、土地買収に係る経費を低く抑えることは課題であったし、また速やかな買収は工期短縮へもつながる重要な事項であったと考えられる[49]。

② 土地買上の実態

それでは、その土地買上の実態について複数の資料を併せて分析する。以下に示す図3（1）～（8）、図4（1）～（3）は買上用地を描いた元図より作成したものであり、元図とは疏水完成後の明治二四（一八九一）年五月に調製された「平面実測図」[50]である。この図上には買上げた土地と、その所有者、町名、字、地番、地目、面積が描かれている。筆者は、これに京都府立総合資料館所蔵の「疏水用地台帳」[51]の所有者、町名、字、地番、地目、面積、地価、買上価格を重ねた。「平面実測図」に書かれている所有者の名前などは本書では伏し、地番を記載し、その地目（田、畑、宅地、山林、原野、荒地、境内地、堤敷、開墾地、官有地）をハッチで塗り分けた。なお、「疏水用地台帳」は鹿ヶ谷町字若王子官林から浄土寺村字西田、白川村字久保田より田中村字北高原については大部分の台帳を欠いているため地価、買上価格がわからない。

図3（1）～（8）が蹴上着水点より北上する支線沿いの買上げた用地を分割して表示したものである（位置は図3（9）に図番号を表示）。第四隧道南口（蹴上着水点）より南禅寺境内へ向かう用地は、上地された官林・山であった。これらが無償借地として提供された（図3（1））。その北部の若王子から浄土寺町山之下、そして銀閣寺前で西行する同村西田（図3（2）（3））の線路（現在の「哲学の道」に沿う水路）は、ほぼ田畑を買上げている。そして再び白川村久保田で北行し、一乗寺村より高野川にいたる（図3（4）（5））線路も田畑の買上が主である。高野川を伏せ越し、松ヶ崎村、下鴨村を西に横断して賀茂川にいたり、それを伏越して小山村で一部御所用水へ流し、最後は堀川へ流れ込む線路（図3（6）～（8））も田と一部畑であった。

分線はその当初の目的が灌漑用水路であった。そのため南禅寺の境内を水路閣と隧道によって通過し、若王子へ出た後は愛宕郡の田畑地帯の敷地を貫くように買上げられているが、灌漑の用に疏水線路から水を導水しやすいように線路が走っている。また既往の灌漑用水路と思われる水路が描かれているが、これらは疏水完成後にも、その水を各田畑へ供給する機能を継続したと考えられる。

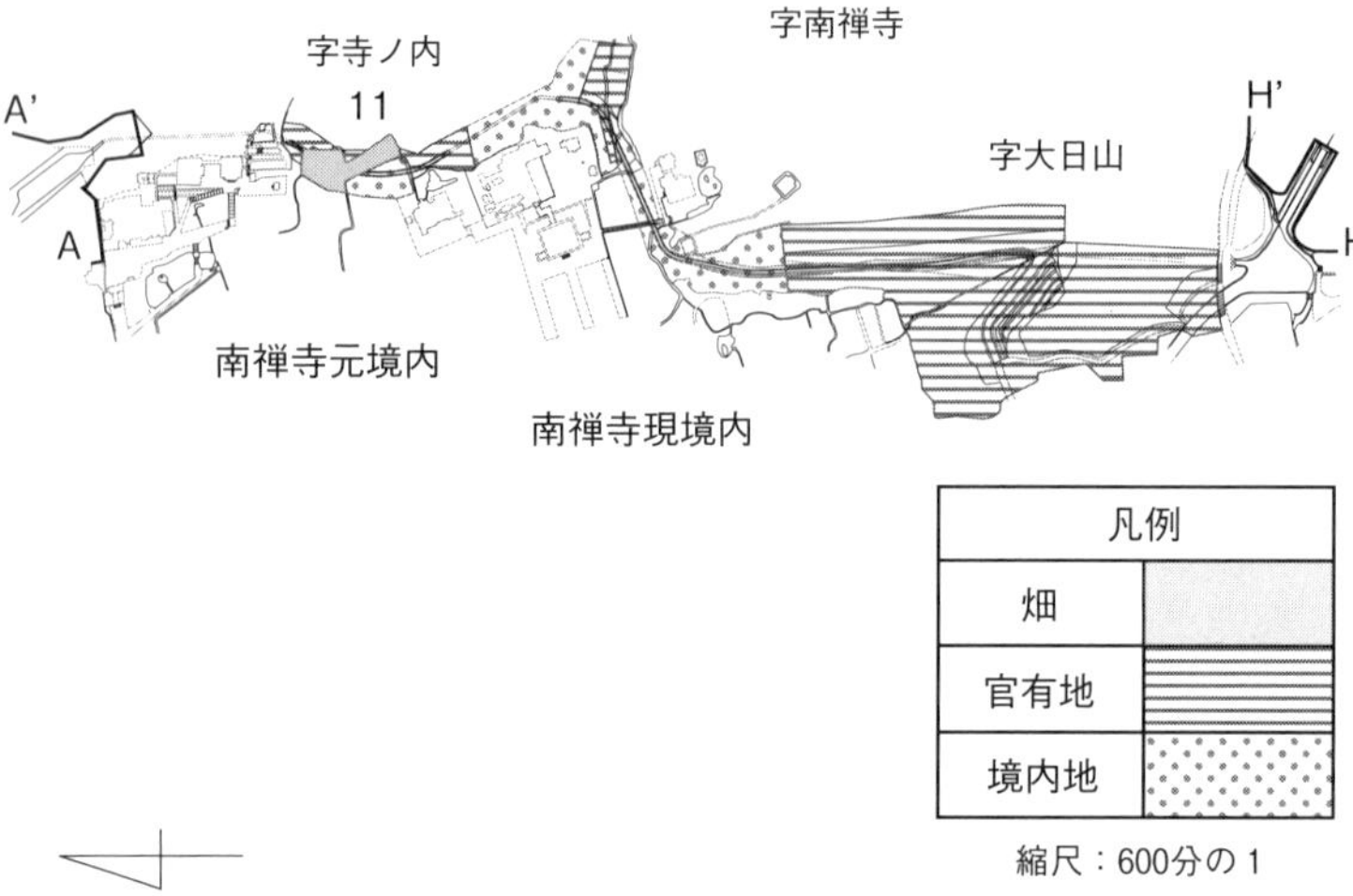

図３（１）　琵琶湖疏水分線沿いの買上用地(西寺秀作成)

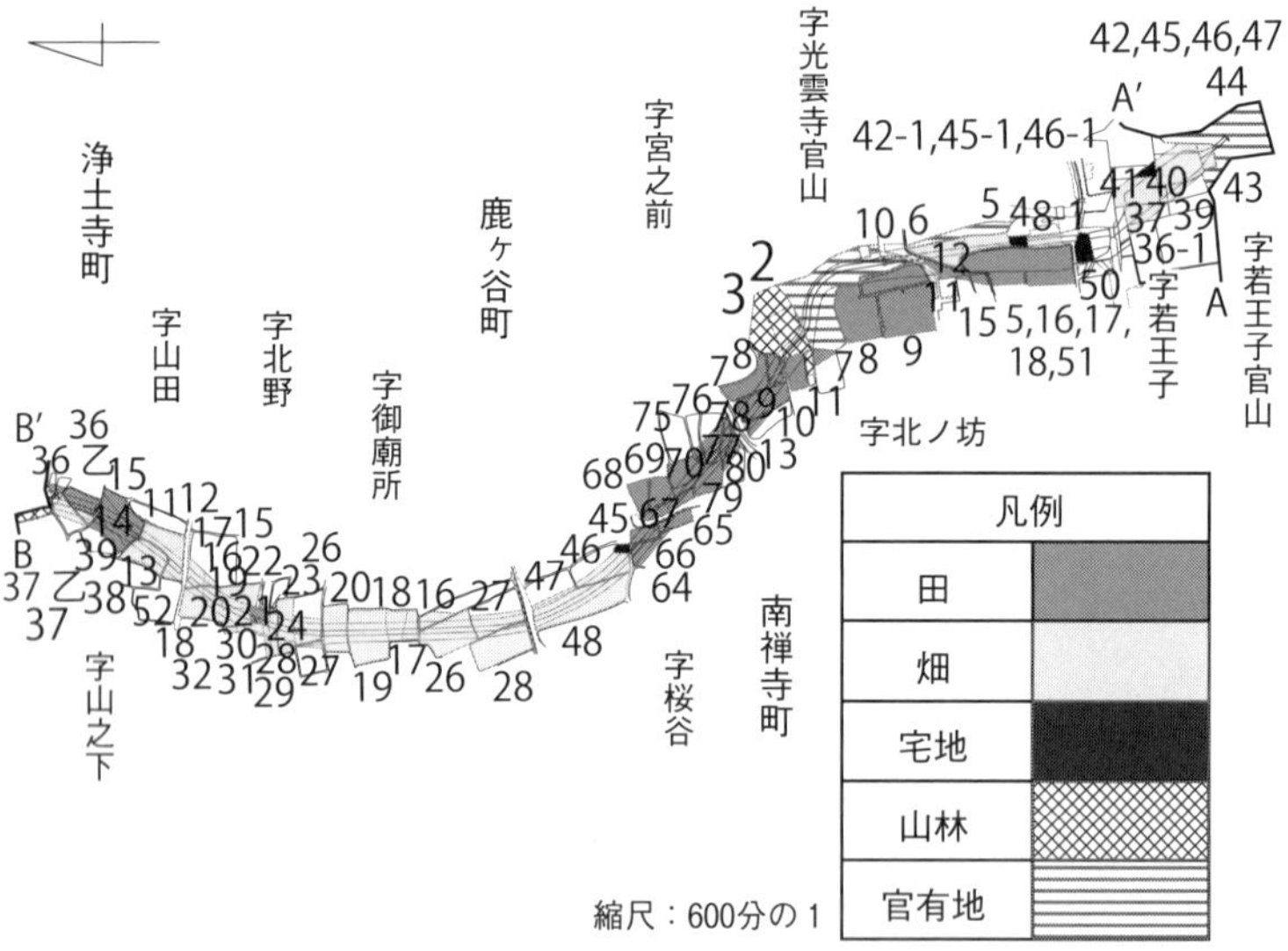

図３（２）　同前

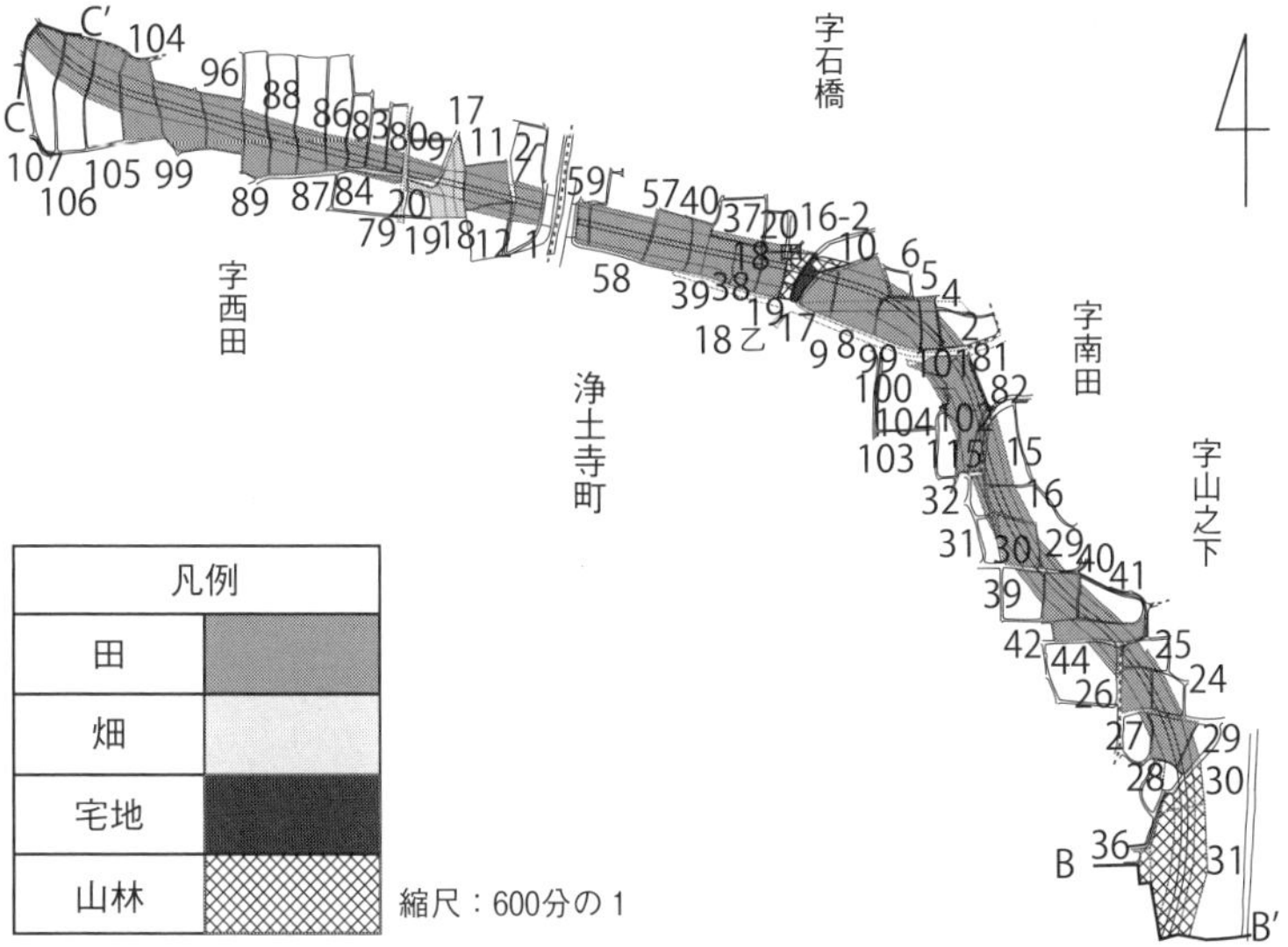
字石橋
字西田
浄土寺町
字南田
字山之下
C′
C
B
B′
凡例
田
畑
宅地
山林
縮尺：600分の 1

図 3（3）　同前

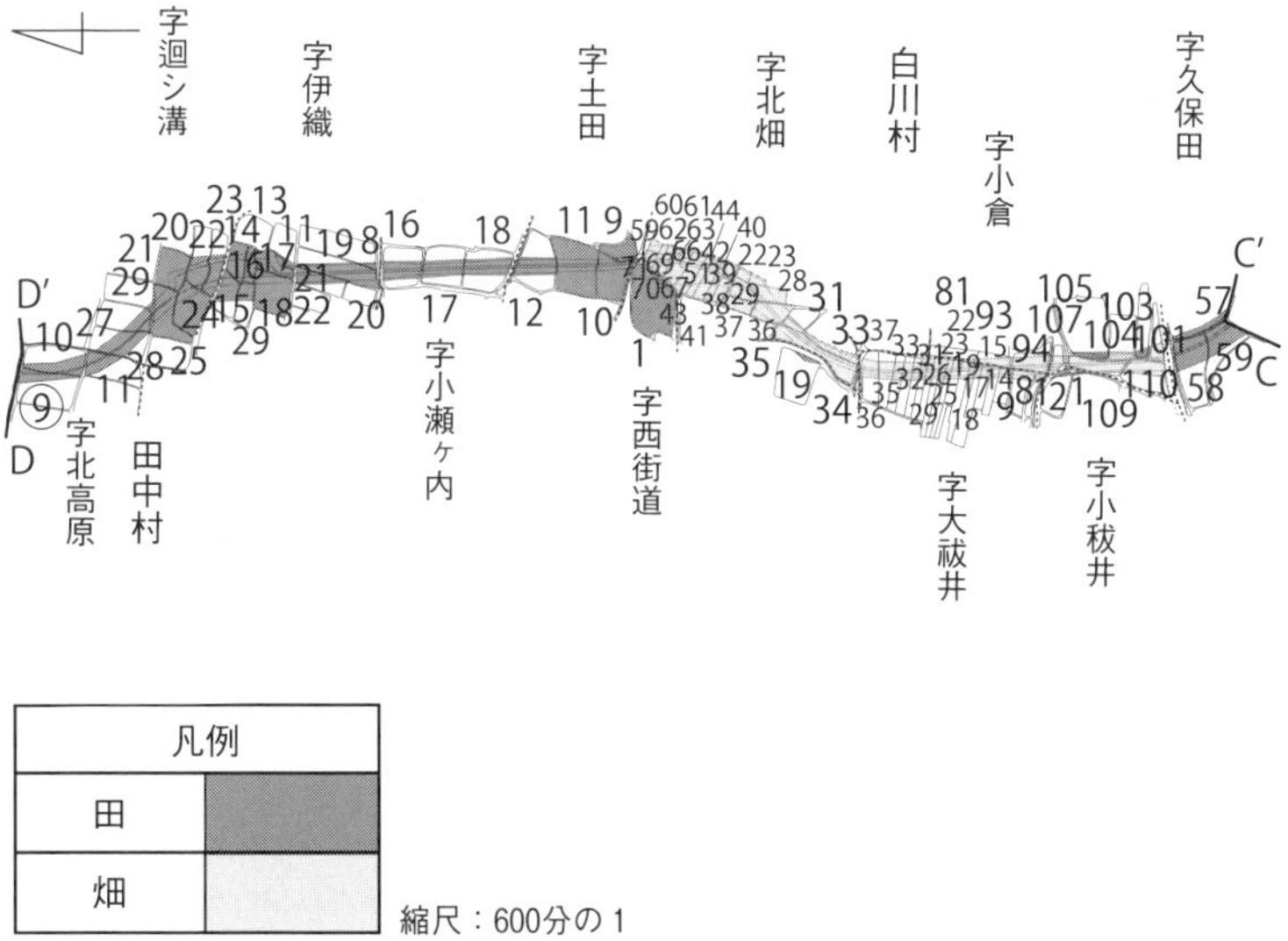
字迴シ溝
字伊織
字土田
字北畑
白川村
字小倉
字久保田
字小瀬ヶ内
字西街道
字北高原
田中村
字大祓井
字小秡井
D′
D
C′
C
凡例
田
畑
縮尺：600分の 1

図 3（4）　同前

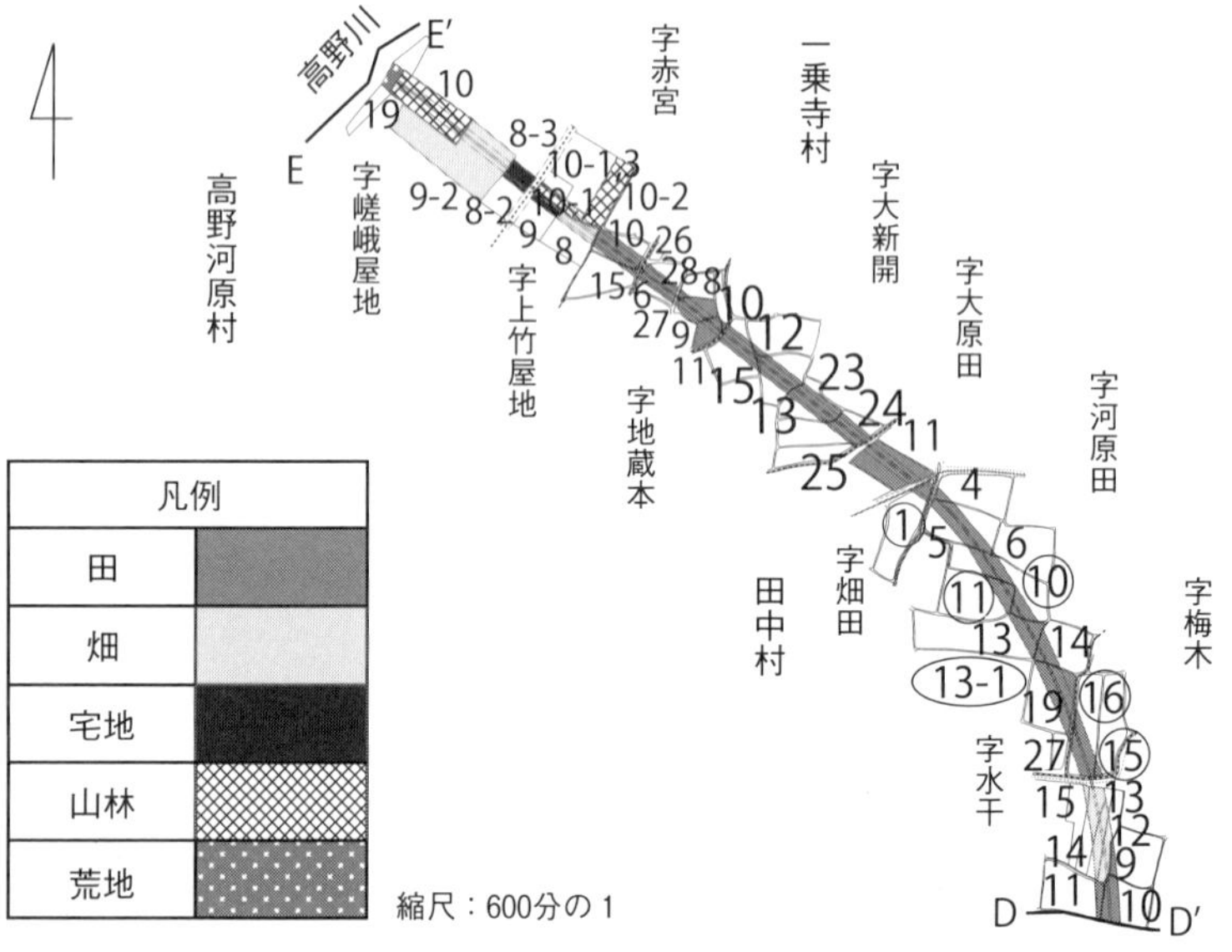
高野川
E′
E
高野河原村
字嵯峨屋地
字上竹屋地
字赤宮
一乗寺村
字大新開
字大原田
字河原田
字地蔵本
字畑田
田中村
字梅木
字水干
D
D′
凡例
田
畑
宅地
山林
荒地
縮尺：600分の１

図３（５）　同前

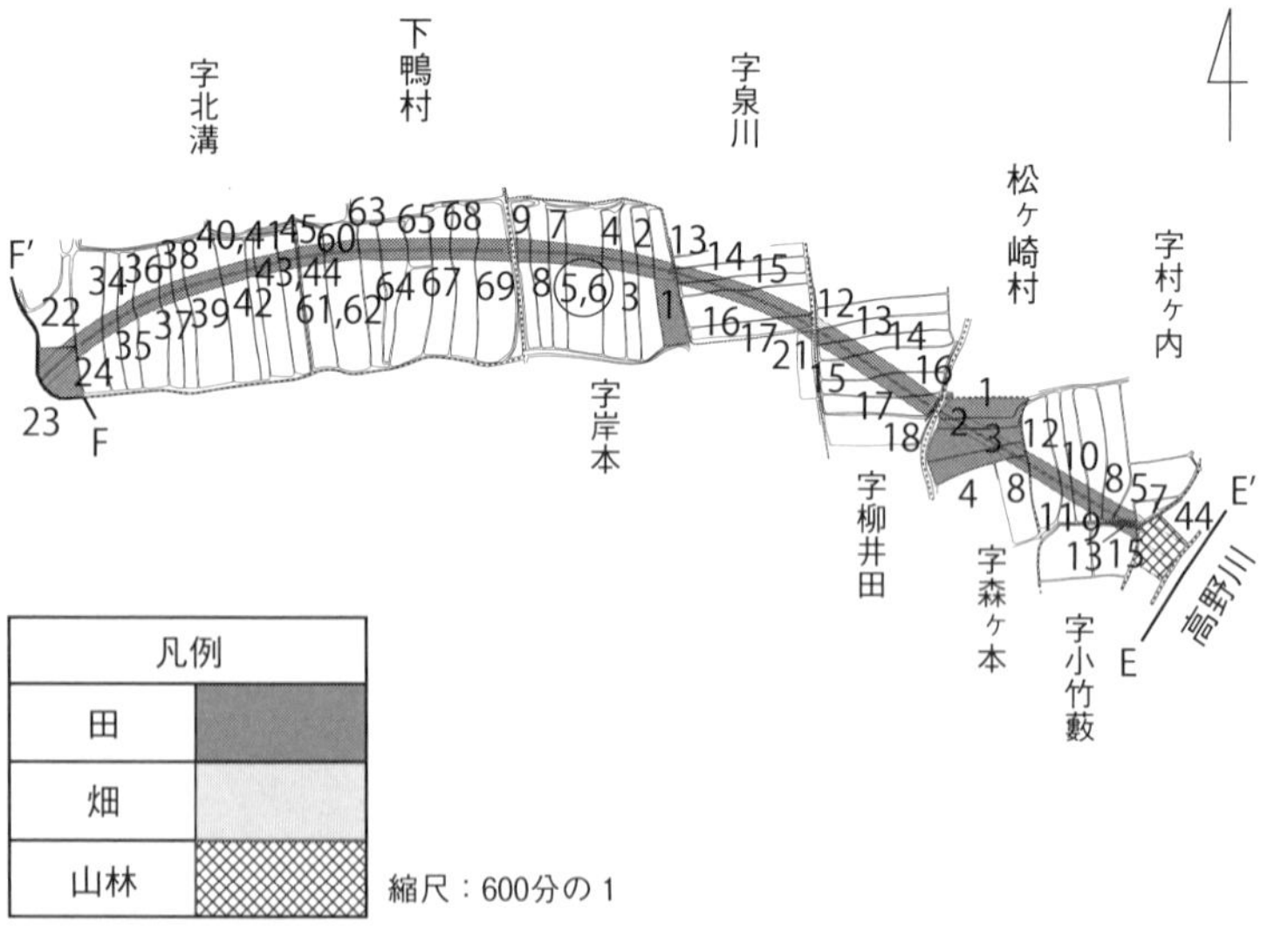
字北溝
下鴨村
字泉川
松ヶ崎村
字村ヶ内
F′
F
字岸本
字柳井田
字森ヶ本
字小竹藪
E′
E
高野川
凡例
田
畑
山林
縮尺：600分の１

図３（６）　同前

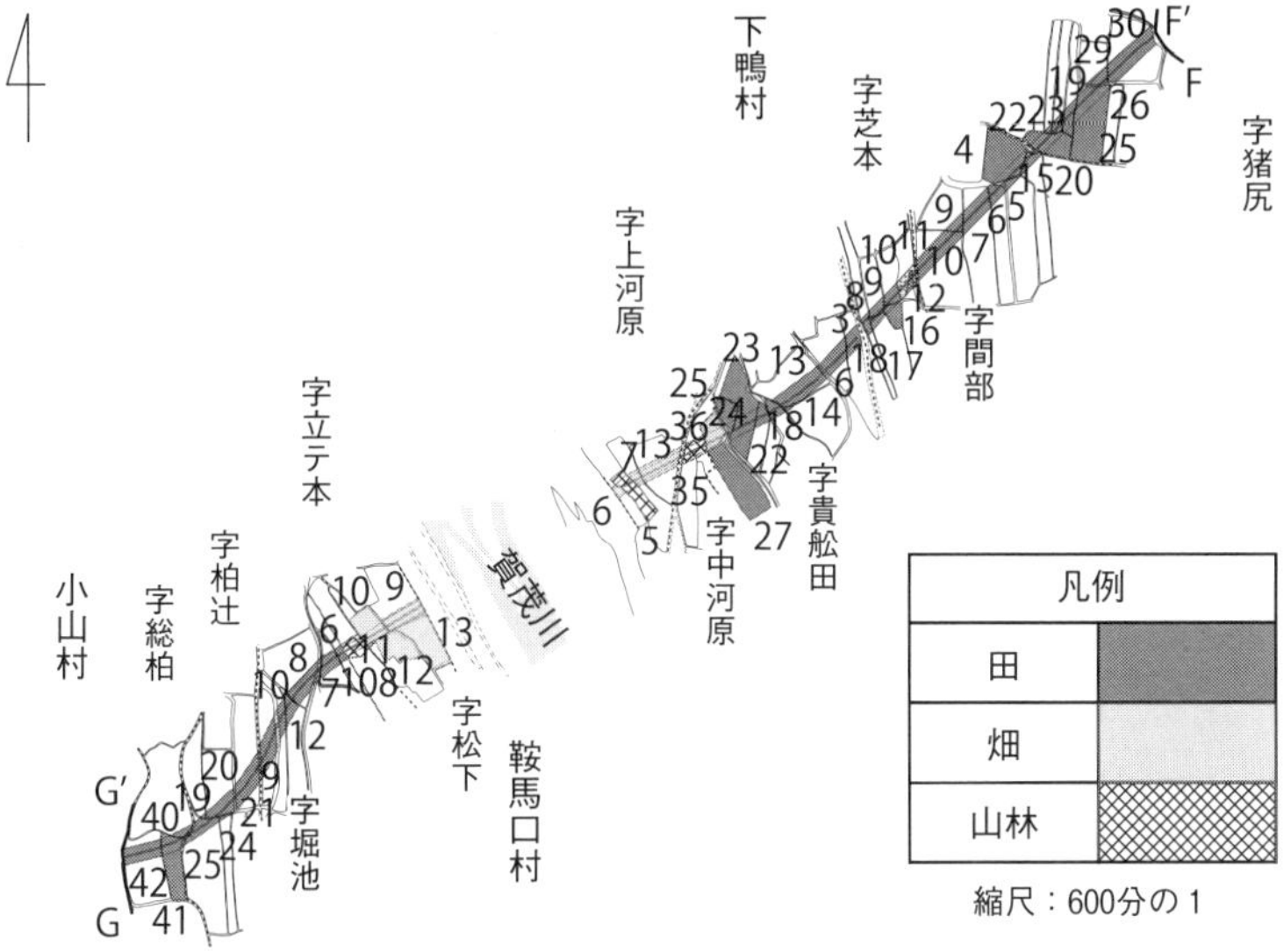
下鴨村
字芝本
字猪尻
字上河原
字間部
字立テ本
字貴船田
字中河原
小山村
字総柏
字柏辻
賀茂川
字松下
鞍馬口村
字堀池
F'
F
G'
G
凡例
田
畑
山林
縮尺：600分の1

図３（７）　同前

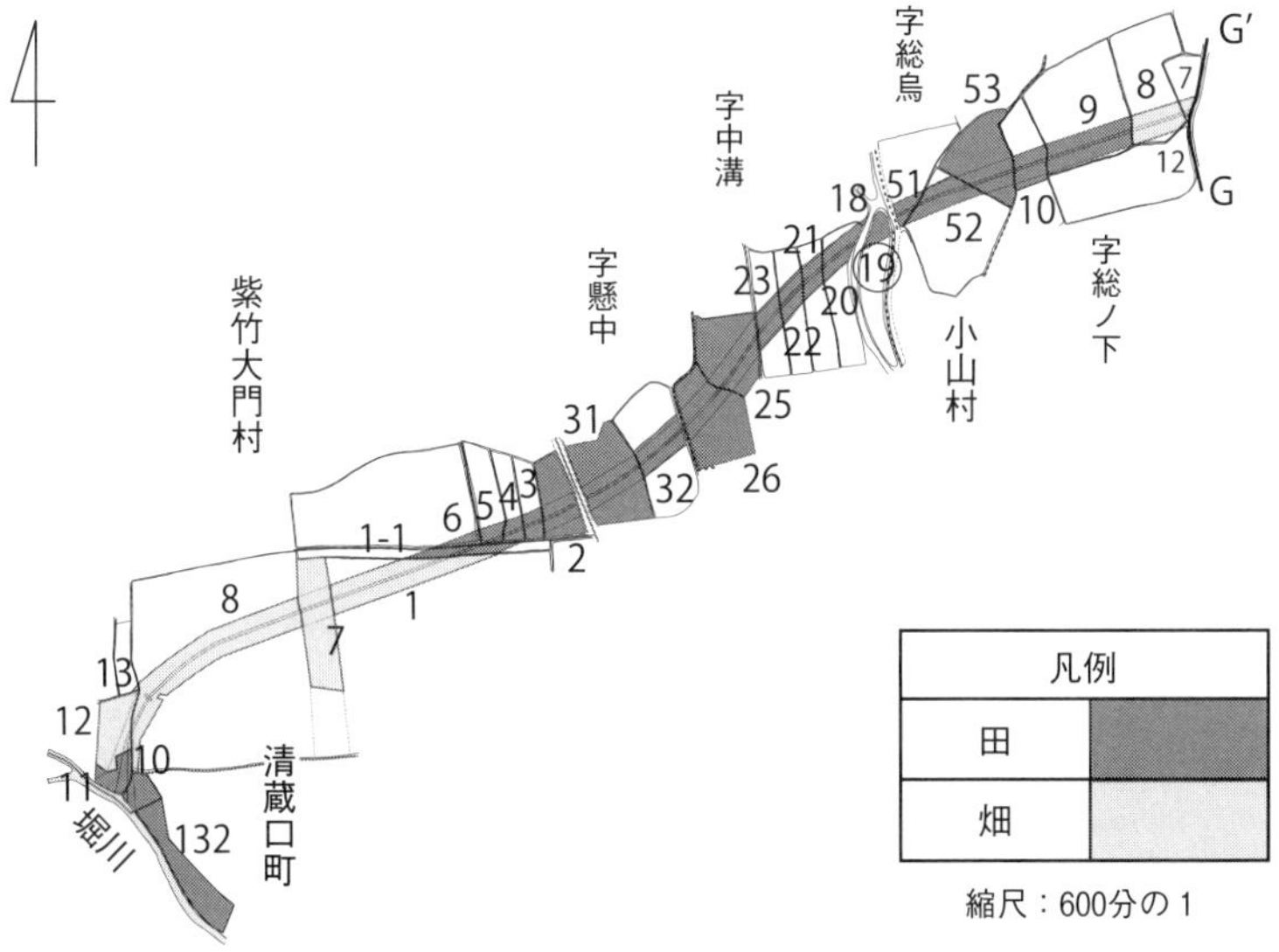
字総鳥
字中溝
字懸中
紫竹大門村
小山村
字総ノ下
清蔵口町
堀川
G'
G
凡例
田
畑
縮尺：600分の1

図３（８）　同前

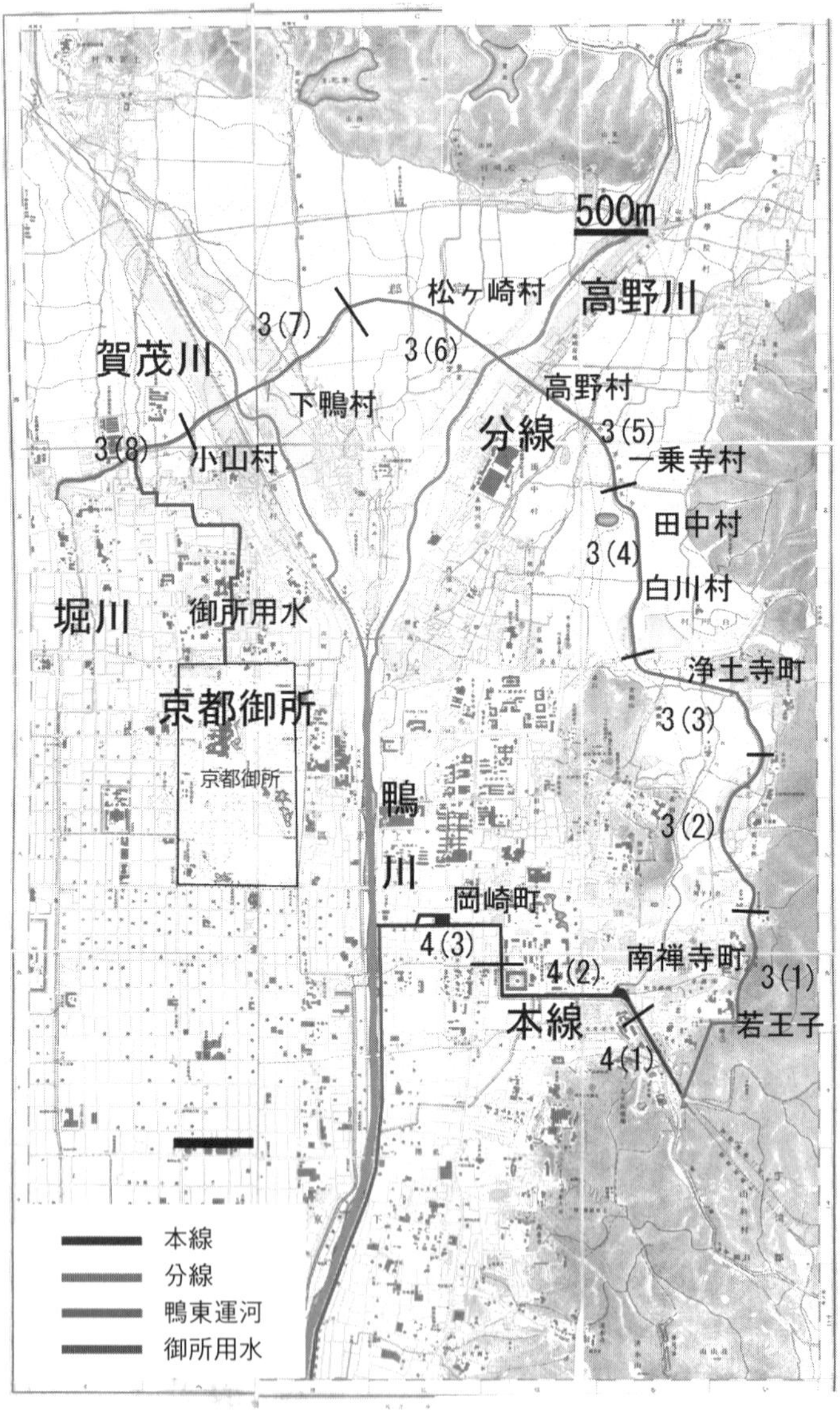

図３（９）　同前全体図（４（１）～（３）は図４に対応）（小野作成）

買上面積は前述のように、線路とその両側が、一部広範囲に買上げられている。これは疏水工事のために、水路脇を幅広く買い占め、また資材置き場や土捨場などの用途に一部広場を確保したものと推察できる。その買上地目はほとんどが田畑であるが、宅地が数か所存在した。

さて本線の鴨東地域については図4（1）〜（3）に示す。第三隧道西口より南禅寺船溜（インクラインを経て高低差一一八尺）ではいくつかの宅地を買上げ、その他は田畑であった。南禅寺船溜より二条通を西進する地域には旧白川の堤敷を含め、南禅寺町、粟田口町の田、岡崎町の畑・田を買収していくが、水路沿い以外に広範囲の土地を買上げている。二条通南の広い地域の買上については、その意図を書いた資料が存在しないため、わからない。線路は二条通を鴨川まで直進せず、四〇〇メートル北上する聖護院町、下堤町（図4（3））はほぼ畑であり、一部未買収地と下堤町の二つの宅地を含んでいた。

③　買上価格

当時の坪当りの地価をみると、台帳の残っていない鹿ヶ谷から田中村を除くと、分線中で比較的高い二五銭以上するのは、地番を○で囲った一乗寺村字河原田の疏水線路沿線（図3（5））と、小山村字中溝一九番地、すなわち御所用水への分岐閘門を設置する計画があったと考えられる用地であった（図3（8））。

南禅寺、岡崎でも疏水工事以前に疏水近傍での地価の高騰が予想されるため、図4も坪単価二五銭以上の地番を○で囲った。南禅寺船溜より二条通でまず該当するのはこの地区の田地である。その中でも字池ノ内、字塔ノ段、字道照地は疏水線路、もしくはその沿道の地価が高いことがわかる。字円照地については新白川沿いの田地が高いことがわかり、明確ではないが疏水、新白川付近の土地（図4（2）左下の地域）が他に比し若干高い地価を有していたことが読み取れる。二条通より鴨川にかけては、岡崎町字西正地の大部分、字西天王の一部、字徳成地で坪二五銭以上であった。また疏水事務所のできる夷川中島付近の聖護院町字蓮花蔵、字東寺領も二五銭以上

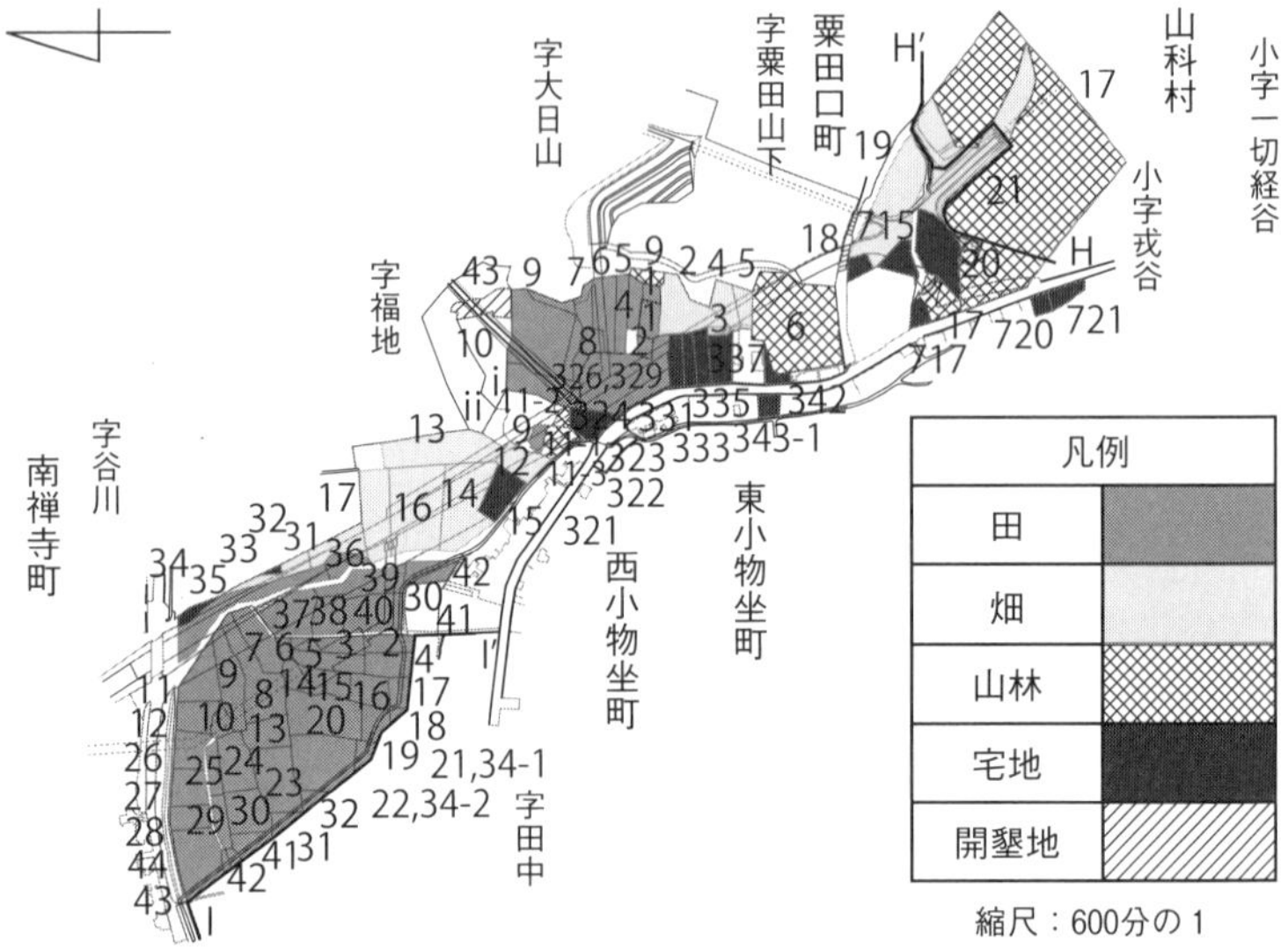

図４（１）　琵琶湖疎水本線沿いの買上用地（西寺秀作成）

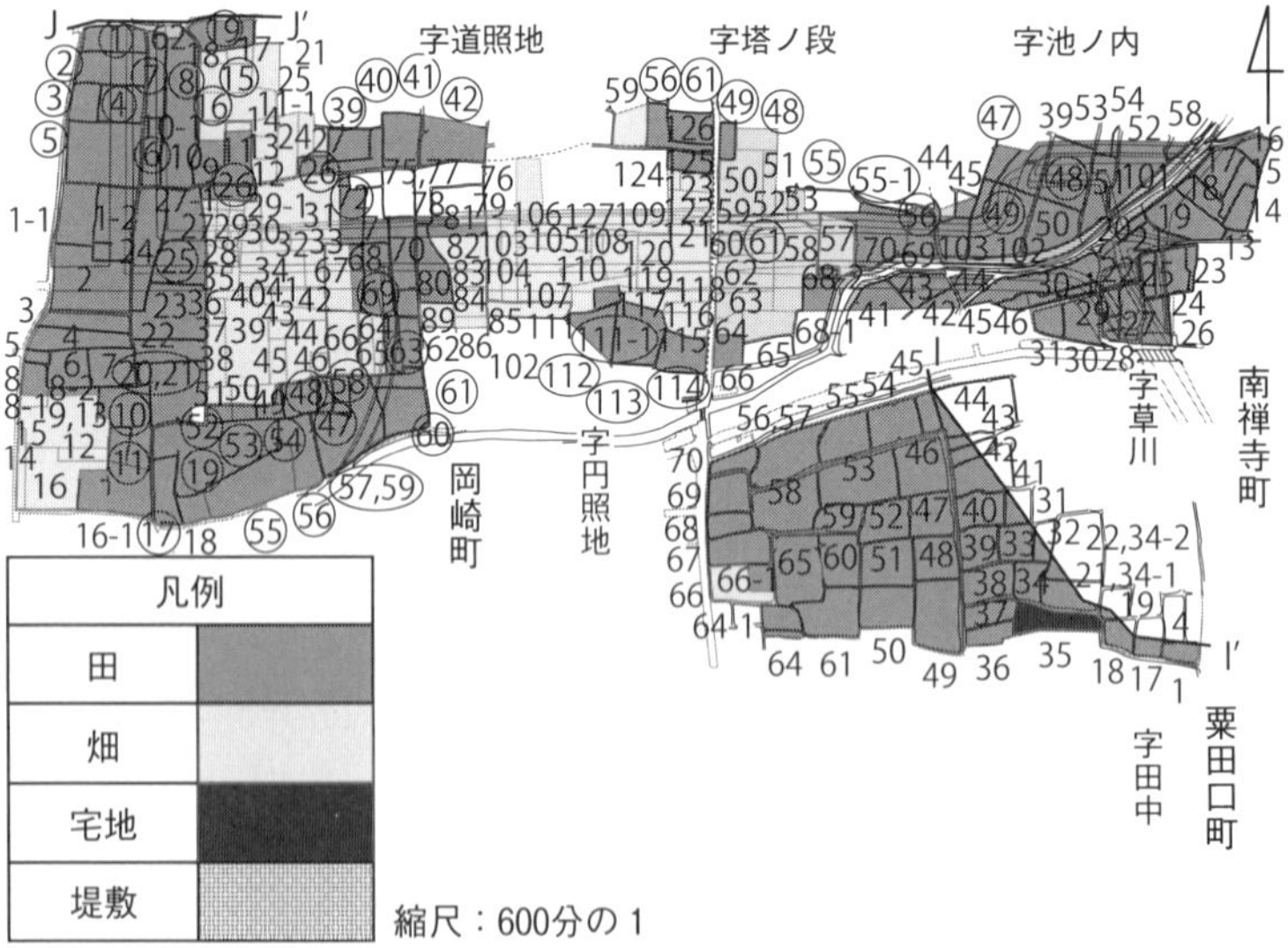

図４（２）　同前

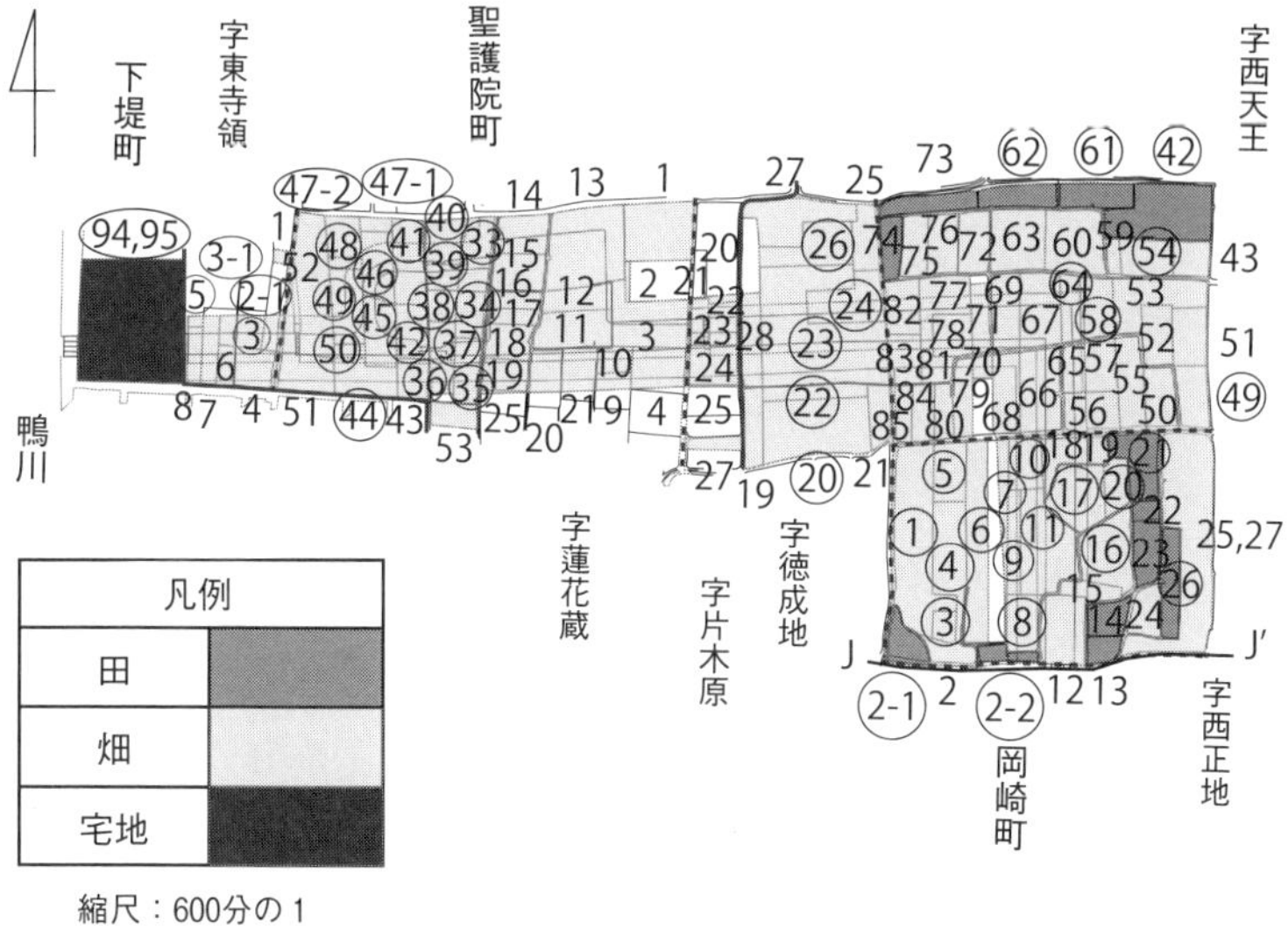

図４（３）　同前

であった。

これらを見ると、のちに疏水線路沿いにさまざまな産業が展開するのであるが、それを見越した土地の高騰という傾向はそれほど顕著ではない。岡崎町で多少高い傾向がみられる程度にすぎない。むしろ、疏水工事にともない、一部の予定線路や疏水事務所、あるいは北方の御所用水分岐点で工事用地が比較的高い地価を有していたといえる。

表1に各地域の買上価格を地目ごとに表示した。「疏水用地台帳」には各地番ごとのデータが記載されているが、これを各地域ごとに地目別に積算し、買上面積当たりの地価と、地価に対する買上価格の平均を示した。総件数は官山一〇件、田五一五件、畑三五七件、宅地三四件、山林二九件、原野三件、荒地一件、境内地二件、開墾地一件、堤敷一五件、合計九六七件である。台帳の残存していない地域については記載していない。南禅寺官林は無償借地のため〇円である。買上価格は坪（歩）当たり田で二〇数銭、畑で一〇銭程度と田の方が地価が高かった。山林は坪二銭程度である。また田畑については

表1　琵琶湖疎水沿いの土地買上価格

	地域	地目	面積（坪）	地価/面積（円/坪）	買上価格/面積（円/坪）	買上価格/地価	備考
分線	大日山ヨリ鹿ヶ谷町若王子						台帳無
	鹿ヶ谷町若王子ヨリ浄土寺村山之下	田	1140.7	0.209	0.272	1.3	7件のみ
		畑	41	0.183	0.238	1.3	
	浄土寺村山之下ヨリ同村西田						台帳無
	白川村久保田ヨリ田中村北高原	田	423.17	0.188	0.244	1.3	3件のみ
	一条寺村水干ヨリ高野河原村嵯峨屋地	田	2596.4	0.233	0.285	1.277	
		畑	1162.7	0.105	0.137	1.3	
		宅地	99.53	0.163	0.212	1.3	
		原野	16.33	0.002	0.002	1.271	
		山林	898.99	0.013	0.017	1.3	
		荒地	70.06	不明	寄付		
	松ヶ崎村小竹藪ヨリ下鴨村北溝	田	4970.6	0.214	0.279	1.3	
		畑	14.2	0.144	0.188	1.3	
		山林	374	0.06	0.078	1.3	
	下鴨村猪尻ヨリ小山村総柏	田	4408.9	0.218	0.27	1.238	
		畑	1516.5	0.102	0.132	1.3	
		山林	232.62	0.024	0.032	1.3	
		原野	61.53	0.002	0.002	1.304	
	小山村総ノ下ヨリ堀川	田	3671	0.211	0.274	1.299	
		畑	1578.9	0.206	0.245	1.193	
本線	第三隧道西口ヨリ南禅寺船溜	田	9717	0.21	0.273	1.3	
		畑	2767.6	0.16	0.225	1.3	
		宅地	119.31	0.18	0.246	1.377	宅地一部欠
		山林	1218	0.023	0.03	1.299	
		堤敷	31	無	0.016		
		開墾地	81	0.204	0.265	1.3	
	南禅寺船溜ヨリ二条通	田	35916	0.238	0.309	1.3	
		畑	15342	0.198	0.257	1.3	
		宅地	339	0.221	0.287	1.3	
		堤敷	428.8	無	0.18		
	二条通ヨリ鴨川	田	2490	0.262	0.34	1.3	
		畑	31154	0.233	0.3	1.3	
		宅地	2071.9	0.181	0.8	4.416	

一部あわない地域もあったが、買上価格は地価のほぼ一・三倍と計算できた。田邊のいう約三割増と一致しており、原則三割ちょうどの割増での買上が実施されたことがわかる。なお、旧白川堤敷については、府の管轄域のため〇円である。

宅地は『琵琶湖疏水及水力使用事業』には「鴨川東端にあつた人家を一、二軒取除いたゞけで[52]」とあるが鴨東地域で敷地すべて、あるいは一部を買上げられたのは三四か所存在する。それらのほとんどの台帳が失われている。分線沿いの北方の村では宅地も田と同様三割増で買上げられているが、鴨東では一・三倍以上の宅地が存在し、下堤町は地価の四・四倍の高値で買上げられている。

（3）　まとめ

本節では明治一八年から二三年にかけての琵琶湖疏水の建設時の用地買上の実態を地図資料と買上台帳より明らかにした。その結果、鴨東地域における疏水線路の現出の理由と、その地域の開発の計画案を明らかにし、一方で買上実態の考察が可能となった。

北垣府知事（兼市長）が京都府臨時市部会に提案した鴨東の道路路線は一部疏水本線に沿ったもので商工業振興のためのものであったが、その他に第三高等中学校を意識した路線や、東山観光目的の鹿ヶ谷沿いの路線が計画されていた。北垣は鴨東に新市街を構想しており、その路線計画をみればアイデア段階のものではなく、具体的に路線を決めていた。その一等道路が疏水の⌐に沿ったものであった。しかし、用地の買上段階までは進まなかった。では疏水が直角に曲折したのは、道路計画とは独立した流速緩和のための流路延長であるとする『琵琶湖疏水及水力使用事業』の説明は正しいのだろうか。ここで改めて本節では計画主体の意図を読み解くとともに、鴨東地区の線路の直角曲折路線への『琵琶湖疏水及水力使用事業』中での説明に対する疑義と解釈を示す。

まず実際のところ、直角曲折により流速は緩和されるのであろうか。一般的に流路が長くなれば勾配が小さくなるので流速は当然ながら遅くなる。しかし、長くなったのは北向に四〇〇メートルのみであり、その流速緩和効果が大きいとはいえない(53)。北向にその河床勾配が小さくなるとすれば、当然流速は緩和されるが、同じ流量を流すためには水深を深くとらねばならないこと、また再び西向に転じることによって勾配が以前の西向線路の河床勾配と同じであれば流速は元に戻る。いずれにしても現状の直角曲折迂回ルートでも夷川に船溜と閘門が設けられており、船溜の広闊な池で流速は極めて緩和されている。船溜を設ければ水路断面が極めて大きくなるため、流速は非常に遅くなる。直進ルートでも閘門の前に船溜を設ければ原理は同じである。船溜を設けないならば坂本則美のいうように閘門が二個必要だったかもしれない。以上のように、直角曲折ルートが流速緩和に大きな効果を持っていたとは考えにくく、その記述がある『琵琶湖疏水及水力使用事業』は竣工五〇年後に編集されたもので、その記述の原典も明らかでない。

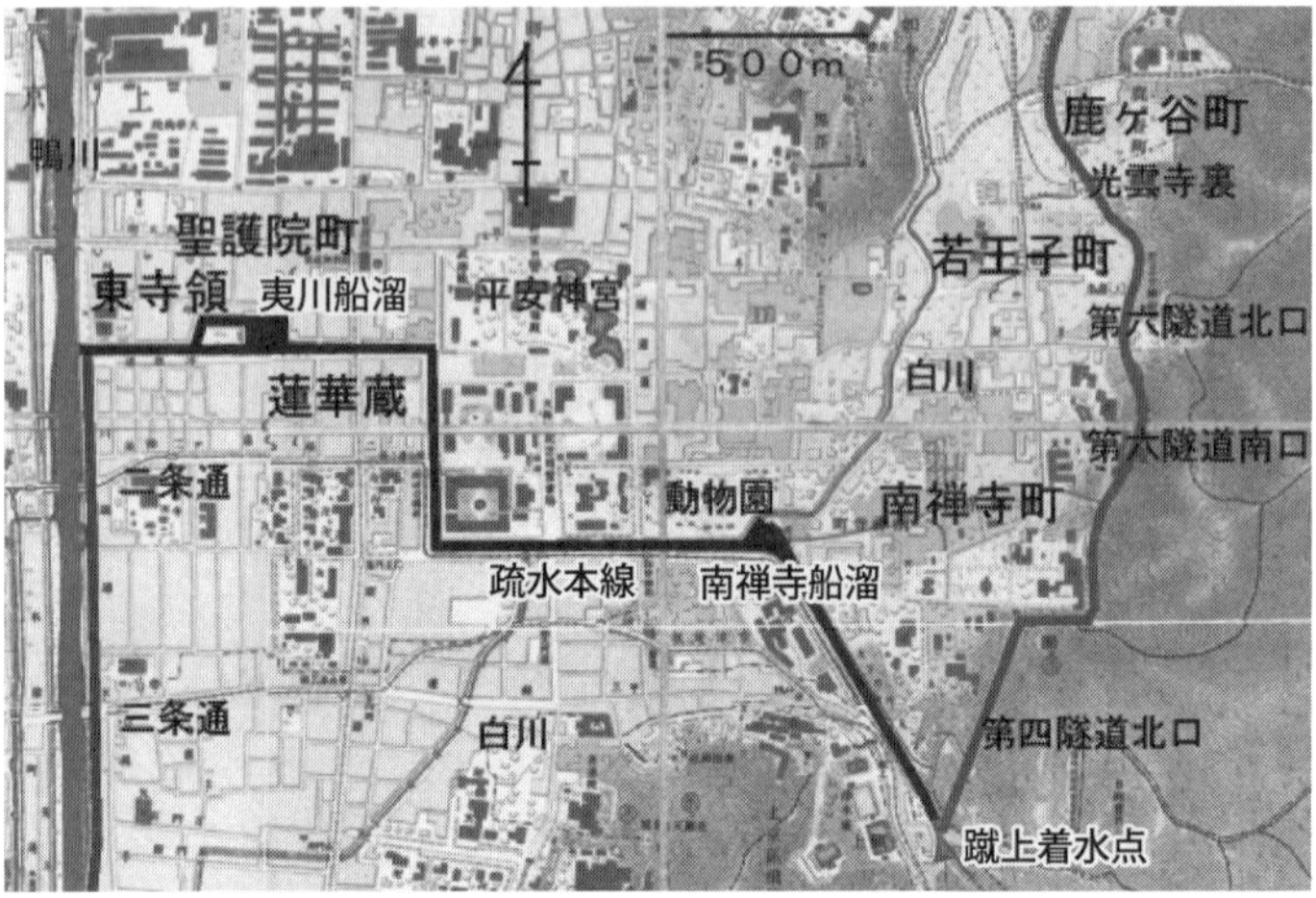

図５　琵琶湖疏水本線ルート（小野作成）

そこで、本節では前記にみてきた用地買上に注目したい。買上がほぼ地価の三割増と速やかにできたのは当時の公用土地買上規則の存在と、南禅寺界隈が官有地であったこと、土地が平均一坪二十数銭と比較的安価だったことがあげられているが、何よりも買上価格が高かったことと、立退き交渉の必要な宅地が少なかったことが大きいのではないか。また流速緩和の装置として閘門を二個設けるにしてもその用地が必要となり、ましてや船溜を設置するとすればさらに大きな用地が要る。その視点で見ると図5に見るように、南禅寺船溜から鴨川へ直進すると、線路や流速緩和装置が寺院や宅地の密集する地域にかかることは必定である。

「形の線路はその集落を避けて、田畑地域を迂回していったためと考えるのが工事遂行上の視点から自然であると考える。結果的に田邊のいうように買上価格と時価にほとんど差がなく、また船溜の設置により流速も若干緩和し、夷川閘門一か所で事足りた。

以上のように琵琶湖疏水建設時における土地買上は比較的容易にすすんだとされるが、それは田畑を中心に買上げていったためであった。財政上の負担を軽くし、工事のスピードを上げていくための方針であったと考えるが、結果的に本線ではルートが北上迂回するという現在の空間が現出することとなった。

三　鴨川東部における疏水本線沿線の水力利用

本節では、北垣府知事の発想により開発を企図された鴨川東部地区の変遷過程を追うのが主題である。産業化に必要な条件としては、用水の確保、エネルギー供給、用地・設備を含む資本の投入、運送手段の確保が考えられる。そうしたエネルギー生産と製造、運輸機能を集積させることにより、同地は近代化黎明期の京都の目指した産業化の拠点になると目された。その地は開発当時田畑で、疏水水路面の買収は容易であった。そこに水流抑制のための船溜が設けられると、運輸船の集積地とされ荷揚場や倉庫群が建てられていった。[54]その場所は、何より京都市疏水水力使用条例の第二条により、[55]第四隧道北分水口、第六隧道南口および北口、光雲寺裏、小川筋とともに、水力使用場所として指定されていたことが重要である。その夷川船溜周辺の空間構成の遷移と、それら主体者の変化を知ることにより、鴨川東部の産業育成を当初の目的とした新市街がどうなっていくのかを検証する。その検証の材料として、京都市の「予算書」、疏水の「水力使用者台帳」などを用い、それを竣工当時より戦前まですべて閲覧・分析することによって、水量の使用者という視点から空間構成を明らかにすることを試みる。

（1）　資料の検証——水車動力の実態に関して——

明治時代の京都盆地の水車の実態については末尾至行の研究がある。水力発電導入は明治二一（一八八八）年一〇月に田邊が高木文平とともにアメリカを視察し、そのことによって決まるが、それ以前は鹿ヶ谷において階段式の水車水力場が構想されていた。末尾は、構想段階で終わるこの水車場の位置を推定するとともに、京都府行政文書の水車用水路設置認可を基に、疏水以前の愛宕郡水車として白川水系二七基、賀茂川水系一九基、高野川水系九基、太田川水系七基、泉川水系九基、小川水系六基、堀川水系一一基の存在を指摘した[56]。さらに末尾は京都府立総合資料館蔵水車用水路関係文書をすべて閲覧した上で、疏水依存水車一五基を同定している。これを末尾は少なすぎるとする一方、明治二四年版「徴発物件一覧表」より愛宕郡に五九基、上京区三一基、下京区七基の水車を確認している。また同館蔵の「願出文書」から、明治四〇年よりは愛宕郡に八〇基の水車があり、その多くが精米用であったこと、そのほか撚糸、綿布、つやだし、染草製造、伸銅用の水車が存在していたことを指摘している[57]。残念ながら本節で扱う夷川船溜周辺の水車については、末尾の記述からは聖護院蓮花蔵（蓮華蔵）における奥田久五郎所有の一基が判明するだけで、他は同定されていない。

琵琶湖疏水竣工一〇〇年を記念して京都市水道局が刊行した『琵琶湖疏水の一〇〇年』は、その根拠資料が一切書かれておらず[58]、研究史上は取り扱いが難しい。推定ではあるが、後述する本節で扱う資料と同じく、一部京都市所有の「水力使用者台帳」などを使っているのではないか、と考えられる。いずれにしても同書には、明治三五（一九〇二）年水車分布、大正九（一九二〇）年水力利用状況、昭和三五（一九六〇）年・四二（一九六七）年工業用水使用状況、昭和六二（一九八七）年防火用水と断片的に使用者の表が掲載されているにすぎない。

その明治三五年の疏水水車分布によると、水車は夷川船溜に集中しており（聖護院蓮華蔵町、同東寺領町）、計二三八・七五個（一個＝毎秒一立法尺＝〇・〇二七八立方メートル毎秒）の水量が使われている。その使用者として奥田久五郎、奥田増四郎、谷口文治郎、二羽浅治郎、大塚栄治、梶原伊八、岩佐新兵衛、河本喜兵衛、小牧仁兵衛、野村揆一郎、撚糸株式会社、吉田徳左衛門、井口岩吉の名が記載されている。一方、分線沿いの使用は稀少で計二五・八個、使用者は小関伊三郎、澤村栄二郎、牧克正、片岡弥三郎となっている。これらの水力使用者中、『琵琶湖疏水全誌』の水車取調表(59)にみる疏水以前から水車を使用していた者は、岩佐新兵衛と牧克正のみであり、疏水引水による水車業参入は新規の者がほとんどであったことがわかる。

本節で用いた資料は、琵琶湖疏水に関わる京都市所蔵の「予算書」と「水力使用者台帳」などである。その簿冊名はさまざまの表記であるため（注61参照）、本節中での記述は「水力使用者台帳」と一括する。明治二四（一八九一）年より昭和一六（一九四一）年の約五〇年間（明治三七、三八年と四二〜四五年は欠落）を悉皆検討することにより、時系列的に夷川船溜周辺における水力使用者の変遷とその用途・用量を詳らかにする。明治期については京都市水利事業の「予算書」(60)が明治二四（一八九一）〜四一（一九〇八）年の間存在している（二八、三七、三八年が欠）。残念ながら「決算書」は残されていない。「予算書」から読み取れる事項は、貸地料、捕魚料、電力・水力・遊船・運河・インクラインの各使用料、寄付金などの収入である。疏水の収入は、最も多かった電力以外はその沿線の土地を舟運などの倉庫に貸し出していた土地使用権、疏水通行の運輸船や遊船の通行権、水車動力などに使う水力使用権、そして疏水水面の使用をともなう魚の捕獲権や料亭船などの水面利用権などから徴収していることが明らかとなっている。このうち水力使用料については、その使用者と使用種類（目的）、使用場所、水量（個）、落差（尺）を知ることができる。

大正以降は各年の「水力使用者台帳」[61]を参照した。台帳は五〜六年ごとに一度まとめられており、使用者とその住所、取水口、使用場所、使用目的、許可水量（個）、使用落差（尺）、月額料金、許可年月日と継続年月日などが記載されている。また各年の「水力使用綴」には、新規、継続、変更、廃止、相続、譲渡などにともなう使用許可願と、その許可、請書、使用場所図面がまとめられている。

この新出資料の価値は、第一に疏水の使用開始時期である明治二四（一八九一）年から経時的に毎年の使用者がほぼ読み取れることである。それは現在まで続く、生きている資料でもある。第二に、水力使用者、使用場所、水量がわかり、当該地区の空間上に誰が水車を設け、何の目的で、どれ程の水を使っていたかが明らかになることである。そしてそれは京都市による認可に関わる公文書であり、その申請と許可の年月日が明らかで、同じ空間での主体の入れ替わりがわかり、当該地域の実態を把握できるのである。

（2）　鴨川東部・船溜周辺の水力利用産業の盛衰

図6に鴨川東部当該地域、すなわち町名では、東より岡崎町字西正地、同字西天王、同字徳成地、同字片木原、聖護院町字蓮華蔵、同字東寺領、そして下堤町の地割を示す（明治二二〈一八八九〉年市制施行により字は町に昇格）。前節で論じたように、明治一八（一八八五）年、疏水工事による土地買上の始まった時期に、当該地域は図にみるようにほぼ田畑（畑地）であった。本節に登場する関係者が当該地の地主であり、それは大塚栄治、小牧仁兵衛、谷口文治郎であった[62]。

明治二三（一八九〇）年に開通する疏水のために、図7に示すように彼らの土地を含む当該地では水路用地に

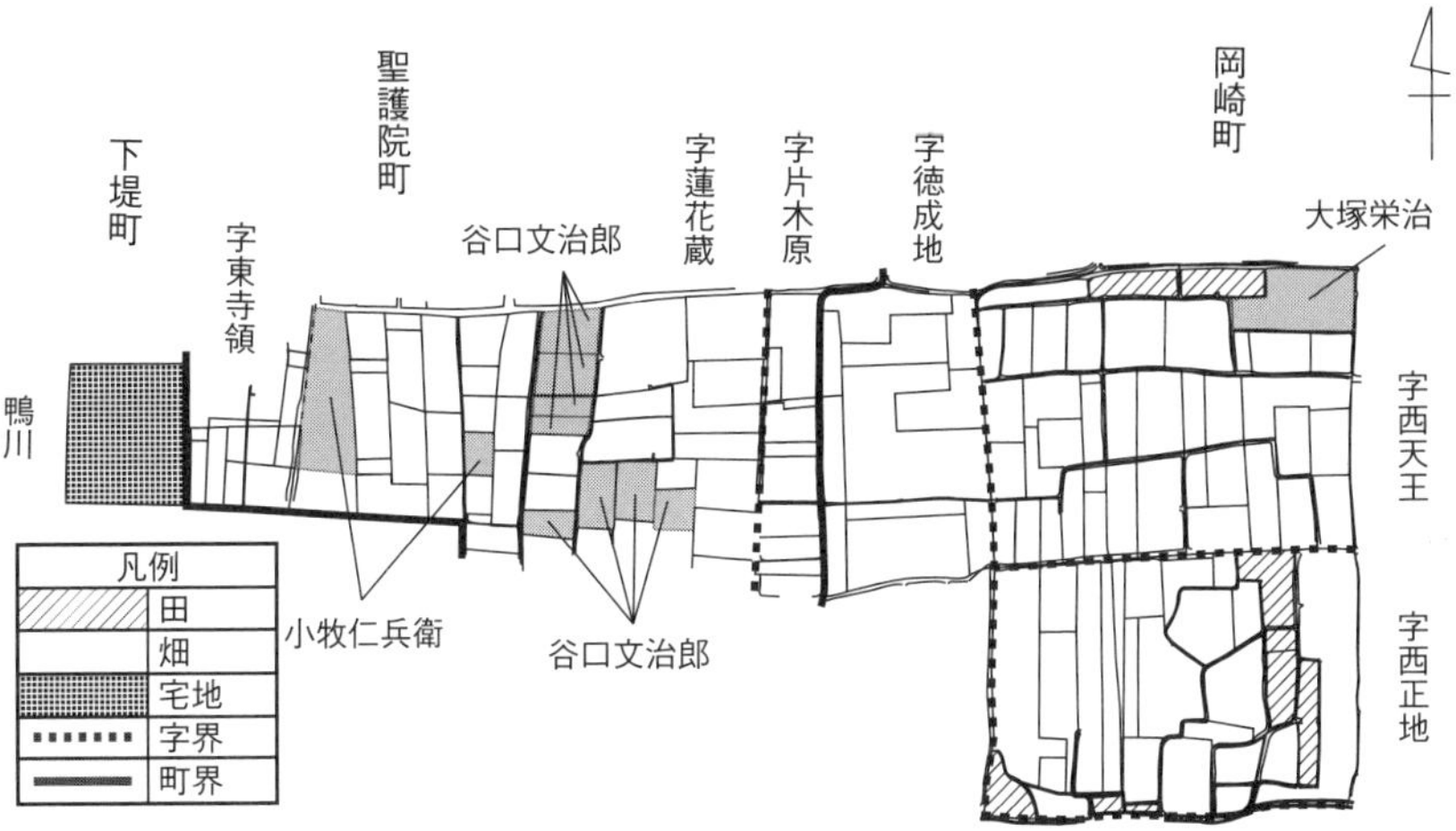

図6　鴨東地区地割(西寺秀作成)

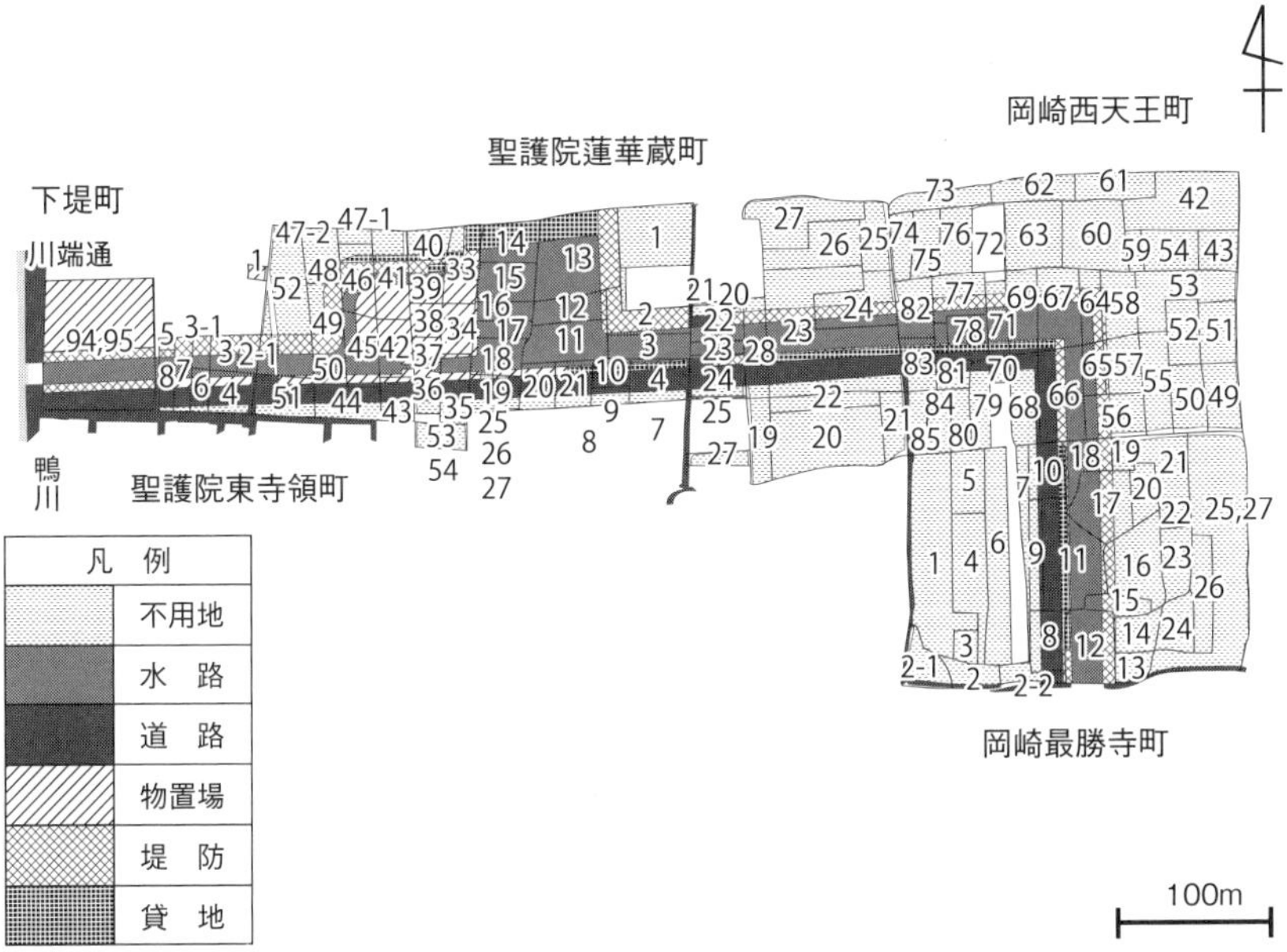

図7　鴨東地区の地番と土地利用状況(明治24年)　(西寺秀作成)

図８　夷川船溜南側の木造倉庫群（昭和40年代か）　（京都市蔵）

加えてその両側に広大な土地を確保して買収が進められた[63]。図中白抜きの土地以外はすべて京都市が買上げた。そして夷川船溜と呼称される船着場である水溜りが蓮華蔵町に設置される。水路水面の両側の土地は、工事中は工事用地として掘削した土砂置場や、工事用具置場として使用されたと考えられるが、工事後は、貸地とされるか、あるいは不用地として売却される。売却された土地は、疏水運輸の舟運の倉庫、物資倉庫、荷揚場、堤防などになっていく。この船溜の南北の岸に、各々第一、第二共同物揚場が設けられている[64]。

　船溜西方には中島があり、ここに疏水事務所が置かれた。疏水事務所南岸と対岸の間に夷川閘門が設けられている。物揚場以外の疏水沿いの土地は貸地、もしくは売地となって木造の倉庫が並んでいた。図8は、昭和四〇年代と推定される船溜南側の木造倉庫群である。さらに疏水南側には道路が切られた。そして倉庫が建てられた不用地以外には堤防が造られている。

　このように、疏水沿線の土地は共同物揚場、貸地（売地）としての倉庫群、そして堤防と、水路に沿った形で開発がすすめられていく。そのほか、周辺は不用地として売却されていったと考えられる。

　以下、四つの期間に画して当該地の水力利用産業の空間変遷をみていく。最初の期間は、通水し、利用開始した明治二四（一八九一）年から同三七（一九〇四）年である。この時期の直後、明治三九（一九〇六）年に東高瀬川の荷揚場が廃止され、疏水舟運の貨物内容が減少したことに加え[65]、同三八（一九〇五）年には最大の水力使用者である小牧仁兵衛が三谷卯三郎に代わり、精米水車から伸銅の軽工業へと産業構造の転換が起こっているため、明治三八年からを一時期の始まりとした。

次は、明治三八（一九〇五）年から大正四（一九一五）年である。これは、大正四年に三条―浜大津間の京津電車が開通し、舟運の旅客激減により、最大の曳船業者が廃業したことに加え[66]、大正五（一九一六）年より水力使用更新手続きが始まったことを理由とする。

そしてその後、五年ごとの更新が続くが、大正五年から昭和四（一九二九）年までを一時期とし、最後を水力利用が減少していく昭和五年から同一六（一九四一）年とした。

① 明治二四（一八九一）年から明治三七（一九〇四）年まで

図9は、この時期に存在した水力使用者の使用場所、すなわち動力水車の設置場所と考えてよい地番、［ ］内に使用目的、数字（個）×数字（尺）で使用水量、各使用者名、（ ）内に使用開始年を示している。

聖護院蓮華蔵町三七、五〇、五二番地に土地を所有していた小牧仁兵衛（住所：上京区河原町通三条上る下丸屋町、府会議員、非公民会系）は、その土地の一部を疏水水面と中島として買収された。疏水竣工後、同町五二の一番地に疏水より水路を引き（図中破線で表示）、精米と撚糸業のための水車を使用した。その水量は船溜周囲の水力使用者中では最大であり、年々増量し、明治三七（一九〇四）年まで営業している。

一方、船溜の水面はほとんど谷口文治郎名義の土地であった（蓮華蔵町一四〜一七、四二〜四四）。谷口は疏水開通直後は舟運旅客業を営んでおり、大塚栄治（岡崎西天王町四二、府会議員、平安協同会）と共同で京近曳船株式会社を経営していた[67]。

大塚は、同時期蓮華蔵町三六に土地を取得している[62]。そして精米用の水車を経営した。そのほか、梶原伊八（下京区古門前大和大路東入る、府会議員、公民会）が同町五三を買上げて精米水車を営む。岩佐新兵衛（上京区川端

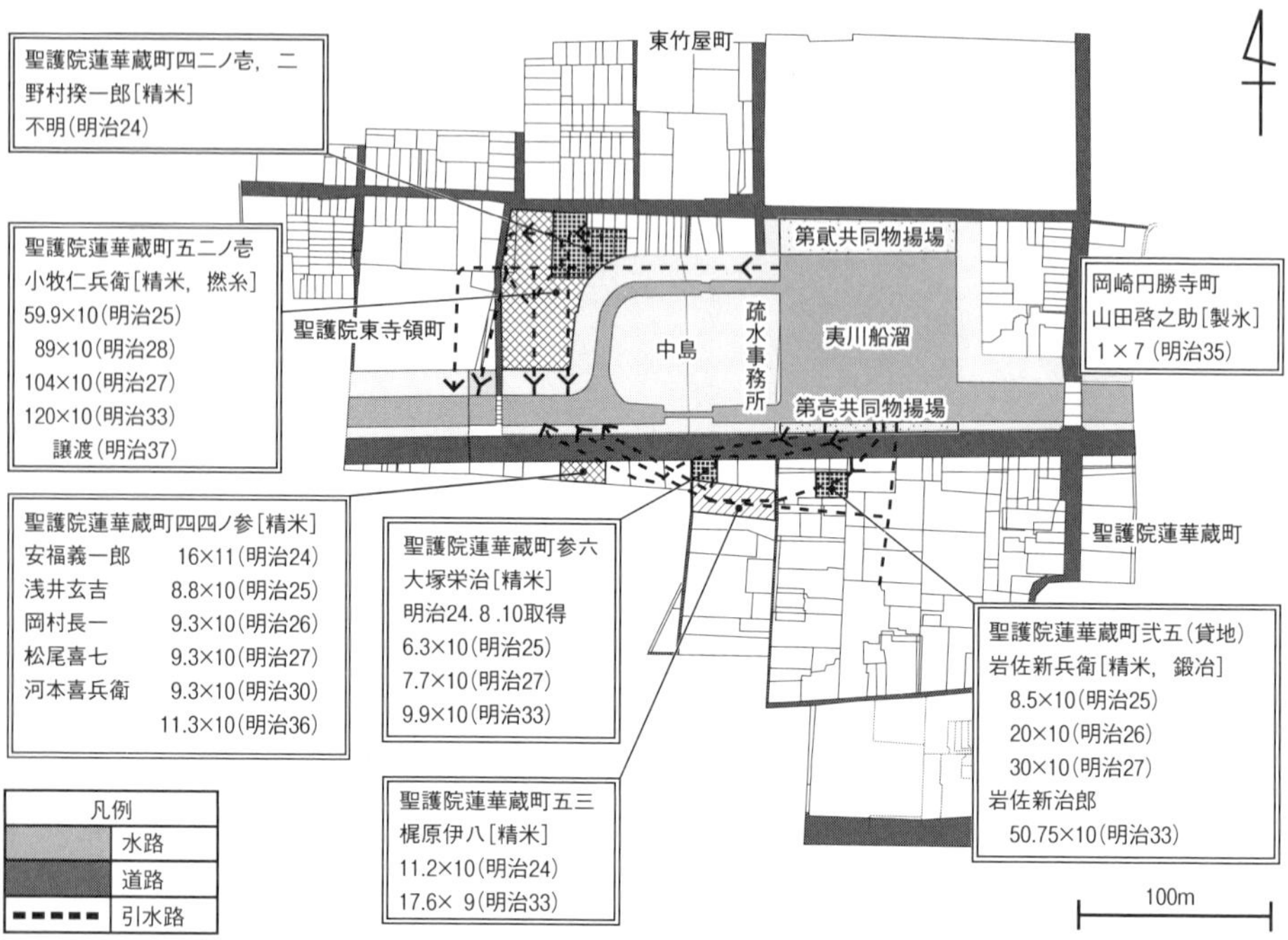

図9　鴨東船溜周辺の水力使用状況(明治24-37年：102-210個)　(西寺秀作成)

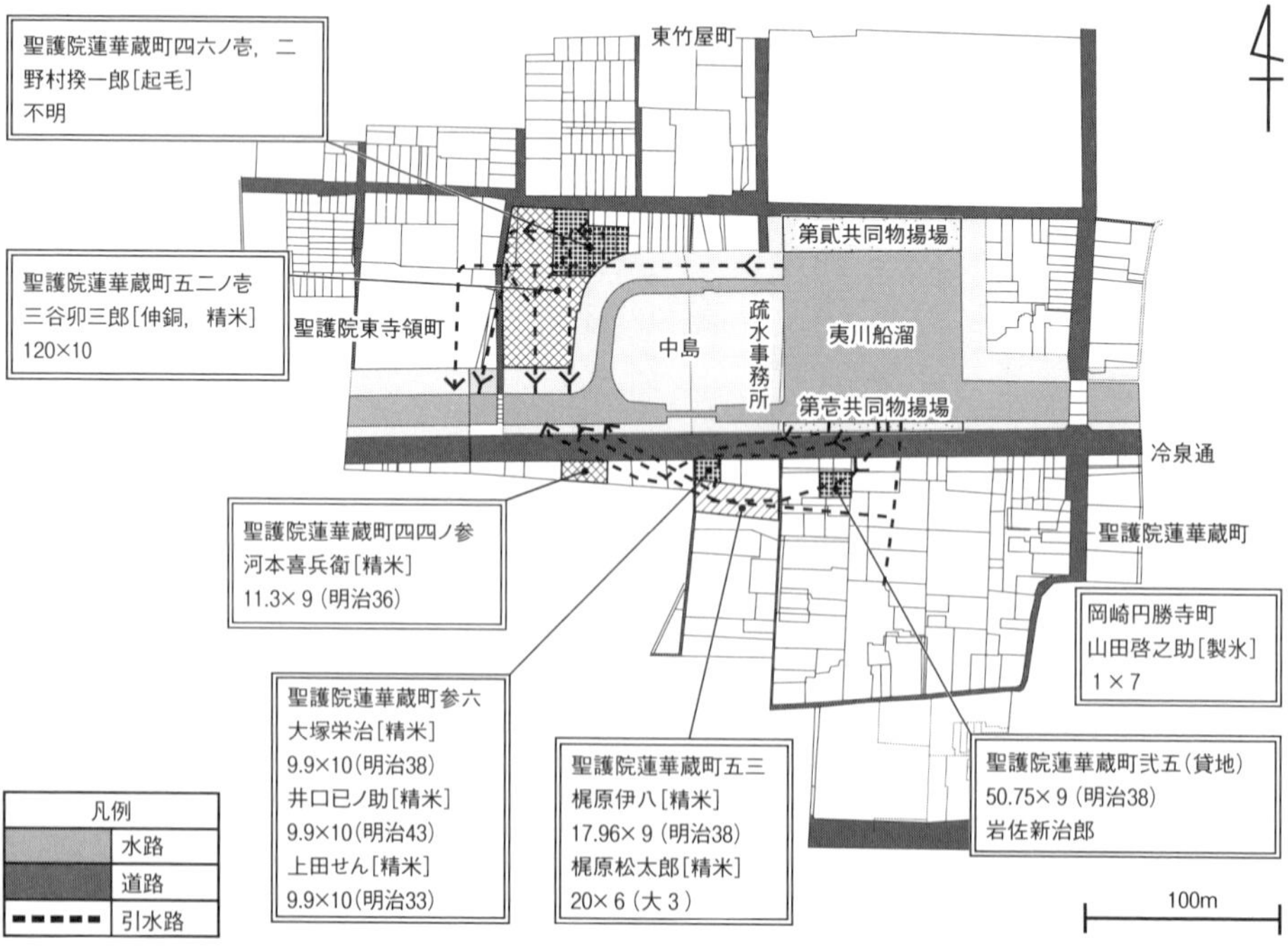

図10　同前(明治38-大正4年：210-212個)　(西寺秀作成)

東入る東丸太町）も同町二五に土地を借りて精米・鍛冶水車を営み、明治三三（一九〇〇）年に息子の新治郎に相続している。このほか、同町四四の三では明治二四（一八九一）年の安福義一郎に始まり、年ごとに水力使用者が変わり、明治三〇（一八九七）年にいたって、河本喜兵衛（下京区松原通富小路西角）が精米水車を営み始める。この河本は本節の範囲外であるが、南禅寺高岸町、福地町にも水車を疏水引水で所有し、疏水沿線の広範囲で水車経営を行っている。

このように疏水開通当初、船溜周辺では南岸に四件の精米水車群が出現し、北側には小牧の水車群と、野村揆一郎（上京区川端東入ル東丸太町、勧業諮問会員）の水車が存在した。小牧・大塚のような同所の地主が水車を同地で経営することに加え、市内より船溜周辺に進出した業者があった。その水量は、同地より少し離れた岡崎円勝寺町での山田啓之助の製氷用水車を加えると、明治二四（一八九一）年に一〇二個だったものが、三七（一九〇四）年にはほぼ倍増の二一〇個となり、精米水車業が発展しつつあったことがわかる。

② 明治三八（一九〇五）年から大正四（一九一五）年まで

図10に示すように、聖護院蓮華蔵町五二では、明治三八（一九〇五）年に小牧仁兵衛に代わって、下京区松原通富小路東入ル中ノ町の三谷卯三郎が水力使用権を得る。三谷はその水力で精米のほか、伸銅業を営み始めた。そのほかの使用者は精米業の野村揆一郎、疏水南側の河本喜兵衛の精米水車、岩佐新治郎の精米・鍛冶水車は変わらず、梶原水車は子の松太郎に相続するも用途に変更はない。大塚栄治の精米水車は、明治四三（一九一〇）年に井口巳之助、翌四四（一九一一）年に上田せんと、同所にて名義変更される。

梶原水車の水路は大正二年一一月二八日にいたり、梶原松太郎（代理・母栄）より梶原水車の下流に水を流さず、字蓮華蔵五三にて直接疏水へ排水する水路変更届をだした。これにより下流の蓮華蔵三六に水車があった上田せんは、同年一一月二七日付で疏水から新たに自身の水車に直接引水する水路を開鑿した。これは六間幅の冷泉通の下を五尺幅の暗渠で抜け、上田水車の位置に引水後、平行した排水路で疏水へ返すものであった[68]。

以上のように、この時期は北側に三谷伸銅が小牧水車に代わり出現した他は、ほぼ前時期と水力使用実態は変わらず、また水量も二一〇個から二一二個へと微増したに過ぎない。

③　大正五（一九一六）年から昭和四（一九二九）年まで

この時期には夷川船溜周辺で水力使用者の変遷がみられる。図11に示す。まず三谷卯三郎は、隣接していた蓮華蔵町四六の野村揆一郎（大正五年に小一郎に相続）の土地と水力使用権を合併した。そして、旧来の土地および水力使用権を併せたものを二分割し、ひとつを伸銅・精米・起毛・製粉用として、いまひとつを伸銅専用として登録する。そして年々前者の水量を減らし、後者に集中させていく。つまり、三谷合名会社として伸銅業に専念していく様態が観察できる。そしてその敷地の西隣の聖護院東寺領町二では、三谷卯三郎が代理人となり、大正五年より新たな水車が稼働を始める。その初期には小川泰次郎以下所有者が短期間で変わるが、大正七（一九一八）年には大津市御在所町の長沢広吉から同所在の今井うのに譲渡されている。

また、東竹屋町一番地には鐘紡の上京工場が大正一〇（一九二一）年に進出し、同地において汽罐（ボイラー）洗浄・防火の目的で水量を使用した。疏水南側においても使用者の変化がみられる。河本喜兵衛名義の箔・針金製造用の水車は、昭和二（一九二七）年、樋口儀三郎に譲渡され、場所を蓮華蔵町四三番に変えて使用された。同町三六において上田せん使用のものは、その後森島楢太郎を経て、村田製鋲、それが名義変更し山科精工所が使用している。その隣の梶原水車は大正一一（一九二二）年廃止された。岩佐水車も大正一〇（一九二一）年、その水力使用権を谷口文治郎に譲り廃業している。谷口文治郎は前述のように大塚とともに曳船業を疏水において営んでいたが、大正一一（一九二二）年以降、疏水端の第一共同物揚場の南側の彼の所有する蓮華蔵町二五番で精米用の水車を稼働させる。

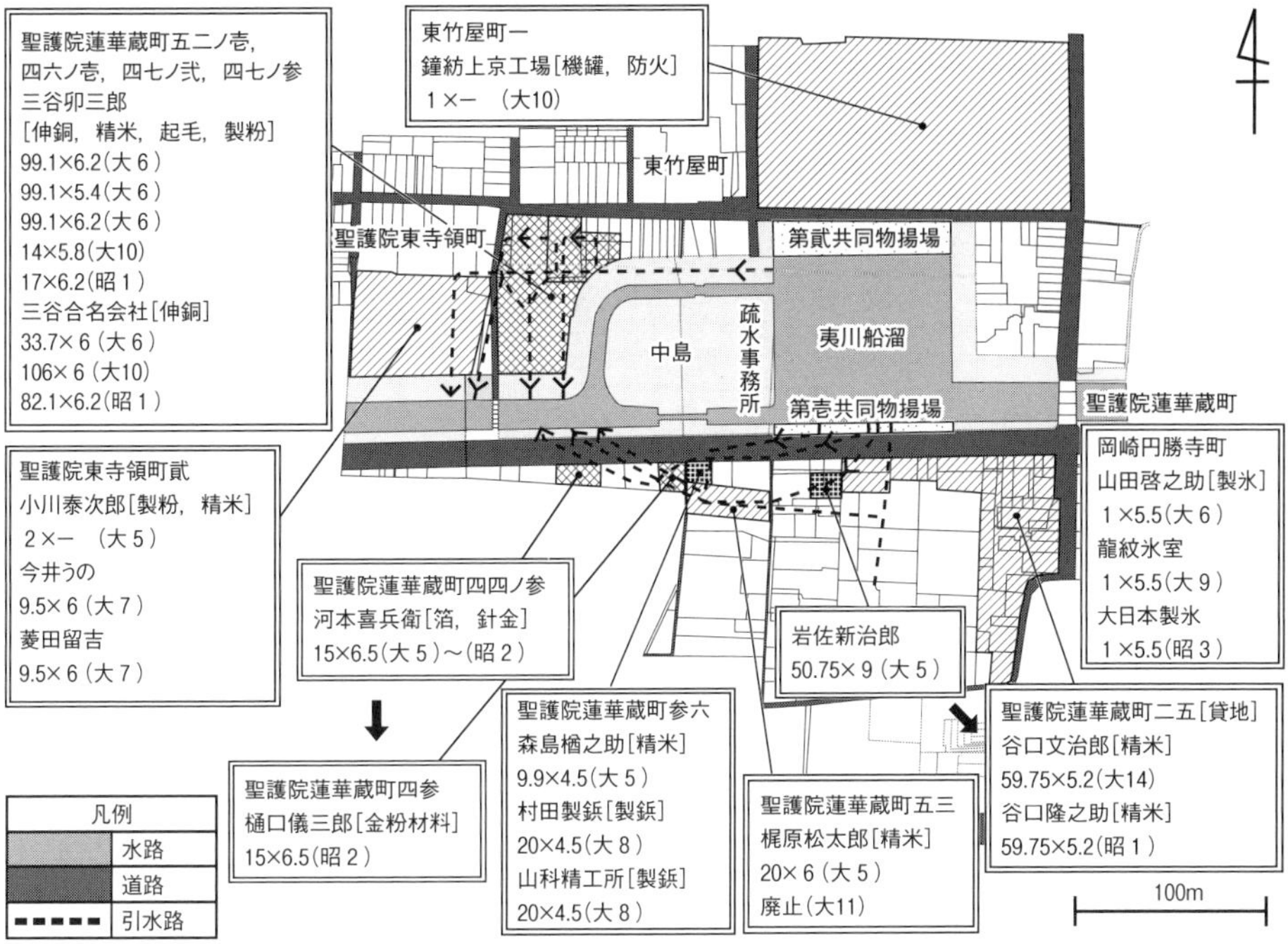
聖護院蓮華蔵町五二ノ壱,
四六ノ壱, 四七ノ弐, 四七ノ参
三谷卯三郎
[伸銅, 精米, 起毛, 製粉]
99.1×6.2(大6)
99.1×5.4(大6)
99.1×6.2(大6)
14×5.8(大10)
17×6.2(昭1)
三谷合名会社[伸銅]
33.7×6(大6)
106×6(大10)
82.1×6.2(昭1)
東竹屋町一
鐘紡上京工場[機罐, 防火]
1×一 (大10)
東竹屋町
聖護院東寺領町
第弐共同物揚場
中島
疏水事務所
夷川船溜
第壱共同物揚場
聖護院蓮華蔵町
聖護院東寺領町弐
小川泰次郎[製粉, 精米]
2×一 (大5)
今井うの
9.5×6(大7)
菱田留吉
9.5×6(大7)
聖護院蓮華蔵町四四ノ参
河本喜兵衛[箔, 針金]
15×6.5(大5)〜(昭2)
岡崎円勝寺町
山田啓之助[製氷]
1×5.5(大6)
龍紋氷室
1×5.5(大9)
大日本製氷
1×5.5(昭3)
岩佐新治郎
50.75×9(大5)
聖護院蓮華蔵町参六
森島楢之助[精米]
9.9×4.5(大5)
村田製鋲[製鋲]
20×4.5(大8)
山科精工所[製鋲]
20×4.5(大8)
聖護院蓮華蔵町二五[貸地]
谷口文治郎[精米]
59.75×5.2(大14)
谷口隆之助[精米]
59.75×5.2(昭1)
聖護院蓮華蔵町四参
樋口儀三郎[金粉材料]
15×6.5(昭2)
聖護院蓮華蔵町五三
梶原松太郎[精米]
20×6(大5)
廃止(大11)
凡例
水路
道路
引水路
100m

図11　同前(大正5-昭和4年：212-192.35個)　(西寺秀作成)

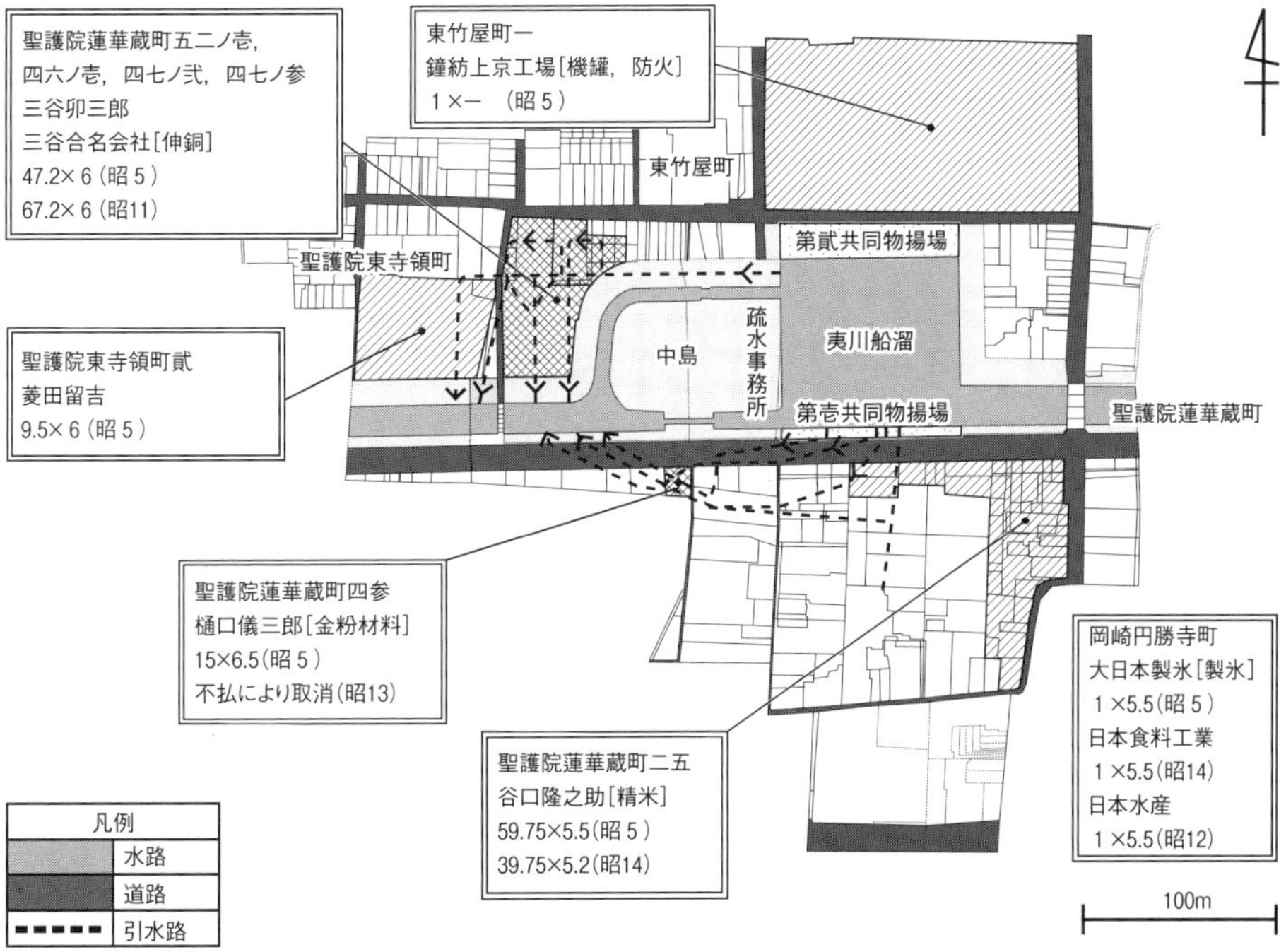
聖護院蓮華蔵町五二ノ壱,
四六ノ壱, 四七ノ弐, 四七ノ参
三谷卯三郎
三谷合名会社[伸銅]
47.2×6(昭5)
67.2×6(昭11)
東竹屋町一
鐘紡上京工場[機罐, 防火]
1×一 (昭5)
東竹屋町
聖護院東寺領町
第弐共同物揚場
中島
疏水事務所
夷川船溜
第壱共同物揚場
聖護院蓮華蔵町
聖護院東寺領町弐
菱田留吉
9.5×6(昭5)
聖護院蓮華蔵町四参
樋口儀三郎[金粉材料]
15×6.5(昭5)
不払により取消(昭13)
岡崎円勝寺町
大日本製氷[製氷]
1×5.5(昭5)
日本食料工業
1×5.5(昭14)
日本水産
1×5.5(昭12)
聖護院蓮華蔵町二五
谷口隆之助[精米]
59.75×5.5(昭5)
39.75×5.2(昭14)
凡例
水路
道路
引水路
100m

図12　同前(昭和5-16年：192.35-118.45個)　(西寺秀作成)

以上のようにこの時期は、前時代までに精米用の水車を稼働していた者たちが、この地より撤退し、精米業は菱田留吉のほか、大部分が谷口文治郎に集約されていく。一方、三谷の伸銅業、樋口の金粉材料製造業、村田製鋲（山科精工所）の製鋲、鐘紡工場の進出など、軽工業への業種転換がみられる時代であった。

なお、岡崎円勝寺町の製氷業はその後、山田啓之助から龍紋氷室（大正九〈一九二〇〉年）、大日本製氷（昭和三〈一九二八〉年）と社名を変えて存続する。大正五（一九一六）年に使用水量二一二個だったものは、とくに三谷合名会社が精米業から撤退したため、一九二個に漸減している。

④　昭和五（一九三〇）年から昭和一六（一九四一）年まで

昭和五年に登録更新されたのち、図12に示す最後の時期は、同地における水力使用が衰退していく時期となった。三谷伸銅（三谷与一郎代表）のほか、前期にみられた軽工業は縮小していく。樋口儀三郎はすでに使用水量を縮小し続けていたが、昭和一三（一九三八）年に使用料不払で使用停止となる。精米水車は東寺領町の菱田留吉と谷口隆之助の水車も使用水量を縮小する。その全体量は、昭和五年に一九二個の使用量が、一六年には一一八個まで減少した。

夷川船溜周辺における水力使用の増減は、そこが舟運の集積地であることと相関していると考えられる。『琵琶湖疏水の一〇〇年』の伝えるところによれば(69)、旅客を大津から京都へ輸送していた渡航船業は鉄道輸送の発達にともない衰退していく。表2には、『琵琶湖疏水の一〇〇年』におけるデータに加え、新出資料である「渡航船乗客調書(70)」、「昇降渡航船数調(71)」により、明治二四（一八九一）年から昭和七（一九三二）年にいたる、京都―大津間の運輸船および渡航船数を示した。渡航船数は疏水開通直後より旅客の盛況をみせ、年二万艘を超える船が京都―大津間を行き来したが、大正元（一九一二）年の京津電車の三条―札ノ辻間開通により、乗客は激減し、そのため船数が半減している。また大正四（一九一五）年、京津電車の三条―浜大津間の開通で、明治二八（一八

表2　京都—大津間の運輸船・渡航船数と輸送料

年	運輸船(隻)	渡航船(隻)	米(駄)	石材(駄)	庭石(駄)	砂(駄)	砂利(駄)
明治24年	589	814					
25年	4,176	8,023					
26年	7,217	12,540					
27年	7,422	14,552					
28年	10,328	30,028					
29年	8,531	18,941					
30年	11,867	20,627					
31年	10,189	20,228					
32年	11,434	21,264					
33年	12,851	20,750					
34年	12,848	20,724					
35年	14,647	21,025					
36年	15,726	21,822					
37年	16,791	16,898					
38年	16,031	17,996					
39年	16,871	22,160					
40年	19,352	23,174					
41年	17,873	22,504					
42年		23,356					
43年		14,984					
	以上注69)	以上注69)					
44年	13,633	18,684					
大正元年	8,524	9,482	58,759	57,239		7,020	6,518
2年	12,981	9,158					
3年	11,627	6,158					
4年	10,126	6,658	129,710	63,397		29,483	2,005
	以上注70)	以上注69)	以上注69)	以上注69)		以上注69)	以上注69)
5年	11,962	7,294					
6年	14,936	6,808					
7年	15,823	6,416					
8年	16,470	7,336					
9年	14,288	7,432					
10年	13,765	6,482					
11年	14,850	7,290					
12年	13,578	6,436					
13年	14,460	6,624					
14年	15,415	6,508					
昭和元年	13,818	6,460	90,289	72,071	3,435	180,136	107,610
2年	15,162	6,056	80,151	50,968	995	226,214	165,410
3年	14,332	6,232	66,814	41,689	3,535	254,910	227,910
4年	13,901	4,816	52,150	30,680	1,605	212,030	162,100
5年	13,187	3,512	39,698	46,153	1,433	262,157	170,618
6年	10,696	2,476	22,277	40,935	2,697	181,553	213,585
7年	15,580	3,196	21,779	52,602	4,559	306,965	249,380
	以上注71)	以上注71)	以上注72)	以上注72)	以上注72)	以上注72)	以上注72)

九五）年以来疏水遊船事業をほぼ独占していた京近曳船株式会社が廃業する。同会社専務取締役であった谷口文治郎が、水面から陸へ上がり、精米水車水力使用権を得る背景がここにある。

このように遊船客を乗せる渡航船は、その後大正一〇（一九二一）年の東海道線東山トンネルの開通もあり、乗客を鉄道に奪われ、衰退の一途を辿る。一方の物資を運ぶ運輸船は大正から昭和にかけては、明治四五（一九一二）年に京都―伏見間の鴨川運河の拡幅や、第一次大戦による好景気を背景に、むしろ増加していく傾向にある。物資中、比較的大量に輸送されているもののひとつが米穀である。表2に示したとおり、輸送物資の内訳は『琵琶湖疏水の一〇〇年』には二年度分のみ記載があり、(69) そして新出資料からは昭和期のデータを読み取れる。(72) ここから大津から京都への米穀量は、大正年間まで十数万駄（一駄＝四〇貫）であったものが、昭和期にいたり激減していることがわかる。精米水車が減少していくことも、こうした疏水による米穀輸送量と相関している。また、一方で大津側から砂、砂利などコンクリートの骨材となる物資の輸送が増加していくこともわかる。

（3）　まとめ

琵琶湖疏水が開通した鴨川東部地域における、その水力を利用した産業の盛衰を、水力使用の実態を基に検証した。琵琶湖疏水とその水力利用によって、この地区がどのような空間構成の変化をみたのかを記せば、以下のようになる。

明治二四（一八九一）年開通直後には、鴨川東部の聖護院蓮華蔵町に設置された夷川船溜周囲で、当該地の地主や、市内新規事業者の参入により、主として精米用の水車が稼働しはじめる。明治三八（一九〇五）年以降には、伸銅、針金、製鋲、金粉材料、製氷、紡績など、水力の利用は軽工業に構造転換する。疏水舟運の観光旅客業が鉄道の発達により衰微していく昭和初期、曳船業から精米業へ転じる者もでてくるが、疏水運輸中の米穀量の減少と相関して、精米水車も減少していく。そしてこの地域の空間構成は、水力利用の中でも水車動力の利用が中心となり、当初は精米、次の時代に軽工業と精米業の構成となる。その構成は背景となる舟運の盛衰に影響され、やがて舟運の途絶とともに産業そのものが消失していくことになる。

この疏水水路沿いの空間構成の変遷を都市史上、琵琶湖疏水との関連でどう読み解くのかを、関連事実を勘案しつつ整理しておきたい。

琵琶湖疏水の目的は田邊朔郎がいう如く、京都盆地への安定した水量確保にあったと考えられる。したがって、当初の計画は蹴上着水点より盆地を北上して、北部から南下する既存水流への水量強化を図っていた。それが政府の計画変更指示により鴨川東部の地へ主流が導かれることになった。北垣府知事の「鴨東開発論」は、これを受けて提起されることになる。また、水力の使用場所を制限した水力利用条例の存在により、水力利用（製造機械）が夷川船溜に集中することになる。

その船溜周辺に集まって水力利用産業を営んだ人びとには、当初小牧、梶原、大塚、野村のような議員経験者が含まれていた。彼らは民間人とはいえ、北垣府知事の明治二二（一八八九）年の開発論を聞いていたため、いち早く水力利用を始めた点は政治的思惑の存在もうかがわせる。しかしながら、高久の研究にあるような疏水利権をめぐる政治闘争に比すれば[73]、水車利用が大きな政治的課題となったとは認められない。むしろ、同地の地主であった小牧、大塚や、曳船業から陸へ上った谷口などを考えると、彼らの自生的な経営により小規模な産業が水辺に集積したと考える方が妥当であろう。

この地には、疏水の水路変更により提起されていく、新市街開発などの行政側の思惑が積層するものの、実態としては、設定された船溜周囲の水力利用許可地域に、元地主や、市内の業者の経営による産業地域が形成された。後世の京都市都市計画が市域の西・南部に工業地帯を形成することとは大きく趣を異にしたものであったといえよう。それは水車動力という伝達力の小さいエネルギーに依存した小規模な産業の事例であった。琵琶湖疏水開削に付随した鴨東地区の開発からは、舟運とセットになった農業振興（米穀運輸と精米）と軽工業（材料運送含む）による京都産業化の一面をみることができる。

四　庭園と防火

本節では、図13にみる南禅寺から北上する分線沿いの疏水利用に着目する。分線の利用の実態については、末尾が水車動力の存在を論じ、鹿ヶ谷に大水車場を設計する計画があったとする(74)。また農村の灌漑用に用いられたこと、さらに京都御所の防火用水として、あるいは庭園の池水として導水されたことは筆者が明らかにした(75)。分線については、本線と比べて水車利用は少なく、灌漑用水も昭和以降の郊外の宅地化により減少していく。御所防火用水も明治四五（一九一二）年の御所水道の完成により無用のものとなり、その役割自体が漸減していく。一方、南禅寺界隈では明治末期より企業家の別邸群が形成され、そこに疏水分線の水が利用されたことが知られている。なぜ南禅寺界隈に企業家の別邸群ができ、それにともない庭園が出現したのかについては、先行研究では以下のように説明されている。

尼崎博正(76)は、岡崎（京都市左京区岡崎）が勧業政策宣伝の場として選ばれ、そのハイカラなイメージがこの地域に別荘地の開発を促していったこと、明治四五（一九一二）年に完成した琵琶湖第二疏水のトンネル工事の余剰の土砂を土地の造

図13　琵琶湖疏水分線ルート（小野作成）

成用に供給することで宅地造成がなされたこと、庭師小川治兵衛が山縣有朋の無鄰菴を作庭し、名をあげたことを指摘している。

琵琶湖疏水が図13に示すように岡崎、南禅寺界隈の東側の標高八〇メートルほどの位置を北上していったことが、水資源として庭園誕生の物理的理由となったことは事実である。しかし、当初この地は水車動力を生む場として考えられていた。矢ケ崎善太郎は、[77]蹴上における水力発電の稼動と入れ替わるように水車動力が使用されなくなったことにより、当地域に新たな性格づけがなされたこと、すなわち明治三三（一九〇〇）年に内貴甚三郎京都市長により「東方ハ風致保存ノ必要アリ」との認識がなされたこと、山縣の無鄰菴や伊集院兼常の別邸がその後の別荘地形成を促したこと、実業家塚本与三次が邸宅を営む土地経営を始めたことをあげている。尼崎も、[78]前提として旧南禅寺領における土地の流動化が上知によって起こり、その払下げを塚本が買い取っていったこと、塚本が疏水二〇数か所の水車の権利を京都市から買い取ったことを指摘している。

このように、南禅寺界隈の庭園群は、琵琶湖疏水の誕生と、その用途と目された水車動力が水力発電に切り替わったという状況下で、その水利権を土地とともに取得する塚本与三次という不動産業者が現れ、そして七代目小川治兵衛の存在があったことで出現したと説明されている。

また近年の都市史研究では、土地所有の変遷を空間と相関させて解析していく手法が多用されるようになってきたが、一方で都市形成に必須の水利用に関して、その地の水利権を論じたものは稀少である。

本節はこの水系による各庭園での水の使用の実態、使用者、使用量、使用時期、取水口などについて経年的に分析することにより、各庭園地所における水力使用権の遷移、各庭園での引水開始と使用時期を同定する。換言すれば、疏水の水使用の時期と場所を水利用権利書を基に同定することにより、水利権から庭園群の創出について明らかにするとともに、こうした契約水利権による水使用の特徴を抽出することを目的としている。

（1）既往研究の成果

①　南禅寺界隈庭園と邸宅の研究

南禅寺界隈の庭園に関する先行研究は数多く存在する。それらは主として庭園および建築に関する一連の研究[79]や、それらの形成を土地売却で促した塚本与三次などの不動産業者の存在、オーナーとして作庭した山縣有朋や、稲畑勝太郎などの人物に関するもの、そして庭園を設計、造作した七代目小川治兵衛ら造園業者に関するもの、さらに庭園の利用に関するものなどが存在する。また、尼崎の水系や庭石に関する研究はよく知られているところである。これらのうち、主となる研究を以下にあげる。

尼崎は[80]、『植治の庭』において、七代目小川治兵衛（植治）の作庭期間、作庭と建築の成立背景を明らかにした。琵琶湖疏水の水の利用と、東山の景観を主要素として、近代の数寄者と小川治兵衛の共作により出来上がっていく近代庭園のデザインについて述べている。矢ケ崎は[81]、これら庭園群が山縣有朋の無鄰菴と伊集院兼常の南禅寺別邸の造営から始まるとし、その成立の要因に塚本与三次と角星合資会社の別荘地開発が存在したことに言及している。それらは、大正大礼、昭和御大典における皇族や高官の宿舎として整備される。また大正一〇（一九二一）年の政財界要人らによる東山大茶会の舞台となった数寄空間の出現についても語っている。小野健吉は[82]、施主と庭園の構図を語り、竹内栖鳳や山元春挙ら京都画壇の画家の庭園への関与について述べている。また尼崎[83・84]は、これら庭園の水系を七系統に分類し、各経路図で示すとともに、導水時期を検討している。

②　尼崎の水系の研究

琵琶湖疏水による庭園群がどのように形成されたのかについては、その土地取得を含めて論じた尼崎博正の研究がある[85・86]。その水系について尼崎は実地調査により明らかにしており、現況の水系を最も的確に表すものである。また近年刊行された尼崎・矢ケ崎らによる『岡崎・南禅寺界隈の庭の調査[86]』では、当地の庭園の作庭の最盛期を、七代目小川治兵衛の実働した明治後期から昭和初期として庭園の存在する地域の地図を作製し、土地の所有者の変遷を地番ごとに示している。疏水分線から庭園への水路網については、模式図と網図が示されている。

このように庭園群の成立とその池水の水源となる水路網については、尼崎の研究を中心に詳細な検討が行われている。水系は桜谷川系、若王子川系、扇ダム系、南禅寺系、発電所取入口系、蹴上船溜系、疏水本線系という名で分類されている。

（2）本節で用いた資料

都市近郊の邸宅群の形成に果たした疏水というインフラの役割を検証するために、以下のような一次資料を使用する。

それは、第三節でも用いた琵琶湖疏水に関する京都市の「予算書」と「水力使用者台帳」である。前述のように、明治期に関しては、明治二四〜四一年（二八、三七、三八年が欠）の「予算書」[60]が存在しており、これより市が収入としていた水力の使用料とその使用者を知ることができる。使用料については、使用水量（個＝立方尺毎秒、〇・〇二七八立方メートル毎秒）×落差（尺）という計算式によって徴収しており、京都市有疏水水力使用条例において明治二四（一八九一）年五月二一日付で、一個当たり八〇尺以上で年額一六〇円とされ、のちに値上げされ、明治四四（一九一一）年には一個落差一尺につき月二七銭と改訂された[87]。

大正期以降については「水力使用者台帳」[61]に五、六年ごとに一度まとめられた記載と、各年ごとの「水力使用綴」[61]を参照した。前者は使用者とその住所、取水口、使用場所、使用目的、許可水量（個）、使用落差（尺）、月額料金、許可年月日と継続年月日などが記載されている。後者には、新規、継続、変更、廃止、相続、譲渡などにともなう申請書と許可書、請書、そしてその使用場所図面がまとめられている。

これらを明治二四年から昭和一七年まで悉皆分析することで、経時的な水力使用権の推移を詳細に検討することができる。台帳の簿冊名は注61に示すように年ごとにさまざまであるが、ここでも便宜のため各々あわせて「水力使用者台帳」の呼称で統一することにする。また地方法務局の閉鎖登記と公図[88]を併用した。

これらの一次資料に加え庭園成立を知るために、空間的データについては尼崎の作成した明治後期から昭和初期の最盛期の地図、現地調査により地割と比較して、土地所有の変遷を確認した、尼崎作成の水路網の地図[86]を援用する。

これら資料から読み取れる事実は、南禅寺界隈の庭園群が京都市に届け出て疏水の水力（水量×落差）を使用した実態である。ここに記載があるということは、すなわち池沼を有する庭園群が疏水の水の使用を開始し、継続しているということである。つまり、庭園に水が流れ始め、流水が存在しているという事実が資料から解明できると期待される。ただしその使用者の変遷は必ずしも庭園、宅地の所有者の変遷とは一致せず、むしろ邸宅側の届出の時期によると考えられる。申請が庭園所有者ではなく、作庭者（小川治兵衛）や所有者の代理人（不動産業者や社員）であることもある。また、その台帳にある用途は、庭園用水と書かれることは少なく、防火用と届けられることが多い。同じ地において、使用者の変遷にともなってしばしば用途や水量が変更されることもある。したがって、先行研究で使用された土地台帳による所有者の変遷とは別に、水の所有者、使用実態から庭園群の形成実態がわかる資料といえる。

（3）　水力使用の実態と庭園群の出現

①「予算書」「水力使用者台帳」による水力使用者の変遷

表3（折込）には、「予算書」と「水力使用者台帳」から得られる南禅寺界隈の水力利用者について、明治二

四（一八九一）年から昭和一六（一九四一）年まで水系ごとに、経時的にすべて示した（各セルの点線と実線）。水系、というのは船溜やダム、疏水分水口から分水していく流路を表すものである。現在では分水の流路が当時と付け替えられた可能性はあるが、水系そのものを変更しての取水は考えにくいことから、本節における水系の名称は、尼崎の七分類系統に従った。また尼崎の調べた土地所有者もあわせて記載している（各セルの最上段の二重線）。

表中各庭園の土地取得については尼崎の土地台帳のデータより名前を記してある。[76] また各々の庭園造成の時期については、尼崎の推定時期も参考にしたが、京都府の近代和風建築調査報告書に記された年代を参考とした。[89]「水力使用者台帳」からの情報は以下のように書き込んだ。実線上の名前が各庭園における水力使用者として京都市疏水事務所から許可された人物である。〈　〉中にはその取水口を、［　］中には使用用途を記している。各年度における使用の許可、継続、変更などに関しては月日を記してある。また水量の積数、個×尺も併記した。

さて、既往の研究で明らかにされている各々の庭園の成立時期を表4に示す。この表は、尼崎の「南禅寺界隈疏水園池群の水系」[76]（表中に文献Aと記載、以下同。一九八四年）、同『植治の庭』[80]（文献B、一九九〇年）、京都府『京都府の近代和風建築』[89]（文献C、二〇〇八年）、尼崎『七代目小川治兵衛』[84]（文献D、二〇一二年）、そして尼崎らによる『岡崎・南禅寺界隈の庭の調査』[86]（文献E、二〇一二年）に書かれた推定、あるいは確定された庭園の成立時期をまとめてある。この表4と表3を比較することによって、疏水の水の使用時期と場所を同定し庭園群の成立時期についての知見を示すことが可能となる。

図13で示した疏水路線で、蹴上着水点から南禅寺船溜へ降りる本線沿いの南禅寺福地町と草川町を、北上する分線沿いの南禅寺下河原町、若王子町、鹿ヶ谷高岸町、宮ノ前町までが本節が扱う範囲である。これを詳細に示したものが、後掲の図14である。図中には、土地台帳に付随する公図より起こした土地所有区画を同地に基図として表し、これに「水力使用者台帳」より明らかとなっている水力使用者の地番をハッチで示してある。一部、

表4　南禅寺界隈庭園の成立時期

	文献A	文献B	文献C	文献D	文献E
無鄰菴	明治29～35年（表2）	明治27年久原庄三郎に託して造園開始。明治28年から山縣が指揮、29年に一応の完成。その後引水工事。(p.225)	明治27年頃より久原が着手して28年に完成。明治29年に山縣が東半分を拡張。(p.332)	明治29年(p.44)	明治35年京都市から山縣へ譲渡。昭和16年山縣有道へ家督相続時に京都市へ寄付。(p.25)
並河邸			明治26年上棟、27年竣工。(p.87)	明治27年(p.31)	明治36年並河靖之所有。大正12年茂樹に相続。(p.27)
都ホテル		植治との関わりは明治37年から。大正15年喜寿園は白楊による。(p.227)			
和楽庵（何有荘）			明治37年を前に稲畑の別邸として造営。明治38年5月に敷地北半分を取得。明治44年上棟。(p.340)		明治29年より稲畑邸。明治38年北半分取得。大正6年完成の域に達す。(p.163)
環翠庵（大寧軒）					明治25年呉竹氏所有。明治39年原彌兵衛取得、即作庭。(p.165)
智水庵	明治44～45年、大正9～昭和9年（表2）		昭和初期(p.640)		明治25年呉竹氏所有。明治37年横山隆興、大正5年に章に相続。大正14年薩摩治兵衛。(p.23)
居然亭					明治38年中井三郎兵衛取得。大正11年三之助相続。完成したのは昭和6年以降か。(p.23)
洛翠					明治39年藤田小太郎。大正3年藤田後一？(p.23)
真々庵	大正2年（表2）				明治25年増田新治郎。明治40年染谷寛治。大正2年地目が宅地となりさらに造園。(p.143)
碧雲荘	大正8年～昭和3年(表2)	大正6年野村徳七が土地を得て以来10年余りにかけて工事。(p.226)	大正6、7年頃建築始まる。大正12年旧館から書斎部分。昭和3年能舞台から大書院完成(p.74)	大正10年までに完成(p.121)	大正元年角星合資が取得。大正8年野村徳七、大正10年東山大茶会までに作庭。(P.143)
清流亭	明治39年～大正4年、大正11年～12年	塚本邸で大正2、3年に建築と作庭。分割後の大正14年から下郷伝平の所有。(p.226)	明治42年塚本邸。大正2、3年頃竣工か。大正14年東半分が下郷伝平所有。(p.323)		明治39年塚本所有。大正14か15年に下郷伝平所有。昭和11年藤田勇に譲渡。(p.23)
織宝苑（流饗院）	大正11年～12年（表2）	明治42年ごろから小川白楊がとりしきった。(p.226)			明治34年塚本邸。大正14年岩崎小弥太所有。(p.23)
怡園	昭和4年（表2）	昭和2、3年にかけて作庭。植治は疏水の水を確保するにあたって調整役を務めた。(p.227)	明治44年塚本所有。大正8年春海敏。昭和3年細川家所有。3～7年にかけて作庭。(p.320)		明治40年角星合資。大正8年春海敏、11年春海とし。昭和2年井上麟吉。(p.23)
有芳園	大正2、3年～11年(表2)		大正6年主屋。(p.640)	大正4～9年(p.152)	大正元年小川睦ノ輔、治兵衛。大正2年住友吉左衛門に名義。大正4年庭園整備。9年に完成。(p.117)

尼崎の図[86]を参考にした。また各水力使用地における水力使用者の名と、使用開始時期を表し、それより推定される作庭時期ごとに塗り分けてある。

以下、水系ごとに作庭時期を諸説と比較し論じる。蹴上船溜系とは疏水の蹴上着水点から南禅寺草川町の南禅寺船溜周辺、蹴上本線系とは図14で示す位置より西側、発電所取水口系とは南禅寺福地町周辺、扇ダム系とは南禅寺下河原町周辺、桜谷川系とは鹿ヶ谷宮ノ前町、高岸町周辺をおおよそ示す。

② 蹴上船溜系、蹴上本線系

蹴上船溜とは、琵琶湖疏水が大津取水口より山科盆地を経て、京都盆地に達した第三隧道出口、九条山の麓に設けられた船の降船場である。ここより船はインクラインを通して南禅寺船溜に降りていく。その蹴上船溜より取水、つまり約三〇メートルの高低差を利用して水量を得ているのが無鄰菴と都ホテルである。

無鄰菴は山縣有朋の別邸で、作庭年代は明治二九～三五年にかけてとされている（文献A）。実際には明治二七（一八九四）年頃より山縣が久原庄三郎に託して開始され、翌二八（一八九五）年に一応竣工するが、日清戦争後の明治二九（一八九六）年、山縣が東半分を拡張し、完成をみた（文献B、C）。この土地は京都市の所有で、当初山縣が借地していたが、明治三五年京都市から山縣は譲渡を受け、昭和一六（一九四一）年に山縣有道への家督相続時に京都市へ寄付されている（文献E）。

本節の調査では、その疏水引水の許可は「水力使用者台帳[90]」から、明治二九（一八九六）年一一月六日に一個×八〇尺となっている。取水口は蹴上船溜より防火用水の名目で直接引いていた。したがって、疏水引水による庭園の完成は、諸説いうところの明治二九年であることは確定される。ところが、無鄰菴では蹴上船溜からの引水とは別に動物園引水管（京都市動物園、南禅寺船溜北）から明治三〇（一八九七）年二月一六日、〇・二五個を引水している。こちらの引水についての支払いは水力使用条例における個×尺の積数による課金ではない。冥加金

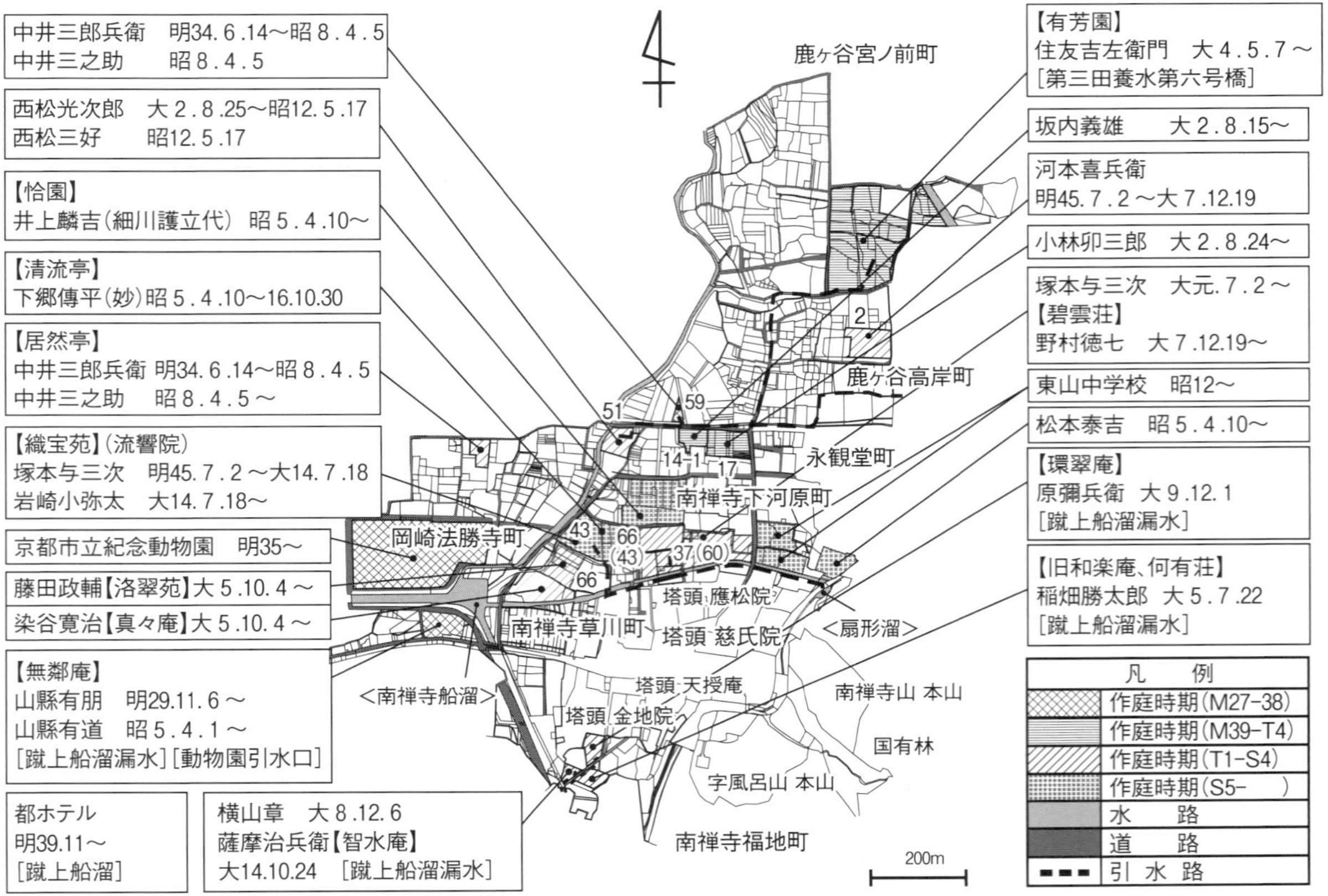
中井三郎兵衛　明34.6.14～昭8.4.5
中井三之助　昭8.4.5
西松光次郎　大2.8.25～昭12.5.17
西松三好　昭12.5.17
【怡園】
井上麟吉(細川護立代)　昭5.4.10～
【清流亭】
下郷傳平(妙)昭5.4.10～16.10.30
【居然亭】
中井三郎兵衛 明34.6.14～昭8.4.5
中井三之助　昭8.4.5～
【織宝苑】(流響院)
塚本与三次　明45.7.2～大14.7.18
岩崎小弥太　大14.7.18～
京都市立紀念動物園　明35～
藤田政輔【洛翠苑】大5.10.4～
染谷寛治【真々庵】大5.10.4～
【無鄰庵】
山縣有朋　明29.11.6～
山縣有道　昭5.4.1～
[蹴上船溜漏水][動物園引水口]
都ホテル
明39.11～
[蹴上船溜]
横山章　大8.12.6
薩摩治兵衛【智水庵】
大14.10.24　[蹴上船溜漏水]
鹿ヶ谷宮ノ前町
鹿ヶ谷高岸町
永観堂町
南禅寺下河原町
岡崎法勝寺町
南禅寺草川町
塔頭 鷹松院
塔頭 慈氏院
塔頭 天授庵
塔頭 金地院
<南禅寺船溜>
<扇形溜>
南禅寺山 本山
国有林
宇風呂山 本山
南禅寺福地町
51
59
2
14-1
17
43
66
(43)
37
(60)
200m
【有芳園】
住友吉左衛門　大4.5.7～
[第三田養水第六号橋]
坂内義雄　大2.8.15～
河本喜兵衛
明45.7.2～大7.12.19
小林卯三郎　大2.8.24～
塚本与三次　大元.7.2～
【碧雲荘】
野村徳七　大7.12.19～
東山中学校　昭12～
松本泰吉　昭5.4.10～
【環翠庵】
原彌兵衛　大9.12.1
[蹴上船溜漏水]
【旧和楽庵、何有荘】
稲畑勝太郎　大5.7.22
[蹴上船溜漏水]
凡例
作庭時期(M27-38)
作庭時期(M39-T4)
作庭時期(T1-S4)
作庭時期(S5-　)
水路
道路
引水路

図14　南禅寺界隈の水力使用者と作庭時期(西寺秀作成)

という形で、一六円が支払われている。この追加水量とも考えられる動物園引水菅からの引水にのみ、寄付金に相当する冥加金が正規料金とは別に存在した。この二つの使用権はその後、昭和五年から山縣有道に相続されており、土地を相続する一一年前に庭園の水の権利は移動していたことになる。

都ホテルは、明治二三（一八九〇）年に創業したが、植治との関わりは明治三七（一九〇四）年に始まるとされ（文献B）、大正一五（一九二六）年の喜寿園庭園（現・佳水園）の完成は七代目治兵衛の息子小川白楊による。その水の使用は本論調査では明治三九（一九〇六）年一一月に〇・五個×六〇尺で許可されている。尼崎（文献B）のいう明治三七年に植治とかかわりが始まった、とされるその後に庭園に疏水の水が引かれた事実を示すものである。使用名義人はホテル支配人で、その目的は防火・雑用である。この使用と目的は時代を継いで更新され、昭和一六（一九四一）年まで続いている。

さて、岡崎の疏水本線から直接引水しているのが並河邸である。

七宝家並河靖之の邸宅は堀池町に現存しているが、明治二六（一八九三）年に上棟、翌年主屋が竣工する（文献C）。作庭も同時進行していたと考えられ、明治二七（一八九四）年に完成したとされる（文献D）。「予算書」では、水力は明治二七年より疏水本線慶流橋下流の「漏水」の使用を開始している。これは正規の水力使用ではなかった。したがって支払いも冥加金として並河靖之より支払われた。土地所有の記録は明治三六（一九〇三）年並河靖之が同地の所有者として登録され、大正一二（一九二三）年並河茂樹に変更している。水力使用は明治二七年より並河靖之で、昭和元年に茂樹に変更されている。また冥加金（寄付金）の形で使用料が支払われ続けた水力は、大正九（一九二〇）年にいたって七宝焼研磨の目的となって「水力使用者台帳」に現れ、昭和一〇（一九三五）年に防火用水と変更された。いずれにせよ、並河邸庭園の池を潤していることにかわりはない。

③　発電所取水口系

稲畑勝太郎（日本染料製造社長、大阪商業会議所会頭）が南禅寺福地町に別邸和楽庵（現・何有荘）の敷地北半分を明治三八（一九〇五）年五月に取得する（文献E）。その後、明治四四（一九一一）年八月に上棟する（文献C）。庭園の造営もこの時期とされるが、明らかにされていなかった。ただ庭園を中心として明治三七（一九〇四）年以前に茶室等の散在する別邸が建設された（文献C）とあることから、その成立は稲畑以前とも考えられる。

ところが、この時期の「水力使用者台帳」や「予算書」に稲畑の名は見出せない。この地で水力使用していたのは河本喜兵衛という人物であるが、彼がいつから水力使用していたのかは定かではない。この河本は、前節でみたように鴨東船溜においても水車を経営し、精米、箔打などをしていた。取水口は蹴上船溜漏水とあり、課金された形跡がない。稲畑邸がこの漏水を使い庭園用水としていたとも考えられるし、河本名義の水力を稲畑邸で使っていたとも考えられる。支払いを山縣や並河のように冥加金の形で支払っていた証拠はないので、「漏水」に対する支払いは自由意志であったと考えられる。

「水力使用者台帳」上明確なのは、大正五（一九一六）年五月二日に河本喜兵衛から錦商会社員小松美一郎に飲料並用水用として二個×八三尺が譲渡され、同年七月二二日に稲畑勝太郎へ綿糸再製用として三個×八三尺が譲渡されることである。(91)この二つの水利権は大正九（一九二〇）年一二月一日に稲畑勝太郎にまとめられ五個×八三尺となる。このように旧和楽庵の用水は、当初の名目は綿糸再製目的で、水車とともに稲畑家へ引き継がれ（おそらく河本喜兵衛名義の目的をそのまま継承）、それを庭園用に転用したと考えられる。昭和六（一九三一）年四月一日にはこの水利権を二つに再分割し、三個×八三尺を精米用（蹴上船溜水源）と、二個×八三尺を庭園用（同漏水）として、以降更新を続けていく。

和楽庵（現・何有荘）西隣の環翠庵（現・大寧軒）は、明治二五（一八九二）年に呉竹氏が土地を取得し、明治三九（一九〇六）年には原彌兵衛が取得、すぐに作庭に取り掛かったとされる（文献E）。その水力使用が台帳に登録されるのは、大正九（一九二〇）年一二月一日付で原の代理人として小川治兵衛が一個（尺なし）の使用許可を受けてからである。作庭に取り掛かり、おそらく程なく完成していたとするならば、環翠庵も隣の和楽庵同様、大正九年までは漏水を使用していたと考えられる。あるいは、水力を使った庭園の本格使用が大正九年とする見方もできる。

その隣の智水庵の土地は、やはり呉竹氏が明治二五（一八九二）年に取得、その後金沢の実業家横山隆興に明治三七（一九〇四）年に移り、大正五（一九一六）年横山章に譲渡されたのち、大正一四（一九二五）年薩摩治兵衛が取得した（文献E）。作庭は明治四四〜四五年と大正九年〜昭和九年の二時期とされ（文献A）、その後期の昭和初期に建物が建てられた（文献C）とされる。初期の水力使用の記録は存在せず、使用実態があったとすれば漏水使用のため、記録に現れないのであろう。「水力使用者台帳」に登録されるのは、横山章代正木亀次郎名義で大正八（一九一九）年一二月一六日付の一個からであり、この時に庭園は存在したと考えられる。そして薩摩治兵衛の土地取得の大正一四年一〇月二四日に水力使用も庭園使用名目で譲渡された。

このように、南禅寺福地町の庭園群の水使用開始の実態は、邸宅の取得時と「水力使用者台帳」が一致せず、明治後期から大正初期にかけては、別目的や別名義であったり、あるいは漏水を使用しているなど、庭園用水としての管理が書類上厳密になされているとは言いがたい。実態としては庭園には疏水の水が使われていた。しかし、その水は台帳上何の目的で誰に権利があるのかは曖昧であった。いずれも大正半ばより水力使用の登録が完了しており、その頃には庭園用水の本格使用が始まったとみてよいだろう。

④　扇ダム系

扇ダム系と尼崎の呼称する南禅寺下河原町では、塚本与三次が明治四四（一九一一）年頃より土地を取得し、みずからの邸宅を建て作庭していたとされる（文献A）。その名義は角星合資会社となるが、野村財閥の創始者、野村徳七に土地の名義が移るのは大正八（一九一九）年である。碧雲荘の建築はその時から始まり、大正一二（一九二三）年には旧館や書斎部分が完成し、昭和御大典で久邇宮の宿所となる昭和三年には能舞台や大書院が完成する（文献C）。庭園は土地取得後一〇年余りにわたって工事が行われていたとされ（文献B）、東山大茶会が催された大正一〇（一九二一）年までには、ほぼ完成していたとされる（文献E、小川治兵衛と白楊による）。

「水力使用者台帳」によると、角星合資会社名義で、明治四五（一九一二）年七月二日に水力使用許可を得て扇形溜（扇ダム）五号橋下流より引水した。この塚本の持つ水利権に、鹿ヶ谷高岸町の光雲寺裏で水車を営む河本喜兵衛の水利権が加わる。この河本喜兵衛は先に南禅寺福地町で稲畑に水利権を譲渡した者と同一人物である。河本は同地で明治四五年七月二日より精米用に、大正三（一九一四）年からは銅・針金、大正六（一九一七）年からは陶磁器原料製造用に水利権を有していたが、大正七（一九一八）年一二月一九日に二個のうち一個を塚本に、三個を大阪市東区備後町の三竹勝造に譲渡する。塚本は下河原町の所有地を大正八（一九一九）年に野村徳七に売却した。水利権は防火用水名目で大正一〇（一九二一）年三月三一日に野村へ譲渡している[92]。野村は一個×八二・七尺の水利権をその後更新するが、昭和五（一九三〇）年七月八日に三竹勝造（麻糸製造名目）から二個譲り受け[93]、（一＋二）個×八二・七尺を使用する。この三竹勝造は野村徳七の執事である[94]。

碧雲荘の庭園用水に存在した野村と三竹の二つの名義は、昭和五年に野村徳七一人にまとめられるが、余る一個の水を近隣に新たに造成された庭園群に配ることになる。碧雲荘の隣の塚本の邸宅は明治四二（一九〇九）年から大正三年にかけて造成された（文献C）とされるが、水力使用許可は明治四五（一九一二）年七月二日付であり、碧雲荘、清流亭、織宝苑と塚本所有の土地の水利権はこのとき得られたものである。それは塚本邸の作庭と関連していると考えられる。

塚本邸の西側の清流亭の敷地は明治三九（一九〇六）年に塚本与三次が所有し（文献E）、大正二、三年頃建物を竣工した（文献C）。その頃に作庭も行われていたとされる（文献B）。大正一四（一九二五）年、その東側部分を下郷伝平（長浜銀行頭取）に売却し清流亭となる。清流亭では大正一四年の下郷の土地取得から五年間水利権が存在しないが、先の三竹勝造の野村徳七への二個移転時の残り一個中の〇・二五個が昭和五（一九三〇）年四月一〇日付で下郷妙名義で譲渡されている。(95) これが清流亭の庭園用水となる（昭和一六〈一九四一〉年一〇月三〇日藤田勇に譲渡）。したがって、清流亭の庭園は大正一四年に存在したものの、その用水は碧雲荘の二次用水として流れてきており、昭和五年度にいたって自己の権利所有となった。

さらに三竹の譲渡分中〇・五個は同日付で井上麟吉（細川護立代理）に譲られ、同所に怡園《いえん》が築かれる。怡園の地は、明治三〇（一八九七）年より所有者が何度か変わり、明治四四年角星合資会社、すなわち塚本の所有となる。その後、大正八（一九一九）年大阪の道具商春海敏、昭和三（一九二八）年細川家所有で、同年から七年にかけて小川治兵衛によって作庭されており（文献C、E）、水力使用は昭和五年からなのでその造園中にあたる。さらに同日付で、残り〇・二五個は永観堂町の松本泰吉が譲り受け庭園防火用水とした。

塚本所有の下河原町西側の一方の土地は、大正一四（一九二五）年に三菱財閥総帥の岩崎小弥太に売却される（文献E）。その作庭は明治四二年頃から小川治兵衛がとりしきったとされる。つまり作庭そのものは塚本所有時から行われており、水利権も塚本が所有していた。そして土地とともに、塚本邸で使用していた〇・五個×八二・七尺の水利権も同年七月一八日に岩崎に譲渡された。この〇・五個に加え大正二（一九一三）年一〇月二七日より鹿ヶ谷西浦で精米のち金属研磨目的の水車を営んでいた山本力三郎の一個が大正一四（一九二〇）年一一月一六日に譲渡され、計一・五個×八二・七尺の水量で岩崎邸織宝苑（現流響院）の庭園用水が現れることになる。

そして、織宝苑に隣接して南禅寺草川町では、明治三九（一九〇六）年に藤田小太郎（藤田組本家）が、明治四〇（一九〇七）年には増田新治郎から土地を譲渡された染谷寛治（鐘紡重役）が土地を所有する。染谷の土地には、明治二〇（一八八七）年に一部造営されていたが、大正二（一九一三）年地目が宅地となり、さらに造園された（文献E）。この藤田邸、染谷邸の水は二次用水として庭園に引かれていたと考えられる。大正五（一九一六）年一〇月四日にいたって、庭園防火の名目で藤田文（大正一〇年藤田政輔に相続）と染谷寛治にあわせて〇・五個×七九尺の水力使用が許可され、各々洛翠荘とのちの松下真々庵となる。

⑤　桜谷川系

桜谷川系と呼ばれる鹿ヶ谷地域では、大正元（一九一二）年小川睦ノ輔、治兵衛名義で土地が取得され、翌年住友吉左衛門名義となる。大正四（一九一五）年の大正大礼時に有芳園が整備され、九年までに完成した（文献E）。主屋は大正六年に完成する（文献C）。

水力使用権を得るのは大正四年五月七日であり、代理小川治兵衛名で一個×二三・九五尺の水量を許可される。桜谷川系とは尼崎の呼称であるが、台帳の取水口は「第三田養水六号橋上流」とあり、鹿ヶ谷への灌漑用水取水口より引水されたことがわかる[96]。この住友有芳園の庭園用水は、その下流において大正二（一九一三）年八月二四日付で小林卯三郎が「住友使用廃水」を水源として利用、さらにその下流では大正二年八月一五日付許可で湯本善太郎（昭和三〈一九二八〉年大礼時は陸軍主計総監）が「小林使用廃水」を水源とした邸宅を作り、湯本のものは昭和四年範多竜太郎、同五年に坂内義雄（十河《そごう》社長）に譲渡される。この他、下河原町では西松光次郎が大正二年八月二五日より〇・五個×一九・五六尺の水を使用開始し、西松邸を築き、岡崎法勝寺町では若王子橋下流より取水する中井三郎兵衛が明治三四（一九〇二）年六月一四日より水力を使用し居然亭《きょぜんてい》を作る。また東山中学校は昭和一二年より純然たる防火用水として使用している。

（4）　まとめ

明治末期から大正期にかけて形成が始まった京都市南禅寺界隈の邸宅群は、先行研究によれば琵琶湖疏水の出現とその利用目的変化のため、水量を防火の名目で庭園利用できるようになったこと、京都の東山山麓を風致、景勝の地とする行政の意図があったことを背景に、それらが塚本与三次のような不動産業者の土地取得による分譲で実現したとされる。その購入者が当時の財閥のリーダーたちで、彼らの別邸群が集中したこと、大正の大礼や昭和御大典の貴賓の宿泊所として機能したこと、小川治兵衛という近代を代表する庭園師を育んだこと、そして東山大茶会を始め近代「名望家」の文化拠点の役割を果たしたことなどから、都市史的にも多くを語ることのできる地である。

本節はこうした先行研究によって説明されている別邸群や庭園出現の過程を、用水の水力使用権の推移を正確に捉えることにより検証し、同定することを試みた。以下に得られた成果をまとめる。一つの成果として、塚本による土地売買の行為が別邸群の誘致につながったという土地誘導に着目したこれまでの説明に加えて、水利権獲得によって庭園造出が可能となるという視点を得ることができた。

［水利権の性格］

一、この地における水力使用権は、前章で示した灌漑用水のような慣行水利権ではなく、京都市に使用量と料金を申請する契約水利権であった。ただし、資料上明治期にはその契約形態が確立していない。台帳上に明示されている水量もあるが、南禅寺草川町、福地町でみられる形態には寄付金を意味する冥加金や、漏水使用という自由使用あるいは他人名義の水の二次使用と考えられるものがあった。こうしたいわば曖昧な使用形態は、慣行水利権であるゆえに無償で配布しているため、その使用実態がよくわからない灌漑用水のケースと類似しているが、大正期になると契約上の権利として整理されていく。

二、大正期になると水力使用権の契約は明確化され、その使用実態が明確になっていく。台帳上に使用者と使用目的、水量が明記されていくが、目的の多くは「防火用水」とあり、大正期より「庭園・防火」と併用の表記はあるものの、「庭園」単独の用途となるのは稀である。これは、そもそもの琵琶湖疏水の目的中に防火の用はあるが、庭園目的で建設されたのではないためと推察される。京都盆地の水不足を補う、という名目で市民の賦課金を投じた疏水であるため、その目的を庭園、しかも私有地の庭園目的とは公にうたえなかったと考えられる。

［庭園群の創出についての知見］

本節で援用した尼崎の水系図は、現況の水の流れを示したものである。したがって本節で明らかにした明治二四年からの水利権の推移など時間的な経過をおさえた知見は、新出のデータとして示すことができた。以下、個別の水系について述べる。

三、南禅寺下河原町では塚本与三次が土地を取得し、それを野村徳七に一部譲渡、その後下郷伝平、岩崎小弥太と分譲することで別邸群が成立するとされる。水量使用でみると、別地で営んでいた河本の権利が移転し、塚本のものとあわせて上流にまず碧雲荘ができ、その下流に清流亭、織宝苑と庭園が順次出現していく。

四、鹿ヶ谷宮ノ前町、高岸町ではこの形態はさらに明確に示され、上流の邸宅の「使用廃水」を下流の邸宅で契約している。

五、その観点で見れば、「水力使用者台帳」に登録されていない庭園が存在することになるが、これらが京都市と契約していない、とすれば、二次使用水（あるいは漏水扱い）に対しては使用量が賦課されていないとみなせる。

六、こうした個別の水系における特徴を総体として言及すると、表4にまとめた先行研究での別邸群の建物、庭の成立の推定時期について、本節での台帳に基づく調査により実態としての庭園の稼働開始という観点から新知見を与えたことになる。台帳上の記載と先行研究が一致するのは無鄰菴と並河邸、加えて怡園、有芳園で他はほとんど一致しない。何有荘、環翠庵、智水庵は漏水や他人名義の水を使っていたため、台帳上に現れるのが実態成立よりも後年になるのである。このように、契約水利権の側面から見ると、実態の庭園出現の時期とは一致しないのであるが、慣行水利権や漏水使用という契約外の水の使用はある時期まで認められており、そうしたいわば曖昧な形態でも、庭園造出は可能であった。

一方、下河原町は塚本が土地を買占め分譲していく段階で、水利権者が契約をしていく。契約者と水系が明確にわかっているため、水系の上流から水利権を分与し、分けられた先に新しい庭園が出現することが経時的に明確に把握できる。作庭時期との差異は、建築物、庭園、池沼の造作と、それに通水する時期の差と考えられ、水量の契約時期が水をたたえた庭園が完成した時期ととらえることができる。

以上から、本節の結論として都市形成の上での水利権の一側面として次のような特徴を抽出することができる。土地所有の変遷による空間構成を明らかにしていく方法は、それが土地のストックの譲渡・相続による名義変更を基に追跡していくため、同定された空間の拡大や分割という形で表される。これに対して水利権は水のフローに沿った使用権である。そのため、水量の分割もあるが、上流から下流にかけてフローの再利用も権利として認められる。また他所で使用していた権利を移動して使うことも可能である。

本節の事例でみれば、南禅寺下河原町の碧雲荘は、その庭園用水の成立に際して同所に限らず他所の水利権も併せて、複数の権利を集約している。また碧雲荘所有の水利権を、下流に後からできる邸宅群に分割することによって複数の庭園用水が出現する。一方、何有荘の例のように同一敷地内にて認可されている複数の水利権を、用途を異にして申請し、結果的に庭園用水として使用しているところもある。このように慣行水利権のように上流側が常に優先されていく傾向のあるもの[97]とは異なり、契約水利権は台帳上で確認される限り空間を違えても水量や使用権を移動することが可能である。一方で、この疏水の水利用の実態には漏水使用や二次使用など契約から逸脱した水使用が存在することを示唆することができた。

（1）織田直文・玉置伸吾「第一琵琶湖疏水開発における立案要因」『日本建築学会計画系論文集』四二六、一九九一年、一〇一〜一一〇頁。
（2）織田直文・玉置伸吾「第一琵琶湖疏水開発における認可要因」『日本建築学会計画系論文集』四三九、一九九二年、八一〜八九頁。
（3）織田直文・玉置伸吾「第一琵琶湖疏水開発における調整要因」『日本建築学会計画系論文集』四五一、一九九三年、一一七〜一八六頁。
（4）塵海研究会編『北垣国道日記「塵海」』思文閣出版、二〇一〇年。原典は京都府立総合資料館蔵。
（5）京都市参事会『琵琶湖疏水要誌』一八九〇年。
（6）京都市電気局『琵琶湖疏水及水力使用事業』一九四〇年。
（7）同右、別冊附録、疏水回顧座談会速記録、一九四〇年。
（8）小林丈広『明治維新と京都』臨川書店、一九九九年。
（9）小林丈広「都市名望家の形成とその条件――市制特例期京都の政治構造――」『ヒストリア』一四五、一九九四年、二〇〇〜二二六頁。
（10）京都府臨時市部会決議議事録、明治二二年九月一〇日北垣府知事の発言。
（11）鶴田佳子・佐藤圭二「近代京都計画初期における京都市の市街地開発に関する研究」『日本建築学会計画系論文集』四五八、一九九四年、九九〜一〇八頁。
（12）高久嶺之介「琵琶湖疏水をめぐる政治動向再論（上）」『社会科学』六四、二〇〇〇年、九七〜一三四頁。同（下）、六六、二〇〇一年、四一〜八七頁。のちに『近代日本と地域振興――京都府の近代――』（思文閣出版、二〇一一年）

に再録。
(13) 高久嶺之介「琵琶湖疏水工事の時代」前掲注(12)書、一一八～一九三頁。
(14) 前掲注(6)『琵琶湖疏水及水力使用事業』八〇一頁、八〇九～八一〇頁。
(15) 京都電燈株式会社は京都市より蹴上発電所水力電気の供給を受け営業を始め、明治二七年には従来の火力発電を全廃するが、はやくも翌二八年の第四回内国勧業博覧会をきっかけとして電力需要が伸び、二九年には火力併用となる。その後、同二九年の大水害による疏水水力発電の一ヶ月停止で火力の重要性が認識され、同三三年に東九条火力発電所を開設。水力発電も高野川の水利権買収により高野発電所が同三二年に開設し、疏水水力依存からの脱却が図られる。以上、芦高堅作『京都電燈株式会社五十年史』京都電燈株式会社、一九三九年一一月。また京都市営電気事業の統計では、昭和一一年段階で水力約六二〇〇万キロワット、火力約六三五〇万キロワットでほぼ同等の出力となっていた。以上、京都府立総合資料館編『京都府統計史料集』第三巻、京都府、一九七一年。
(16) 白木正俊「琵琶湖疏水建設の目的とその役割についての一考察」『電気評論』五六四、二〇一一年、五三～六四頁。
(17) 三宅宏司『大阪砲兵工廠』日本の技術八、第一法規、一九八九年。明治二六（一八九三）年、大阪市が大阪砲兵工廠に発注した水道鋳鉄管の合格率はわずか六割強程度であり、国産鋳鉄製品は日清戦争の大砲製造技術によって飛躍的に増大した。
(18) 田邊朔郎『京都都市計画第一号　琵琶湖疏水誌』丸善、一九二〇年、一二頁。
(19) 前掲注(6)『琵琶湖疏水及水力使用事業』九四五頁。
(20) 明治二二年京都市測量図、大日本帝国陸地測量部。
(21) 上掲注(12)高久「琵琶湖疏水をめぐる政治動向再論(上)(下)」。
(22) 京都府臨時市部会決議議事録、明治二二年九月一〇日の北垣府知事の発言。
(23) 前掲注(4)「塵海」明治二二年漫録に「新市区ノ区画ノ如キハ先ツ其要路区画ヲ確定シ順次要路ヨリ着手スヘシ」（三二五頁）とあるように鴨東に特定したものではなく京都市全体についての一般論で具体的路線には言及していない。
(24) 前掲注(9)小林論文、二〇〇～二二六頁。注(12・13)の高久もこの論文を引用して論じている。
(25) 京都市『京都市政史』第一巻、二〇〇九年、三二頁、小林丈広執筆分。

(26)　同右、九九頁、秋元せき執筆分。
(27)　大正四年大礼記念京都近傍図（京都市史編さん委員会編『地図にみる京都の歴史』一九七六年所収）。
(28)　前掲注(6)『琵琶湖疏水及水力使用事業』九九頁。
(29)　京都新聞社編集『琵琶湖疏水の一〇〇年』叙述編（京都市水道局、一九九〇年）一六五頁にはこの記述を意訳し、「将来、都市計画によって整備する計画があるので、いまここで斜めの運河は好ましくない」と書き、「疏水の開通を機に市街地として開発する構想を描いていた」とする。また田中尚人・川崎雅史「琵琶湖疏水舟運と都市形成に関する研究」（『土木計画学研究講演集』二二（一）、一九九九年、二七九～二八二頁）には、坂本の斜行案を「最短の斜行線を建議した」としているが、そのような記述は原典にはなく、その解釈は妥当ではない。原典（前掲注28書）には「形の斜行線、とある。
(30)　日出新聞、明治二一年六月一一日。京都府立総合資料館編『京都府市町村合併史』一九六八年、五三二頁。
(31)　京都府臨時市部会において道路幅を縮小する意見に対し、北垣府知事は幅員を広くとるのは、電話、上下水道を敷設することも考えられるからだと答えている。
(32)　京都市電気局『琵琶湖疏水及水力使用事業』九四四頁、市街劃定ノ儀ニ付伺、明治二二年三月立案。
(33)　同右、六四〇頁、水力配置方法報告書。
(34)　田邊朔郎「渡米日記」明治二一年～明治二二年。
(35)　京都府臨時市部会議事録、明治二二年九月一〇日　番外属　多田の答弁。
(36)　前掲注(6)『琵琶湖疏水及水力使用事業』二〇六頁。
(37)　同右、七五頁。
(38)　同右、別冊　疏水回顧座談会速記録。
(39)　前掲注(18)田邊書。
(40)　前掲注(6)『琵琶湖疏水及水力使用事業』四七頁。
(41)　前掲注(29)『琵琶湖疏水の一〇〇年』叙述編、表1-11。
(42)　前掲注(6)『琵琶湖疏水及水力使用事業』二一一頁。

(43) 前掲注(5)『琵琶湖疏水要誌』明治二三年四月一日、三七五頁。
(44) 同右、三七四頁。
(45) 同右、一三七頁。
(46) 前掲注(18)田邊書、二七頁。
(47) 前掲注(6)『琵琶湖疏水及水力使用事業』四一六頁。
(48) 前掲注(18)田邊書、六五頁、前掲註(7)「疏水回顧座談会速記録」一五頁。
(49) 南禅寺水路閣は亀山天皇陵をトンネルで貫く計画への宮内省のクレームに対し境内を水道橋で通したもので、小原益知により設計された。その工費一四、六二七円は総工費の一％強で高くついたとされるが、第一隧道（長等山トンネル）は一メートル当たり一七九円、水路閣は一五七円なのでトンネルとほぼ同等か安い工費であった。前掲注(18)田邊書、四五頁。前掲注(29)『琵琶湖疏水の一〇〇年』資料編、一九九頁。
(50) 京都市蔵の下記の図面を用いた：琵琶湖疏水分線路第四隧道南口ヨリ字香宮山及ヒ南禅寺官山南禅寺境内南禅寺町字寺之内、琵琶湖疏水分線路上京区鹿ヶ谷字若王寺官林ヨリ同字山田迄及南禅寺町字北之坊浄土寺町字山之下平面実測図、琵琶湖疏水分線路白川村字久保田ヨリ田中村字北高原迄平面実測図、琵琶湖疏水分線路白川村字久保田ヨリ田中村字北高原迄平面実測図、琵琶湖疏水分線路修学院村大字一乗寺ヨリ田中村嵯峨屋地迄平面実測図、琵琶湖疏水分線路松ヶ崎村字小竹藪ヨリ下鴨村字北溝迄平面図、琵琶湖疏水分線路下鴨村小字猪尻及鴨川鞍馬口村ヲ経テ上賀茂村大字小山小字総柏迄平面実測図、琵琶湖疏水分線路上賀茂村大字小山ヨリ大宮村字宮之俊迄平面実測図、琵琶湖疏水本線路第三隧道西口ヨリ南禅寺舟溜迄平面実測図、琵琶湖疏水本線路南禅寺舟溜ヨリ二条通迄平面実測図、琵琶湖疏水本線路二条通ヨリ鴨川東岸迄平面実測図、一八九一年五月調製。
(51) 疏水用地台帳、明治二三年、京都府立総合資料館文書、明二三—五七、五八、五九。
(52) 『琵琶湖疏水及水力使用事業』一四〇頁。
(53) 岡山大学大学院環境学研究科大久保賢治博士（水理学）の試算。河床勾配、粗度係数、流量は仮定であるが、直線線路と曲折線路の差を比較した結果、マニングの平均流速公式により同条件ならば、北向線路で一旦流速は約三割減少する。また単純に Navie-Stokes 式を定常状態とした簡略形で流速＝流量／断面積とすれば、船溜設置により断面積は極大になるため、流速は僅少となる。
(54) 小野芳朗・西寺秀・中嶋節子「琵琶湖疏水建設に関わる鴨東線路と土地取得の実態」『日本建築学会計画系論文集』七七（六七六）、二〇一二年、一五一三～一五二〇頁。本章第二節参照。
(55) 前掲注(29)『琵琶湖疏水の一〇〇年』資料編、三九頁。
(56) その位置は永観堂の北脇から鹿ヶ谷高岸集落付近――おそらくはその南側――を、東から西へと白川の谷筋に向かい階段状に切りきざんで設けられようとした、と推定している。末尾至行「京都の水車――琵琶湖疏水事業との関連における――」『歴史地理学紀要』二二、一九八〇年、一四九～一六八頁。
(57) 末尾至行「京都盆地における水力利用パターンの変遷」『歴史地理学紀要』三一、一九八九年、二一～四九頁。
(58) 前掲注(29)『琵琶湖疏水の一〇〇年』資料編、叙述編。高久は注(13)論文の中で、「これまでの先行研究を踏まえて最も包括的な書である」といっているが、内容には既存の刊行書にないデータが断片的に掲載されており、その根拠史料が書かれていないため、資料評価が不可能である。
(59) 京都府勧業諮問会『琵琶湖疏水全誌』巻之二、起功趣意書其四精米水車中、一八八八年。
(60) 京都市「予算書水利事業費」明治三〇年度、「予算書水利事業費」明治三一、三三、三三年度、「予算書水利事業費」明治三四年度、「予算書水利事業費」明治三五年度、「予算書水利事業費」明治三六年度。
(61) 京都市「水力使用者台帳」明治二四年から二八年、「水力運河ニ関スル願書綴」大正二年度、「運河水力ニ関スル届書綴」大正二年度、「水力運河ニ関スル雑書類」大正二から四年度、「水力運河ニ関スル届書綴」大正三年度、「運河水力ニ関スル願書綴」大正三年度、「運河水力ニ関スル願書綴」大正五年度、「運河水力ニ関スル届書綴」大正五年度、「水力使用者台帳」大正五年以降、「水力運河ニ関スル届書」大正六年度、「水力・運河ニ関スル届書綴」大正七年度、「水力使用ニ関スル書類」大正八年度、「水力使用ニ関スル書類」大正九、一〇、一一年度、「水力使用願書綴」大正一〇年度、「水力使用ニ関スル綴」大正一二・一三・一四年度、「水力使用一件」大正一五年度、「疏水水力使用一件」昭和二・三年度、「疏水水力使用一件」昭和四・五年度、「疏水水力使用一件」昭和六年度、「水力使用一件」昭和七年度、「水力使用一件」昭和八・九年度、「運河使用一件」昭和八年から一〇年度、「疏水水力使用願」昭和一〇・一一年度、「水力使用者台帳」昭和一〇年度、「水力使用一件」昭和一二年度、「水力使用一件」昭和一三から一七年度、「疏水関係書類」昭和一四年。
(62) 京都市地方法務局「閉鎖登記」聖護院町蓮華蔵、東寺領。
(63) 京都市「琵琶湖疏水本線路二条通ヨリ鴨川東岸迄平面実測図」明治二四年。
(64) 京都市「疏水本線路貸下地個別所謂図」自南禅寺橋至鴨川、明治末年から大正初期か。
(65) 前掲注(29)『琵琶湖疏水の一〇〇年』叙述編、二五九頁。
(66) 同右、二六一頁。
(67) 京都市「水力運河ニ関スル雑書類」大正二から四年度、「運河水力ニ関スル届書綴」大正二年度。大正二年三月三〇日付で京近曳舟株式会社専務取締役大塚栄治の名で疏水運河渡船二〇隻の修繕落成届がある。また同四年には同会社専務取締役谷口文治郎の名で同様の届けがある。
(68) 京都市「水力運河ニ関スル願出綴」大正二年。
(69) 前掲注(29)『琵琶湖疏水の一〇〇年』資料編、二九頁、舟運の興亡の項目。
(70) 京都市「明治四四～大正四年疏水運河輸送物資及昇降船幷ニ渡航船乗客調書」。
(71) 京都市電気局工務課員大津詰所「昭和七年疏水運河昇降船幷貨物其他調査報告」二、自大正五年度至昭和七年度疏水運河昇降渡船舩数調。
(72) 前掲注(71)の調査報告中、六、全疏水運河下り物資調。
(73) 前掲注(12)高久「琵琶湖疏水をめぐる政治動向再論(下)」。政府系の公民会の議員が経営者の京都電燈会社が、独占的に水力発電営業権を得ようとしたことに対する、民党系の平安協同会の反対とそれによる京都市直営への決着や、鴨川運河（夷川―伏見間）開削にともなう費用負担の確執が指摘されている。
(74) 前掲注(56)末尾論文。
(75) 小野芳朗「近代御所用水の成立――琵琶湖疏水の効用とその限界――」『建築史学』六〇、二〇一三年、二七～五七頁。本書第Ⅰ部第一章。
(76) 尼崎博正「南禅寺界隈疏水園池群の水系」『瓜生』七、一九八四年、六一～七七頁。
(77) 矢ケ崎善太郎「京都東山の近代と数寄空間」『日本歴史』七五二、二〇一一年、一五一～一五四頁。

(78)尼崎博正『七代目小川治兵衛』ミネルヴァ書房、二〇一二年。
(79)前掲注(59)『琵琶湖疏水全誌』。前掲注(5)『琵琶湖疏水要誌』。田邊朔郎「京都都市計画第一号」前掲注(18)『琵琶湖疏水誌』。前掲注(6)『琵琶湖疏水及水力使用事業』。前掲注(12)高久「琵琶湖疏水をめぐる政治動向再論(上)(下)」。前掲注(13)高久論文。斉藤尚久「明治期における琵琶湖疏水の運輸状況」、『同志社大学商学部創立三十周年記念論文集』、一九八〇年。前掲注(56)末尾論文。前掲注(57)末尾論文。佐々木克「琵琶湖疏水の政治的背景」、『滋賀近代史研究』二号、一九八六年。前掲注(29)『琵琶湖疏水の一〇〇年』資料編。琵琶湖疏水図誌刊行会編『琵琶湖疏水図誌』東洋文化社、一九七八年。
(80)尼崎博正編著『植治の庭』淡交社、一九九〇年。
(81)矢ヶ崎善太郎「南禅寺下河原／京都―近代の京都に花開いた庭園文化と数寄の空間」片木篤他編『近代日本の郊外住宅地』鹿島出版会、二〇〇〇年、二六一～二七六頁。
(82)小野健吉「京都画壇と庭園」『庭園学講座一七　近代数寄者の庭――植治をめぐる人々――』日本庭園・歴史遺産研究センター、二〇一〇年。
(83)尼崎博正『庭石と水の由来――日本庭園の石質と水系――』昭和堂、二〇〇二年。
(84)前掲注(78)尼崎前掲書。
(85)前掲注(76)尼崎論文。
(86)京都市文化市民局・京都造形芸術大学編『岡崎・南禅寺界隈の庭の調査』二〇一二年三月。
(87)前掲注(29)『琵琶湖疏水の一〇〇年』叙述編、三四〇頁。
(88)京都市地方法務局「閉鎖登記」、南禅寺下河原町、草川町、永観堂町。
(89)京都府教育庁指導部文化財保護課編『京都府の近代和風建築』京都府教育委員会、二〇〇九年七月。
(90)明治三〇～三四年南禅寺町字草川の三一一坪九合七勺を二銭／月／坪で山縣家に貸地している。貸地料は他のケースも含め二～五銭。京都市「予算書　水利事業費」明治三〇年度、明治三一・三二・三三年度、明治三四年度。
(91)京都市「運河水力ニ関スル願書綴」大正五年度。水力使用名義変更願

一使用水量五個　一使用落差八拾参尺　一使用場所　京都市南禅寺町字草川九番地
一使用目的　綿糸再製
右従来使用罷在候処今回敷地建物及水力使用権共稲畑勝太郎殿へ売渡候ニ付同人名義ニ変更相来度売渡証相添双方連署
ヲ以テ願上候也　（売渡証は略）
大正五年　月日欠　　京都市上京区南禅寺町字草川九番地ノ一
合資会社錦商会代表者　業務担当社員　小松美一郎　　稲畑勝太郎殿

(92)　京都市「水力使用願書綴」大正一〇年度。

水力使用願
一使用水量壱個　一使用落差八拾二尺七寸　一使用場所　京都市南禅寺町下河原町
一使用目的　防火用ノ為　自大正拾年四月一日至大正拾五年三月三十一日
右ノ通今般水力使用致度御許可ノ上ハ京都市水力使用条例遵守可致候万一条例ノ御改正ニ依リ如何様ノ利害相生ジ候共
御命令ニ従フ可申ハ勿論御指定相成候費用又ハ賠償額等ニ対シ異議申出間敷候条御許可相成度候也。
大正拾年参月三十一日　住所　京都市上京区南禅寺下河原町参拾七番地
新使用人　野村徳七　印
右従来拙者名義ニ有之候処都合ニ依リ前記ノ通リ変更相成度願上候也
京都市上京区南禅寺下河原町四拾参番地
旧使用人　塚本与三次　印

(93)　京都市「疏水水力使用一件」昭和四・五年度。

譲渡證書
京都市左京区鹿ヶ谷高岸町　水力使用　個数弐ケ　落差四十七勺五
許可月日及番号　大正拾五年五月五日付京都市指令第壱七弐六号
分水力使用方ヲ京都市ヨリ認可相承継続使用致シ居リ候処今般貴殿ニ使用権一切ヲ譲渡仕度候付テハ連署名義変更出願
可致　依而譲渡證書如件

昭和五年七月参日
大阪市東区備後町二丁目廿拾壱番地　譲渡人　三竹勝蔵
京都市上京区南禅寺下河原町卅七番地　野村徳七殿

(94) 京都市「疏水水力使用一件」昭和四、五年度。

證明書
大阪市東区備後町弐丁目弐壱番地　譲渡人　三竹勝蔵
右之者拙家執事として現在も勤務致居者ニ有之為に京都市左京区鹿ヶ谷高岸町弐番地土地家屋並に大正拾年五月五日付
京都市指令第壱七弐六号による水力使用御認可に対し都合上名義人と致居者に候　依而一證如件
昭和五年七月二十一日　京都市左京区南禅寺下河原町参七　野村徳七　印
京都市長　土岐嘉平　殿

(95) 京都市「疏水水力使用一件」昭和四・五年度。

譲渡證書
一水力使用ノ位置　京都市左京区鹿ヶ谷高岸町　一同　個数　四分ノ壱個
(中略)
昭和五年参月弐拾弐日
大阪市東区備後町二丁目弐壱番地　譲渡人　三竹勝蔵
下郷　傳平妙　殿

(96) 住友吉左衛門は昭和五年次代が襲名し水利権も継いだ。京都市「疏水水力使用一件」昭和四・五年度。

水力使用者名義変更願
(中略)
右従来亡父吉左衛門名義ヲ以テ使用罷在候処今般家督相続ニ依リ襲名仕候条拙者名義変更相成度戸籍抄本相添此段相願
候也
昭和五年三月二十九日

兵庫県武庫郡住吉村字反高林壱八七六番地ノ壱　住友吉左衛門　印

京都市長　土岐嘉平　殿

(97)　前掲注(75)小野論文では、同じく琵琶湖疏水の灌漑用水・防火用水と御所の庭園用水を論じた。灌漑用水は慣行水利権として疏水により水量が保証され、一方の御所用水は献上という契約の形をとったが、慣行水利権による農村水利が優先し、しかも御所は下流側にあったため、水量確保が困難な場面が継続した。本書第Ⅰ部第一章参照。

第三章　水道インフラ整備

一　コレラ流行と祇園祭

(1)　井戸水の水質

京都市に水道施設ができるのは、明治四五（一九一二）年である。日本の都市の中では早い方ではない。ここでいう水道とは浄水施設と、それを圧力送水する鋳鉄管を有した施設をいう。この衛生上の担保を施した施設が、京都でそれほど早期に導入がはかられなかったのは、飲用としての地下水が豊富にあったからである。

その地下水の水質が近代的な試験法によって測定されたのは、明治三三（一九〇〇）年であった。その調査結果、『京都市上下水道工事市区域拡張道路改良取調書』[1]によって当時の京都市内の井戸水の状況、つまり、水深と水質がわかる。この資料によって、明治末に、水道ができるまでの山紫水明の地といわれた京の都の水の状況を再現することができるのである。

調査では、市内の井戸七三六か所の地表面より水面までの距離が測定されている。測定は比企忠という技術者である。彼の調査したデータを元に、その井戸があった場所の海抜を勘案して、地下水の水位をある程度推計したものが、図1である。京都市内の地下水は北東から南西に向けて流れている。つまり、鴨川の合流点を起点にして、現在の京都御苑の下を抜け、市南西部へ流下していることがわかる。さらに市の北西部には、地下水位の落差の急な地域が存在することが示されている。

同じ白地図上に、地下水の水質のデータを載せてみる。京都府の技師、谷井鋼三郎の調査した井戸水の水質結果である。図2に、その結果を表した。良水、悪水という分類の基準が明らかにされていないが、当時すでにアンモニアや、カメレオン（COD、化学的酸素要求量のことで含有有機物濃度を表わす）を測定できたので、これらの水質指標により、良悪の判定をしたと考えられる。

この図より、良水の井戸の多い地域は市の北東部であり、鴨川の伏流水を直接受けていた地域であることがわ

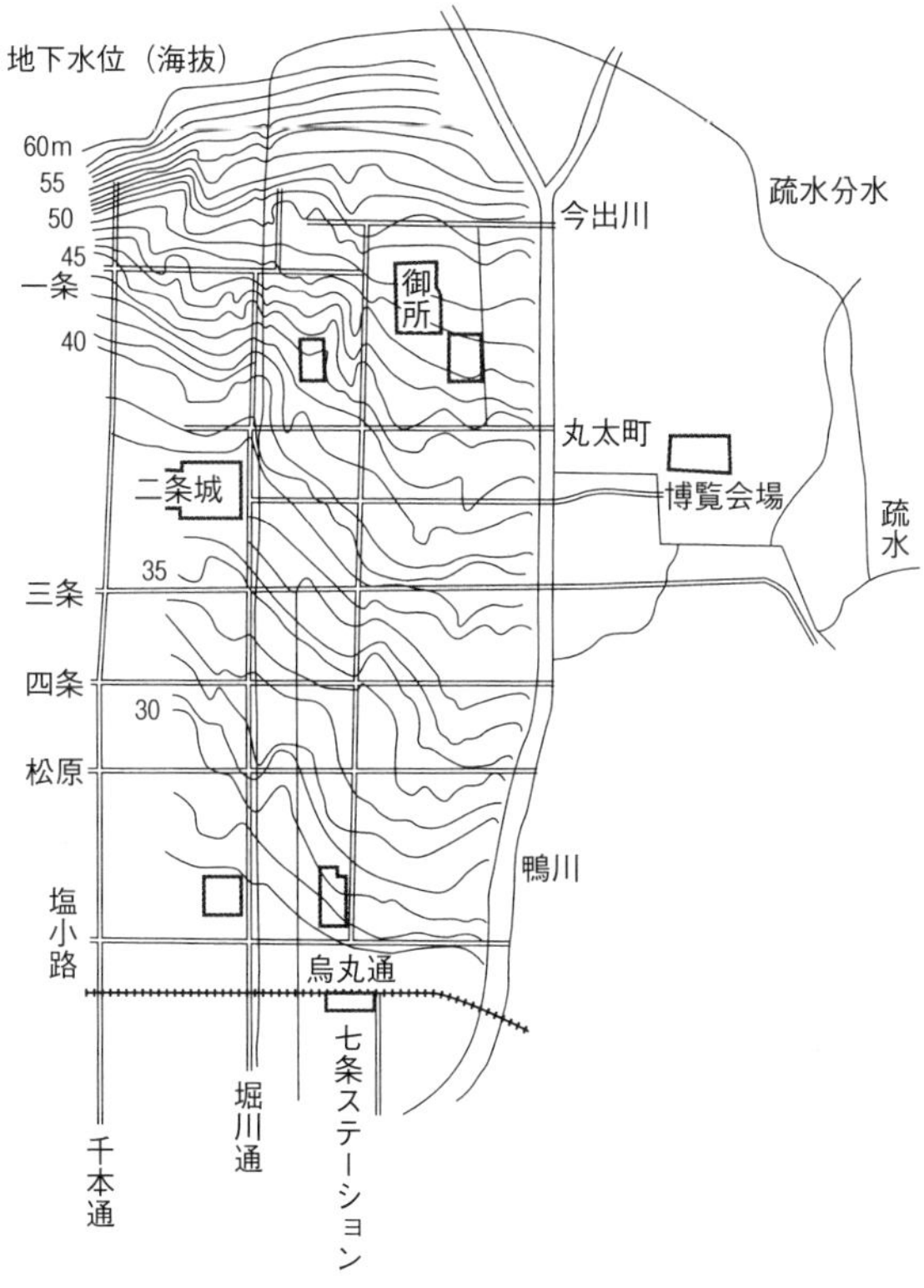

図１　京都市内地下水の水位（比企忠調査データを図化）
出典：小野『水の環境史――「京の名水」はなぜ失われたか――』（PHP 新書、2001年）

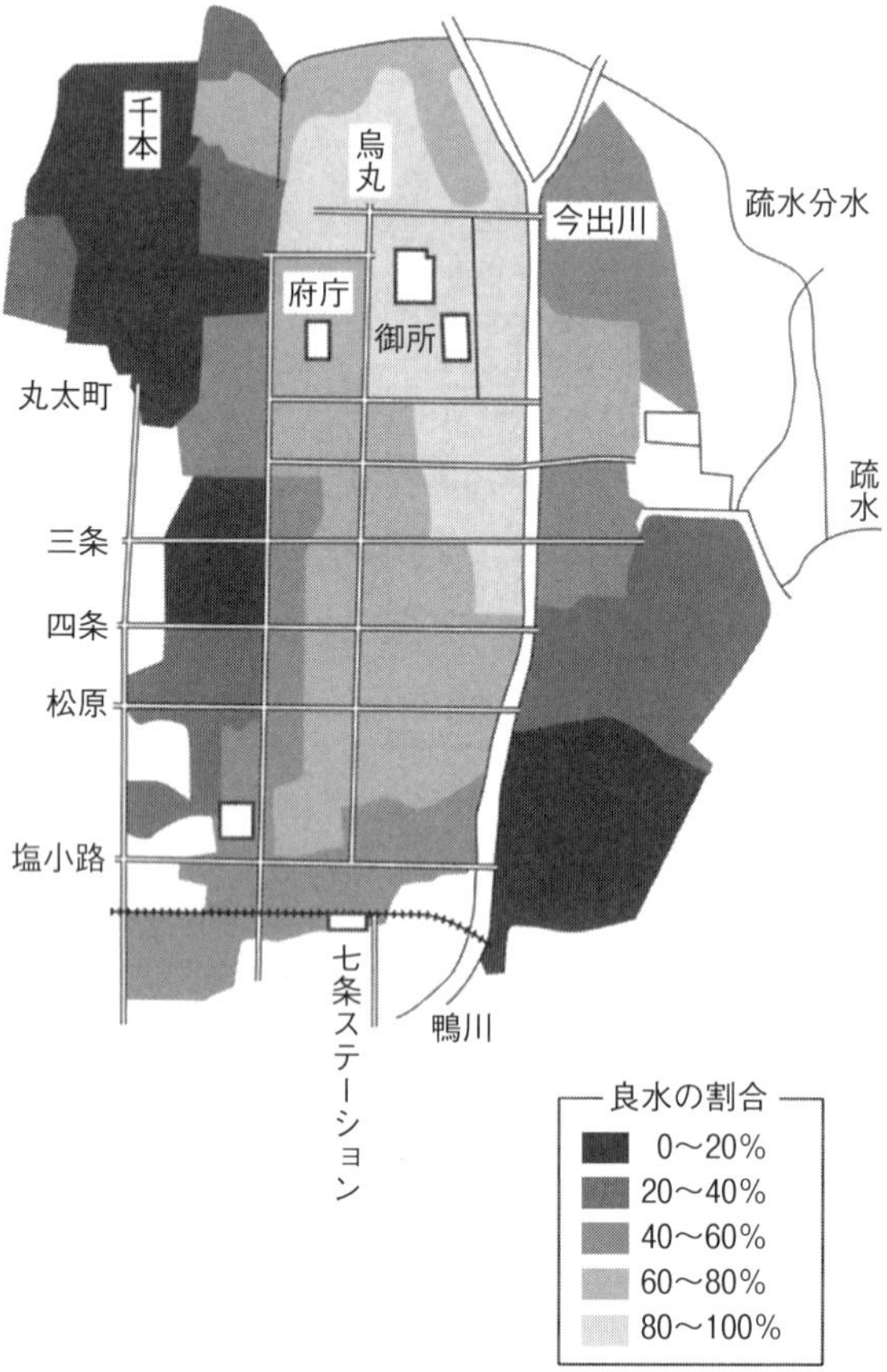

図２　京都市内地下水の水質（谷井鋼三郎調査データを図化）
出典：同前

かる。さらにいえば、この地域は、浅井戸つまり水面まで地下七メートルくらいの井戸で、かつ水質が良い、ということになる。そしてそうした良水が得られる地域に御所があった。天皇や公家の住む地域と、それらに出入りする町人たちの比較的裕福な街が地上にあったのである。逆に、市の南東部や、北東部の水質は悪く、しかも深井戸である。こうした地域は下町であり、水の利と質によって階層の棲み分けが行われたかのような状況を呈している。

そもそも、平安京は現在の市域よりかなり西に位置していた。その設計はいわゆる風水学によるものとされ、船岡山を北の中心において街づくりがなされた。現在の千本通の位置が、朱雀大路であったとされるから、水質の悪い地域、かつ深井戸で水の便の悪い地域が中心であった。それを嫌うかのように、時代とともに街が東に移動してきたと考えられる。地下水水質の良好な地域に都の人びとが住みついた、ともみることができる。

つまり、京都の明治の水の状況は、鴨川の西側、御所近辺は伏流水のために、水質も良い水が砂地で濾過され、浅井戸によって簡単に入手できた。自然、地表には中心街が建てられる。一方、市のはずれ、北西部、西部（千本通り）は地下水脈が深く、深井戸で粘土質を貫き、吹き出した水を井戸側《いどがわ》のない井戸に貯めて飲用にしていた。汚水の混入も比較的容易で、それが水質悪化の原因となっている。

（2）博覧会と祇園祭

①　博覧会

前記のように井戸水水質を測定し、衛生上の対策のためのデータを集めるきっかけとなったのが、明治二八（一八九五）年の博覧会である。

明治二八年、京都で第四回内国勧業博覧会が開催される。

この開催を危ぶむ声が衛生、とくに消化器系伝染病の流行の防御に力を尽くしていた大日本私立衛生会からあがる。大日本私立衛生会とは、明治一六（一八八三）年、当時内務省衛生局長を務めた長与専斎《ながよせんさい》の作った衛生・防疫に関する啓蒙機関である。

消化器系伝染病は食物や飲料水から伝染した。とくに下水道の未整備を原因として、患者の排泄物が飲料水源や食物中に混入することによって伝染した。そのなかでも最も危険なものはコレラであった。また赤痢、腸チフス等もしばしば流行した。これらの原因が細菌であることが解明されつつあった時期のことである。特効薬はいまだ開発されていなかった。感染はただちに命にかかわることであった。

『大日本私立衛生会雑誌』の明治二八年前後の記事をたどっていくと、この京都の内国勧業博覧会は、衛生上危険なのではないか、と指摘されている。なぜなら、それに先立つ明治二六、二七年の両年は京都府下で赤痢が大流行したからである。加えて、当時日清戦争の最中であったことも理由にあげている。戦争の現場では伝染病が発生しやすい。病気は帰還兵が持ち帰る。実際、明治一〇（一八七七）年の西南戦争時、海外から伝染したコレラ菌に兵隊が感染し、戦争終結と共に全国的な流行を見た。

日清戦争の帰還兵のもちかえる病原菌を水際で防ぐ対策として、内務省衛生局は後藤新平を長官に広島の似島《にのしま》に検疫所を作り、防疫作業を展開した。明治二八年の博覧会開催は、このような騒然とした状況下で始まった。博覧会には一般の観覧者が数多く参加する。人の集中、それは伝染病流行の温床となる。その上、同年秋には奠都千百年紀年祭が予定されていた。

明治二七年四月、京都市祇園花見小路の祇園館で大日本私立衛生会の第一二次総会が開かれた。陸軍軍医総監石黒忠悳は「赤痢病流行の注意」と題する演説を行っている。彼は「博覧会、奠都祭に際し、衛生組合の組織化、清潔法の施行、予防消毒の器械薬品を備え、避病院を準備」する旨を強調し、さらに赤痢病の費用概算を患者一人当たり六円三五銭三厘と計算している。ただしその内訳は、患者負担が三円五〇銭で、残りを地方税、市町村税でまかなうというものである。明治二六年の赤痢病患者は一六万七六四五人。したがって経費は一〇六万五〇四八円と多額になる。

私立衛生会副会頭の長与専斎が強調したのは、国民への衛生思想の普及であった。それは今日の日本の感覚でいう、国民ひとりひとりの生きる権利を保証するというものとは異なる。当時の衛生の普及は、世界と競争できる日本人たること、そして伝染病のないことが文明国であるという国家的目標の中で設定された衛生普及の政策であり、運動であった。一方博覧会も文明国家としてのイベントであった。物の集積と情報のるつぼ、それを主催することが文明国家の証であった。博覧会というきらびやかな場と伝染病の回避という衛生は、近代文明国家の表と裏の象徴であった。

しかし、危惧されたとおり、また似島検疫所の設置にもかかわらず、伝染病の国内侵入の報が伝わる。明治二八年三月、当時の京都府の訓令には、左記のようにある。

福岡県下門司町ニオイテ本月八日ヨリ十八名ノ虎列刺患者ヲ発シ死者十名ニ及ヒ一時蔓延ノ兆ヲ顕シタリトノ報ニ接セリ。京都市ニ於テ第四回内国勧業博覧会ノ開設奠都紀念祭ノ挙行アリテ実ニ本市ハ人衆輻輳ノ中心ニ当リ都市ノ交通亦非常ノ頻繁ヲ加ヘ若シ一朝他府県下ニ於テ悪疫蔓延スルノ場合ニ際会セハ府下全管通シテ多少ノ侵襲ノ蒙ルハ免ルヘカラサル(2)

九州へのコレラ上陸の第一報が伝わったのは三月で博覧会の開催まで一か月もない時点であった。そして、その四月、日清戦争が終結し、帰還兵の受け入れが始まる。先の京都府の訓令ではこうした状況への危惧にも言及していた。

占領地其他ニ於テ虎列刺病ヲ発生之漸ク蔓延セントスルノ景況アリ若他日征清軍凱旋ニ際シ之カ為メ病毒ヲ媒介散布若クハ内国ノ病毒ニシテ帰朝ノ軍人等ニ伝及スルノ不幸ヲ見ル(3)（後略）

戦時下におけるコレラの流行とその国内への持ち込みの可能性が高まってきたのである。伝染病侵入の報に、奠都千百年紀年祭と内国勧業博覧会に備えて内務省衛生局や、京都府などの行政機関が対応する。

明治二八年の『大日本私立衛生会雑誌』に、当時の内務省衛生局保健課長であった柳下士興の「博覧会開会に関する衛生準備施行要略(4)」と題した文がある。

衛生事業が進歩する原因としては二つある。一つは、一般社会の人文（生活水準）が発達するにしたがって、各人の衛生思想が進歩すること。二つめは、特殊な事情によりその利益上、衛生制度・設備が必要となるものである。京都の場合の特殊事情とは博覧会の開催である。必然的に衛生を整備しなくてはならず、このことが近代都市としての京都そのものの衛生の整備につながるというのである。

その具体策とは組織面では、衛生専務巡査、臨時衛生委員、避病院、市医を設置すること、そして消毒・清潔対策として、市街の溝渠の浚渫、諸河川の掃除、街厠（公衆便所）の設置、塵芥の採取、屎尿運搬時間の制限、街路の撒水などがあげられている。さらに衛生教育として通俗衛生談話会の挙行、宿屋、料理屋、飲食店等の営業者への諭示、消毒法の講習をあげている。同年、博覧会開催に関連する衛生上の費用の試算は、街厠の設置に約六九〇〇円、溝渠浚渫費に約三九〇〇円をはじめとして総額三万三九三〇円五〇銭四厘を計上している。

このような内務省の意図を反映して京都府は次のような衛生措置をとる。当時、地方行政事務における衛生事務の管轄は、明治二六（一八九三）年には警察部保安課に、同二八（一八九五）年には警察部衛生課へ移管され、警察力のもとにあった。博覧会開催年の明治二八年の京都府における衛生事務を、京都府に残る行政文書にあがっている項目から示す。

一月　四日　警察部内に衛生課を設置
一月二五日　伝染病簡易消毒法を制定
二月　五日　飲食物に覆蓋を為すべきこと
紀年祭、博覧会予防のため京都市部警察署、上下京区役所での塵芥の採取、便所下水の掃除に一層注意すること
三月一三日　町中の屎尿運搬時間を早朝に改正
三月二五日　福岡県下門司町に患者発生の報あり

四月　一日　聚楽病院（隔離病院）開設
四月一三日　金州および澎湖島にコレラ発生の報あり
四月一七日　赤痢病予防法の制定
四月一九日　臨時検疫部を府庁内に設置
四月二八日　七条停車場（京都駅）にて汽車の、蹴上船着き場にて船舶の検疫開始
五月一二日　コレラ病予防消毒法執行心得の制定
七月一〇日　官国弊社の私祭の禁止
八月一一日　日吉病院（隔離病院）開設
八月一七日　演劇寄席諸興行場に群集が集まることを禁止
八月一七日　切り売りの西瓜・甘瓜・梨、水、砂糖水を混和した氷の飲食禁止
八月二六日　市内公私立学校休業

府庁内の臨時検疫部の事務範囲は以下の規定によった。

一　虎列剌赤痢ペスト病の予防消毒の検疫
二　虎列剌伝染病の予防消毒の監督
三　吐瀉病に関すること
四　清潔法に関すること

警察は伝染病の監視、予防、消毒を掌握し、かつ伝染病と認定されない吐瀉病についても取締りの権限を与えられた。臨時検疫部は五条警察署、塩小路派出所内に設置された。検疫所は現在のＪＲ京都駅である七条停車場、そして琵琶湖疏水の京都の着水点である蹴上船着き場に置かれた。

さて、かつて畑の作物の肥料は人糞であった。この有機物は都市において大量に発生し、そして畑作物にとって有価なものであった。町から屎尿等の汚染物は有価物として近郊農村に還元され、それは衛生上も資源循環の観点からも合理的なものであった。

三月一三日、府令第二八号により屎尿運搬時間が制限される。

京都市街ニ於テ屎尿ヲ運搬スル時間ハ午前零時同八時迄ノ間ニ限ル、違フ者ハ一日ノ拘留ニ処シ、拾銭以上壱円以下ノ科料ニ処ス(5)

当時京都市近郊の農民は、一日に何度か市街へ入り、町屋の屎尿を回収して肥料として持ち帰り、交換に農作物あるいは現金を払うシステムがあった。当然のことながら、農民の担ぐ肥桶は昼間市街を往復する。この屎尿の運搬に対して京都で最初に制限が加えられたのは、明治五（一八七二）年、京都に初めて外国人が入京できるようになった年である。それは、「人民の滋養を害するものに付糞尿並悪水汲除持運び暁天日の出一字《ママ》前に限る(6)」というものである。明治四（一八七一）年以来、博覧会を京都内で催し、産業振興と観光客の誘致をかかげる都市の体裁を、屎尿や下水の運搬は崩すというものだ。だから夜明け前一時間の間にやれ、という。

こうした禁止令は、コレラ流行年の明治二八年の第四回内国勧業博覧会・奠都紀年祭のときにも出され、それは遵守されたようである。しかし一連のイベントが終わった同年一一月一日に京都府に対し近郊の農民から制限解除の嘆願書が出されている。嘆願書は葛野郡嵯峨村、愛宕郡修学院村、岩倉村、上賀茂村、白川村、下乙訓郡（それぞれ現・京都市右京区嵯峨、左京区修学院、岩倉、上賀茂、北白川、向日市）の農民等によるものであり、このたびの運搬制限の主旨を悪疫の予防と理解した上で、すでに「時候は秋」で「悪疫は終息」しつつあること、そして「博覧会紀年祭の終了」したことをあげている。さて博覧会場内の衛生上の措置については、会後に出版された事務報告によれば次のようなものであった。

場内の医者は京都市医六名を配し、毎日一名を詰め所に入れた。詰め所の器具類は事務局負担であったが医員の費用、施療器械・薬品はすべて京都市の負担とした。

飲用水は、場内に高さ二六尺の大濾過装置（砂一尺八寸、砂利一尺、栗石二尺を充填した二段濾過）を組みあげ、琵琶湖疏水と井戸水を水源として京都府衛生課で検査の上、使用した。水質検査項目は、濁度、色、酸度、固形物濃度、カメレオン消費量、塩素、アンモニア、亜硝酸、硝酸、石灰濃度であり、こうした項目は今日のものとほぼ変わりない。場内便所は毎日二回の清掃で、時々消毒薬および防臭薬を散布した。当時は地方衛生行政は警察の管轄下にあった。警察は毎朝、場内飲食店の素材を検査した。

東京府及鎮西館は警察の注意をまたず大掃除を為したれば頗る清潔なるも大坂府の売店は概して不潔を極め警官之れを注意するもてんとして顧みざる姿なりと云ふ(7)

また七月の流行の終わりには、場内の寿司屋楽々亭の雇人二宮某が発病し、同店と便所を共用していた両隣の店も五日間の休業を強いられている(8)。そして、悪疫予防に関し、博覧会副総裁代理九鬼隆一の特別声明が、事務官、審査官、出品者らに示された。

一両日以来当市に於けるコレラ病勢頓に加わり患者所在に続発し益々蔓延の兆あり。閉会の期近しき今日悪疫流行の厄に遭はば実に憂慮に堪えず人衆輻輳の処に在りては病害の侵入一層恐るべきものあり。各自深く警戒を加へ厳密なる予防法を講ぜられんことを望む(9)

さらに大日本私立衛生会は日出新聞を通して市民に向けてコレラ予防を警告した。

まず飲食物の注意である。生水・氷水は飲まぬこと、なるべく煮立てた水を用いること。酒は適度に飲むのはよいが、コレラ除けとして強いて飲むのは害あるも益なし。焼酎、ブランデーなど強い酒はやめること。食事はきまった時間に程よい量をとり、蠅に気をつけること。続いて身体の注意では、度々沐浴して清潔にすること、風邪をひかぬこと、医師につくこと等であった。

掃除の注意では、家の内外ともよく掃除すること、庭先に塵芥を積まないこと、塵芥溜は日々掃除し石灰乳（消石灰、水酸化カルシウムの懸濁水、アルカリ性で細菌の活性をおとす）を撒く。床下、下水流し、雪隠にも石灰乳を撒くこと。

交通の注意では、親族たりともコレラ病の出た家に近づかぬこと、人の群集する場所にはなるべく立ち寄らぬこと。病人がでたときは、速やかに医師をむかえ、看病人以外は病人に近づかぬこと。吐瀉物には石灰乳・石炭酸（フェノール二～五％）を散布すること。病人の苦痛を和らげるため芥子粉を温湯に入れて腰もしくは腹部を温めること。医師・検疫官の指図には蔭日向なく従い、なるべく避病院に入れること。

内国勧業博覧会、そして奠都紀年祭は、一過性のイベントであった。こういう祝祭とは違い、祇園祭は京都の下京の町衆の祭である。

② 祇園祭

祭は、町《ちょう》という共同体の持つ祈りの場でもある。祇園祭は、かつて天然痘が流行しその調伏のために、神泉苑のほとりに鉾を建てた、というのが創始のいわれである。京都の町の祭の多くは御霊会が多く、こうした鉾を建てる。それはまた、政治に敗れ、怨みをのんで死んでいった権力者たちの祟りを鎮めるためでもある。祭のある神社の多くは祟り神を封印しているのである。

八坂の祭神が山鉾巡行の後、町に旅してくる。その命を受けた稚児は、町を浄化する。神の代理人である。かれを乗せた鉾をまつる。祇園祭は下京の町衆の資本力に支えられ、鉾は建築物の階上に揚げられ、きらびやかな西陣織で装飾を施し、宵山の祇園囃子の後、町中を引き回されるのである。今日、我々が見る祇園祭とは、七月一日の切符入りから始まり、三一日で終わる一か月の祭のうち、最も華やかな、宵山と山鉾巡行である。

今日祇園祭は観光客にとっての一大イベントであり、京都の祭というと他に無数にあるにも関わらず、第一に祇園祭をあげるくらいの観光資源となっている。いつからこの町衆の祭は、イベントとして認識されるようになっていったのであろうか。実は、博覧会・紀念祭と祇園祭が、伝染病を通して関係を持つにいたり、それが祇園祭の観光資源化に拍車をかけていったようなのである。祇園祭はもともとは天然痘撲滅の祈念祭であったと先に述べた。しかし、明治二八（一八九五）年のコレラの流行が図らずも祇園の町衆を翻弄し、祭が観光資源となっていくことになる。

第四回内国勧業博覧会を京都に誘致することは京都にとって宿願でもあった。内国勧業博覧会は、富国強兵と西洋的な国家の創出とが具現化したものであり、それが東京以外で初めて開催されたのであった。事実、京都では、琵琶湖疏水の開削、水力発電とそれを使った路面電車の開通、紡績工場、道路拡幅計画など、近代都市のインフラストラクチャーの急速な整備が進行しつつあり、勧業こそは京都なれといった雰囲気にあった。そして、二八年の開催が内定すると、奠都紀念祭を合わせて開催する。

同年七月一〇日、京都府令により、すでにコレラ流行の兆しがあるとして、官国弊社私祭および府社以下祭礼等、人民の群集することが禁止される。禁止されたのは、「私祭」である。したがって、町衆の信仰心からなる祭は私祭として禁止される。博覧会は、四月から七月末までが会期である。紀念祭は一〇月に実施予定である。こちらは「公祭」であるから禁止はされない。伝染病の流行の予防に必要なのは群衆が集まらないことであるが、そこには触れていない。私祭だから禁止なのである。

いうまでもなく、七月一〇日というタイミングでの私祭の禁止は、祇園祭をターゲットとしたものである。当初、八坂神社社務所が七月六日に出した広告によれば、七月一〇日神輿洗、一五日鉾の曳き初め、一七日山鉾巡行、同日神幸、二四日山鉾巡行、同日還幸と、「例年之通執行候事」の予定であった。ところが、七月八日府庁において府知事渡辺千秋臨席の下で地方衛生会が開かれた。この席で各神社の祭礼とコレラ病との関係について協議した結果、季候と言い、病勢と言い、夏にかけてコレラ流行が拡大される可能性があるとして、すべての集会・宴会等は控えさせることとした。祇園祭は一〇月に奠都紀年祭が挙行されるので、そこまで延期、との決定がなされた(10)。この一〇月二二日に挙行される奠都紀年祭が、時代ごとの装束に身を固めた人びとの行列であった。この時代行列が、今日の時代祭となっていく。

この決定が七月一〇日府令として示された。地方衛生会における決定に関しては、祇園祭を目前に控えた下京区の委員数名が強く執行説を主張したが、最終的には無記名投票の結果、一〇月に延期が決定された(11)。府令が祇園の各鉾町に伝えられると、すでに建てた鉾を取り壊すのかを巡って議論がおこった。祇園祭の巡行で見られる山鉾は組立式であり、通常は鉾町それぞれの土蔵に収蔵されていて、七月になって組み立てられる。そして、巡行後、ただちに解体される。したがって、既に組上がった山鉾は、巡行の神事を行わない限り解体されることはない。一〇日夜、当年の当番幹事町である放下鉾町に鉾町代表たちが集会して協議が持たれた。

講社より交付せし補助金を始め各鉾町の経費は既に過半を消費なし夫々鉾を建てアリシに、今直ちに取毀つは如何にも残念なれば、昨日より一週間此の儘に差し置き衛生のことは充分に注意をなし、以て祭日を経過したし(12)

右の結論を得て、一一日府庁へ届け出る。つまり、宵山と山鉾巡行が最も人が集まり、飲食も盛んである。これを一〇月に延期することは受認せざるを得ないが、祭りの期間であるこの時期に鉾を解体するのは忍び難く、そのままにして祭日をおとなしく過ごす。巡行のない「居祭」の形としたのである。

氏子の中には、七月一六日宵山の日に、「内祭りと称へ赤飯ナド蒸して親類知己を招くものもある」という。これも、五条・堀川両警察署より禁止の旨、通達されている(13)。延期の損害は、呉服商だけで一〇万円、西洋小間物雑貨商、割烹店、遊郭、氷店等で一〇万円、計二〇万円に上るといわれた。七月一八日の日出新聞は「市内の商況は大頓挫を来して非常の沈静に陥りし」(14)と伝える。一方の内国勧業博覧会は、大盛況であったと報告にある。

一連の騒動が一段落ついた八月、その一六日の晩に例年のごとく、大文字の送り火は点火された。この年は、悪疫撲滅祈禱のため、いっそう綺麗に火を点じられたという。

夏場を過ぎるとコレラ流行も収束し始めた。九月に入り、鉾町では、山鉾巡行を一〇月一七・二四日の両日に執行する計画が出された。一方では、差し止め府令までに祭典費の三分の二を消費してしまったため、今年の執行は中止するという意見も出された。この中止意見に対して日出新聞は、左のような記事を出した。

祇園祭は如何相成るぞ、費用が何うの斯うのとて見合せんと云ふ評判あり、実に驚き入る、是はお定まりの手段にて、費用を強請《ねだる》に過ぎざる可(15)

そして中止とは「氏神の祭礼を廃するは氏子として有るまじき」のみならず、この年は「紀念祭の為め満都装飾の計画のある折柄」なれば一〇月をもって祭礼を行うべし、と書かれている。結局祇園祭は一〇月の奠都紀念祭に歩調を合わせて執行することになった。ただし、山鉾の巡行は中止し「本年に限り居祭と為し各町に飾り付け置くこと」とした。

ついに祇園祭は、みずからを「満都装飾」の一部分として位置付け、博覧会・紀念祭と一連の官製の行事に同調することにしたのである。祇園祭のイベント化といってよい。

さらに事態は一転する。九月二七日にいたり、鉾町は例年通りの形で執行することを決める。つまり、居祭とはせず、一〇月三日神輿洗、一〇日鉾建て、一二日山建て、曳き初め、一四日山鉾巡行、神輿還幸である。この当時、山鉾巡行は二回あった。七月の場合では一七日と二四日である（二〇一四年、この二回の巡行が復活した）。しかし、この明治二八年祇園祭は、一〇月二二日に奠都紀念祭時代行列もあり、経費も少なく、一四日の一日だけに巡行を集中させた。また、巡行の経路を変更し、衣装も鉾の稚児を始め、絽《ろ》の衣装を着るのが通例だが、秋冷のこともあり、裃はやめて羽織袴の扮装とした[16]。

そしてこの蛇行を続けた祇園祭の、京都におけるその位置を象徴する一件が起こる。最終決定の九月二八日、府庁に報告に現れた八坂神社宮司らに会見した渡辺知事は次のように発言した。

　来月は未だ悪疫全滅とも云ひがたく、殊に紀念祭の為め市中大に賑ふべきも、十一月に至れば一時に火の消へたる如く非常の冷況を見るべければ、祇園祭を十一月に執行し、他地方の人々を京都に誘ふて市内の賑ひを来す方得策ならん[17]

観光客誘置のために一一月に実施してくれないかという提案であった。さすがにこの申し出については、鉾町においてすでに決議を終えたことでもあり、また一一月に入れば年末に近づき、人の出もふるわず、稚児の衣装までも冬用に新調を要し、そのために経費がかさむとして八坂神社側は応じず、最終決定通り、一〇月に祭は執行された。

この渡辺発言は、祭というものの近代都市における性格をよく語っている。それはイベントであり、観光資源であり、客寄せのための道具なのである。京都に人びとを引き寄せたい、その思いが内国勧業博覧会の誘致と、紀念祭の開催を思いつかせた。祇園祭もその一装置として使われたのである。

いずれにせよ、第四回内国勧業博覧会と奠都紀念祭は成功した。博覧会場の入場者数を見てみると、会期初頭の四月から五月にかけては一週間に六万から一三万人であるが、季節が夏に向かうと、確かに出足が減速し、六、七月は週約四万人となっている[18]。ただしコレラの大流行の最中でも博覧会は休止することなく続けられた。一方で、都市は清潔であるべし、という近代衛生思想の下、さまざまな行政措置が市民活動を制限した。その最たるものが祇園祭延期の一件であった。

内国勧業博覧会は、殖産興業政策の下での国家的事業であり、誘致した京都府は「皇都東遷あらせられしも千載の精英は今猶存在して山河の美を改めず疇音の精華は今猶存在して工芸美術の妙致を失は」ぬことを誇り、奠都紀年祭とともに開催すれば「海内士人の群集来京」は間違いないと考えた。[19]その紀年祭は、大極殿のミニチュアを建造し（現在の平安神宮）、時代行列では明治維新の装束を先頭に、平安時代から近代へといたり、全体に京都千百年の歴史を強調しつつ、近代京都の復興を意図している。これらはイベントであり、フェスティバルであった。

これに対し、祇園祭は御霊会のひとつとして信仰を集めた行事である。疫病は祟りの現われであった。したがって祭は通過儀礼であり、共同体の安全を祈ることが祭の原点である。しかし、この明治二八年という年は疫病退散の願いの祭は皮肉にも疫病のために中止寸前まで追いつめられてしまう。そして、フェスティバルとして、満都装飾の手段に位置付けられてしまう。そもそも祇園祭そのものが、町衆の祭から観光化への途を辿りつつあったかもしれないが、この年の事件は都市の祭の、祈りという聖的世界から、観光資源という近代的俗物への傾斜を早めたともいえるかもしれない。

二　琵琶湖第二疏水

(1)　上水道か下水道か

上水道が先か、それとも下水道を先に建造すると衛生上効果が得られるのか。この議論の背景には当時の衛生学上の伝染病に関する論争があった。ひとつはドイツ衛生界の重鎮、マックス・フォン・ペッテンコッフェル（Max von Pettenkofer）による伝染病因は、細菌だけではなく、その土地の状態、湿潤状態に起因する、という説である。消化器系伝染病の原因となる細菌がいたとしても、その発生する土地の汚染を防ぐことで予防できる。

つまり、技術的には下水道を建設することに効果があるというものである。

一方、コレラ菌を発見したロベルト・コッホ（Robert Koch）は、病気の原因は細菌であり、この接触こそ唯一の病気の原因であるという感染説をうちだしていた。このことは一九世紀においては細菌学革命とよばれる医学史上の画期的な発見となった。細菌を絶てば病気にはかからない。だから食べ物や水からの感染を防げばいい。こちらはつまり鉄管の水道をつくり、圧力送水することで予防できるということになる。

ペッテンコーヘル派の学理即ち伝染病は地水の昇降に関係し伝染病は単に病原黴菌のみに拠て伝染するものでなく地中に入り一層有毒なる者となりて後伝染するとの学理に拠れば下水が必要である、其に反してロベルト・コッホ氏の学説即ち伝染病は各病原黴菌がありて単に其黴菌に拠り病を起し得るものにして病原菌は多くは飲料水より人に伝搬すとの学説に拠れば上水が必要である[20]

こうしてペッテンコッフェル＝下水道建設、コッホ＝上水道建設という色分けで議論が進められた。両方同時に建設すれば問題はなくなるが、いずれも莫大な建設資金が必要であった。

ぺ派とコ派との学説は各論旨は相反するも帰着する処は一にして上下水ともに必要とするのである。従来衛生工事を起されたる箇処の実例を照すも上下水の中片一方のみでは到底充分の効は収められぬ上水下水とも完成して始めて人工の免疫地となり十分の効を修むる事が出来るのだ[21]

京都においては下水工事の早期着手論が提案される。明治二三（一八九〇）年、下京区長が有志義援金を基金として、下水改良を貧民救済策と位置付け、溝渠の浚渫工事をする等の動きがあった[21]。

明治二八（一八九五）年、京都府属技師の若松雅太郎による下水管敷設の設計計画が公表された[22]。京都市では、下水が各家庭の敷地内にある下水吸込から、花崗岩質の砂礫を通して井戸水に混入し、このことが伝染病流行の原因となっているとし、汚水溝の改造の早期着手を提起している。

また内務省雇技師で、のち帝国大学の衛生工学教授になるスコットランド人、ウィリアム・K・バートン（William K. Burton）は、この年京都に立ち寄り、下水工事の設計調査をした[23]。同年八月に、日出新聞紙上に、「下水工事は如何」という論説が掲載される。

人々下水装置の不完全なることを知る、市街の衛生如何は、一に下水の浚渫および飲水の性質いかんにあること今またここに説くの要なし[24]

京都市参事会の諮問を受けて、臨時土木調査委員会（委員長・大澤善助）が組織され、その上下水道工事、市区域拡張、道路改良に関する取調書が提出されたのは、明治三二（一八九九）年である。この取調書における結論、『臨時土木事業調査ニ係ル答申』には、下水工事を優先着手すべき旨があげられている。

別紙第弐号嘱託委員医学士等ノ意見書ニ徴シテ最モ有力ニ最モ確実ナルモノアルコトヲ認知スルニ足ル（中略）上水改良工事ニ至ツテハ素ヨリ之ヲ改良スルノ必要アリト雖ドモ、斯ハ其意見書ニ示ス如ク学説経験両ヲ未タ一定ノ関係ヲ明ニスルモノナク、且ツ各種ノ比較点ニ於テ下水ヲ後ニシテ先ツ之レガ工事ヲ起スノ有力ナル必要ヲ発見スル能ハス[25]

上水工事はやがては必要である。しかしながら今の京都市の状況をみると、下水工事を優先させることにメリットがある。

日本の都市においては通常上水工事を先に着工してきた。それは上水道を建設することで、水の使用料を市民から徴すれば巨万の富が得られる、という利益性があるからである。コレラなどの伝染病対策に限った理由で建設するのではない。経済効果をも考慮してのことである。しかしながら、京都市の地域性は、利益性のみで考えるべきではない。そもそも京都の人びとが水道料金を払って使うだろうか。払うだけの「水質」の魅力が水道にあるのか。京都には佳良な井戸水が存在する。それよりも、衛生上何が重要であるのかを議論するのであれば、下水道を整備したほうが効果はあがるのではないか。

井水ハ化学上不良トいえドモ、市ノ多数ノ井水ハ肉眼ニテハ非常ノ清水ニシテ且夏時ニ冷ニ冬時ニ暖ニシテ純良ナル水ト異ナル処ナク、井水ハ水道ノ鉄管ヲ通スル水ヨリ普通人ノ喜ふ処ニシテ、殊ニ京都ノ如ク市人ニ水銭ヲ支払フ観念ナク何処ニテモ清浄ナル水ト信スル人民ヲシテ、水道ノ水ヲ徴シテ広ク且経済上利益アルタケ速ニ使用セシメントスルノ難事ナル(26)

先の井戸水の水質調査では、水質の悪い地域もあった。しかしながら、その事実はコレラ流行の疫学的証拠を示すものではない。また市民は、水は無料だと思っている。水道を敷設しても京都市民は購入せず、事業の採算はとれないのではないかという。そして、下水と土地の汚染の因果関係を説き、下水建設の優先、しかも汚水と雨水を分離して収集する分流式集水を提案する。

上水も同時につくるべきとの委員の意見もあった。医学士・斎藤仙也は、京都市でも上水の改良は下水とともに、早期着工すべきである。そしてその水源は琵琶湖に求めるべきだという。

京都府技師の河村注は土地の湿潤化が伝染病の発生につながるというペッテンコッフェル説に従い、下水道早期建設に賛成する。

京都帝国大学理工科大学土木工学科の教官であった二見鏡三郎と大藤高彦は、下水道は自然流下方式であり、汚濁物つまり固形物が管の底に沈殿するため、これらを流すためには構造が複雑になる可能性があると指摘した。これは、円形の管断面ではなく、卵形型の断面で、卵の頭を下にすると、流量が少量でも流速が得られるため、固形物を流すことが容易になることをいっていると考えられる。この工事の難しい下水工事に先ず着手すべきで、これを急ぎ完成させた後、上水工事にとりかかればいいという。そして、集めた下水の放流先として、市の周辺の田や畑の耕作物に肥料として灌漑する方法をとればよいとした。

臨時土木調査委員会の意見は、医者は経口伝染という観点から上水道優先、京都府の技師たちは、環境保全と経済効果の観点から下水道優先、土木工学の専門家は管路敷設の技術的観点から下水道優先、という展開であった。いずれにせよ、下水工事優先の意見が優位を占めていた、といってよいであろう。

（2）京都第二大事業

臨時土木調査委員会と並行して、京都市会でも、下水改良工事が議事にあがる。明治三二（一八九九）年三月、道路改良工事に関して市会で議論される。[27] 鉄道の駅である七条停車場（現・京都駅）より御所まで、天皇が還幸してきた時に通る行幸道として、烏丸通を拡幅する計画の審議がなされた。

市会においてはその計画を下水改良計画とともに審議すべしとの声があがる。なぜならば、下水管を埋めるときには道路の下に幹線を敷く。同時に工事をすれば効率はいい。

ところがこの計画は当事者の下京区民から反対される。同年三月一一日、道路拡張反対演説会が祇園にて開かれた。反対の理由は、衛生上急務の下水改良工事は全住民の利益になるが、道路拡張は全市民から税金を取って、利益があがるのは、拡張にともない土地が騰貴する道路周辺の住民だけなので、いかにも不公平である、というものであった。[28] 実際には、工事負担金について、税のかけ方が上京区三分の一、下京区三分の二で、さらに計画路線は大半が下京区内にあり、その沿道の立ち退きに対する不満であった。[29]

同年一〇月二〇日、先の臨時土木調査委員会取調書が市会に提出されるが、下水工事のみの実施はならず、一〇月二八日、道路改良は下水工事と併せて再調査することが決議された。[30] こうした京都での動きの一方で、政府レベルでの下水工事に関する法令が整備されていく。明治三三（一九〇〇）年三月七日、下水道法が公布された。その第九条で、

市ハ市税ノ別ニ依リ其費用ヲ義務者ヨリ徴収スルコトヲ得[31]

とされ、その費用は受益者負担となる。

京都市会の、明治三三年六月の第六二号議案は土木工事費に関する予算審議で、なかでも道路改良に関することであった。議案中に呈示された道路改良案は、烏丸通を京都市の中心街区として位置付けるものであった。駅のある七条から、御所の入り口の丸太町通まで、車道七間、両側に人道二間五分を設けること。そして幅一尺の下水溝を閉渠にして車道と人道の間、および人道の外側に、上下線計四本設けることとなっていた。そして、丸太町から北、今出川までの御所に沿った道は車道人道の区別はなく、溝は幅七間、両端に三尺幅の溝を備えていた。ただし、御所側、つまり東側の溝は開渠であり、御所の外縁の溝をそのまま使った形となっていた。今日の烏丸通は、京都駅から北上する京都市の幹線道路であり、かつ地下鉄が走る動脈であるが、この形の原型をこの計画に見ることができるのである。

内貴甚三郎市長の本来の意図は、単に行幸道をつくる、というものではなかった。この機に京都の近代化を図る大道路工事を起こすこと、それが内貴の真意であった。この会期中に内貴の案が呈示される[32]。京都の近代化を、市区域拡張をともなう東西三路線、南北三路線の開削と、それにともなう下水道管埋設工事によってすすめようというもので、「京都策二大事業」（京都二大策）とよばれた。

この事業における未来の道路は、東西線は北から鞍馬口通、御池通、七条通、南北線は東から川端通、烏丸通、千本通である。この年の事業としては、烏丸通拡張と、下水改良工事であった。総予算五四〇万四六〇六円で、そのうち三分の一を国庫補助に頼るというものであった。

ここで問題がもちあがる。道路、下水工事に国庫補助のついた前例はないのである。内貴の目論見はこうである。

道路費ニ補助ト云フコトハ前例ナキ由ニテ、又タ上水ニハ例アルモ下水モ其工事費ノ補助ト云フコトハ前例ナキ趣ナレバ、この処デ諸君ニ向ツテこの補助ハ必ズ取レルトハいわんヤ断言スルニ躊躇スルノ感アルモ、併シ既ニ上水事業ニ前例アルニヨリ同一ノ衛生策タル下水事業ニテ補助セズトハ、まさか政府モ云ハザルベシ(32)

こうした内貴の見込みの甘さは結局この計画を葬ることになるのだが、ともかくも道路拡張問題をめぐって市会は紛糾する。内貴案反対の急先鋒は中村栄助議員であった。中村は、当時の京都の新興資本家の一人で、明治二〇（一八八七）年、大澤善助らと京都電灯会社を設立、琵琶湖疏水による水力発電をてがけた。また明治二六（一八九三）年には浜岡光哲らと京都鉄道を設立し、京都―舞鶴間の鉄道事業を興した。府会議員、市会議長、衆議院議員を歴任した。この中村の念頭にあったであろうことは、電気事業に利することと、鉄道事業に関与することであり、これらの事業に優先順位をおきたかったのではあるまいか。都市交通機関としての道路には懐疑的な発言をする。

今ハ道路ノ拡張ト云フガ如キヨリハ市街鉄道ヲ以テ最上ノ機関トスルニ至レリ、而シテ之レニ就テ我京都ノ有様ヲ見ルニ素ヨリ道路ガ広潤ナリトハ云ハザルモ、我国商業ノ中心地ナル大阪ニ比例セバまだまだ余裕アル姿ニ付……(33)

京都は道路にまだ余裕があり、それよりは市街電車を優先させるべきというものである。しかし、その市街電車は道路路面を走っているのであるから道路面積をかなり占めている。それでも、なお京都の道路にはまだ余裕があるというのである。市街電車こそ、京都電灯から電気を供給して動く、当時最新式の交通機関であった。

これに対し、東枝吉兵衛議員は内貴案に賛成である。右の中村の発言に対し、

昨年道路案ヲ廃セシトキ更ニ下水ト相共ニ発案セヨト注文シナガラ、今ニ至ツテ再ビ周章狼狽スル如キハ我

議政機関ノ上ニモ大ナル汚点[33]

と迫る。このことから、中村はともかく道路拡張に傾く京都都市計画に反対であり、だから、下水改良を併せよ、道路は大阪に比べれば広い、などと難詰したらしいこと、またこれらの議論から、下水改良が始めにあったのではなく、道路改良工事の推進とセットで「衛生」工事の下水改良が浮上したことが推察される。

さらに中村らは、内貴の示した京都策二大事業の道路拡張案そのものに反対で、つくるのであれば駅から御所までの行幸道のみでよい。しかも、それは烏丸通ではなく、御所正面になる堺町通とすべきだ、と主張していた[32]。しかも前述のように、下京区民の反発は大きかった。

思惑は錯綜し、内貴の二大策のひとつはついに「経済上」の理由から廃案に追い込まれる。道路拡張案は廃止、下水改良案のみが第六二号議案修正案として残った。そもそも道路改良案が廃止になった時点で、その下に敷設する下水改良も事実上施工不可能となっているが、反対派は、当初は道路改良は衛生工事の下水とセットでと主張し、つぎに市街鉄道こそ交通機関と言い、さらに行幸道以外は反対として、ついに道路案を廃案としたのである。残った衛生工事の予算は三三八万九一二二円、うち市公債七六万円、国庫補助一〇二万一二二四円、市税一六〇万七八九八円であった。あくまで国庫補助を想定していた。

市会のこの決議に対し、京都府衛生会は明治三四（一九〇一）年の論説で、京都市が下水を先に建設することに決めたのは、井戸水が半分不良と判定されても、京都人は京の水は清良であるという考えをもち、事実東京や大阪に比べれば清良であり、上水を下水道に先んじて改良するという議論は起こりにくいのであろう、という[20]。衛生上の視点においてこのように上水よりは下水を先に、という議論が強くあったことに留意したい。しかし、市会での議論は下水の改良よりも、道路改良をめぐる攻防が中心で、セットとなって提出された下水改良案が中途半端に残っただけなのであった。

明治三五（一九〇二）年、大藤高彦は再び下水道工事調査報告書を提出し、下水道の分流式の採用を提案している。雨水と汚水を一つの管に集める合流式は管径が大きく、工事に二〇年から三〇年の時間がかかる。それよりは、汚水管だけでもはやく建設できないかという提案である。また、同年七月二七日には、下水工事を急いで施工してほしいとの件を、京都市連合衛生組合幹事会が市長宛に提出している。

しかしながら、下水改良は事実上、道路工事の廃案で工事の目処はたたない。経費も国庫頼みである。その国庫補助も明治三七（一九〇四）年にいたり、不許可となり、京都策二大事業はまったくの廃案となったのである。

（3）　京都市三大事業

廃案となった京都策二大事業とは別に新たな土木事業が計画されていた。琵琶湖第二疏水開削計画である。発端は明治二八（一八九五）年にある。当時、琵琶湖の唯一の出口である瀬田川にダムを建設するという内務省土木局の瀬田川洗堰計画、さらに宇治川電気による取水計画は、琵琶湖水位の低下を京都市に懸念させた。すでに明治二三年から取水している琵琶湖疏水の水位低下による水量不足を気にしはじめたのである。明治二八年の水利調査では、疏水の壁面をモルタル張りにして漏水を防ぐことで水量を増加させるか、新水路を開削するかの二案が示された[34]。その水量確保の目的は、年々増加する電力量維持のために水力発電の水量を求めることにあった。

明治三二（一八九九）年一一月六日、琵琶湖疏水運河増水願が京都府に提出された（京都市甲第一八〇九号）。この当初案では既設の疏水水路をセメントモルタル張りにして、毎秒二二〇立方尺の増水を図る計画であった。そして、この中で電力目的以外で初めて京都市に上水道を作ること、そのための水源として琵琶湖を考えることがあげられている。

明治三五（一九〇二）年三月二〇日、田邊朔郎による新水路開削願では、毎秒五五〇立方尺の増水を計画している。内訳は五〇〇立方尺を四千馬力の電力源として、残り五〇立方尺を上水源とするものであった。そして同年一〇月二〇日、琵琶湖疏水水路開削願書（京都市乙第四〇一一号）が提出され、新水路建設の目的としては、上水源、下水溝の沈殿物の排除、防火、電力の順に示されている。起工許可は、明治三九年四月四日、毎年発電用水利料一六〇〇〇円を滋賀県に支払うことを条件に、工事費二一四万六三〇六円でおりている。

京都第二大事業は道路と下水道建設がセットであった。一方、三大事業は、下水溝沈殿物の排除や、上水という衛生工事を前面に出しているが、琵琶湖の水量確保に重点があるのは明らかで、しかも目的の中心は電力確保にあったようだ。道路と下水改良の案に強硬に反対した議員が、電力会社や鉄道会社の経営者であったことを考えれば、この二案の対立の影を垣間見ることができる。

琵琶湖疏水の目的は、豊富な水量確保にあると本書では述べてきた。第二疏水も同じ路線にあると考えてよい。そもそも上水道か下水道かの議論をする際、衛生の専門家たちは、病気がどのようにして伝染するのかを争点として議論していた。しかしながら、市会においては実際は、道路か鉄道かが論点であり、そして第二疏水は電力確保のための水源確保の必要性から計画・選定された可能性が高い。折りからの伝染病騒動で計画された京都策二大事業での下水改良の要求は、資本がかかる上に道路拡張という電力会社・鉄道会社に好ましくない事業を招いてしまう。それよりも、上水道建設を推進し、その水源に琵琶湖を想定すれば、水量の確保により、電力量が得られる。上水道建設の方が収益事業となりうるのである。

上水道の効果に関しては、市会でもまだ疑問の声があった[35]。明治三九（一九〇六）年一一月二五日、林長次郎議員は、

元来この上水ヲ使用スレハ使用料ヲ出ササルヘカラス、然ルニ本市ノ如キ東京ヤ大阪トハ事情ヲ異ニスルヲ以テ、ことごとク上水ヲ使用スルコトナカルヘシ

と述べ、また大浦新太郎議員は、

京都ノ井水ハ随分飲料ニ適スルモノ多ク、東京ヤ大阪トハ多ニ趣ヲ異ニセリ

と、京都に上水道を建設しても売れるのか、使う市民はいるのか、疑問視する声が再びあがった。注目したいのは、渡辺昭議員の西郷菊次郎市長への質問とそれへの答弁である。

渡辺議員：京都ノ如キ上水ハ全国中最優等ナルヤニ聞ケトモ、下水道ニ至リテハ構造甚タ不完全ナル（中略）先以テ下水ノ改良ヲ必要ナリト認ム、然ルニ理事者カ上水ヲ先キニセラレタル理由ハ如何ニ

西郷市長：衛生上下水ノ改良モマタ必要ナレトモ、第二疏水事業ノ起工ニ臨ミ工事上ノ都合ニヨリ上水事業ト同時ニ着手スルヲ以テ利益ナリト信ス

この発言によって、第二疏水は、上水という衛生上の理由だけで建設されたものではなく、水量増大計画があったと考える。

上水道工事は、同年一一月二七日、水道布設許可申請書ならびに布設費補助請願書が内務大臣（原敬）宛に提出された。工事総額三〇〇万円、うち国庫補助一〇〇万円、のこりは債権と税金である。(36) もっとも工事費はその後、鴨川運河改築、大津市西部飲料水補給工事、夷川・伏見発電所新設工事を追加し、最終的に四四七万七八〇五円となった。

そして、三大事業は、第二疏水開削、上水道工事、さらに道路改良により現在の京都の骨格となる路線を開くという計画であり、これが明治の終わりに推進されたのである。

疏水ができた明治二三（一八九〇）年当時、電力の供給先は、鴨川以東の新工場地帯に限られ、その主なものは時計製造会社、藤井紡績会社、京都電灯会社であった。その後、数年で工場区域は鴨川以東に限らなくなり、電力は製紙、京都電鉄市街電車、煙草、機織り、精米、製氷、印刷、油、炭団、組みひも、ラムネ等の工業でも

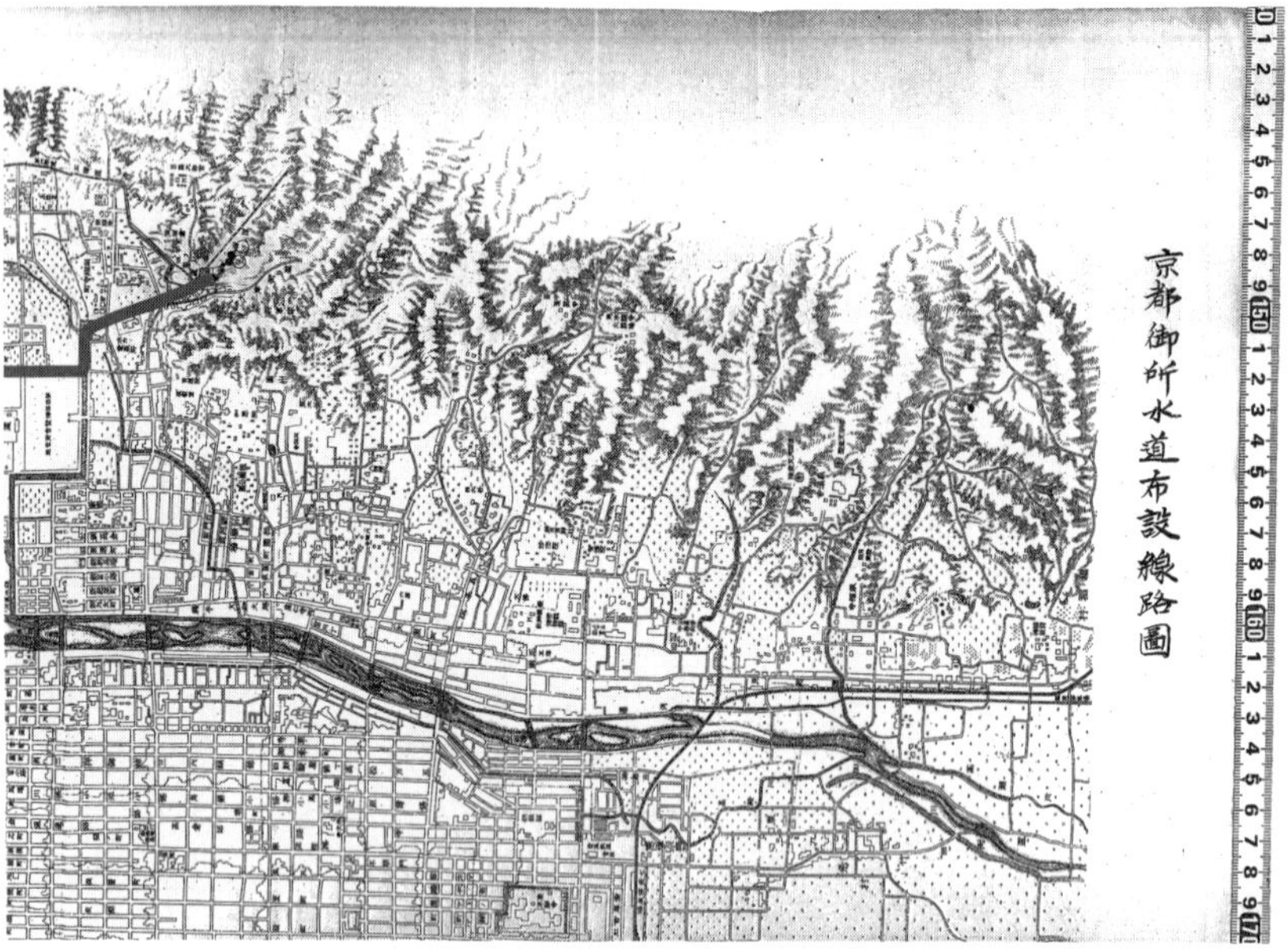

筆して強調／宮内庁宮内公文書館蔵）

使用されるにいたった。明治三三（一九〇〇）年には、ほとんど電力を使用しつくして余力なく、ついには使用権が高価に売買されるにいたったという(37)。

こうしたことから、第二疏水建設による電力増強計画は産業界の要請であり、上水という「衛生」事業は、水力増強のための大義として掲げられたととらえることができるだろう。そして京都市民の飲料水は結果的に疏水を水源とした上水道に一元化していくこととなる。

三　御所水道

第Ⅰ部第一章で述べたように、防火目的の御所用水は、結果的に十分機能したとはいえず、用水からの水を桝に貯留したくらいのもので、火災時の消火では、そこにポンプを入れて汲み上げるか、バケツリレー程度のことしかできなかった。御所の防火体制を根本的に改める計画は、疏水の着水点である蹴上船溜から鉄管による圧力送水で御所

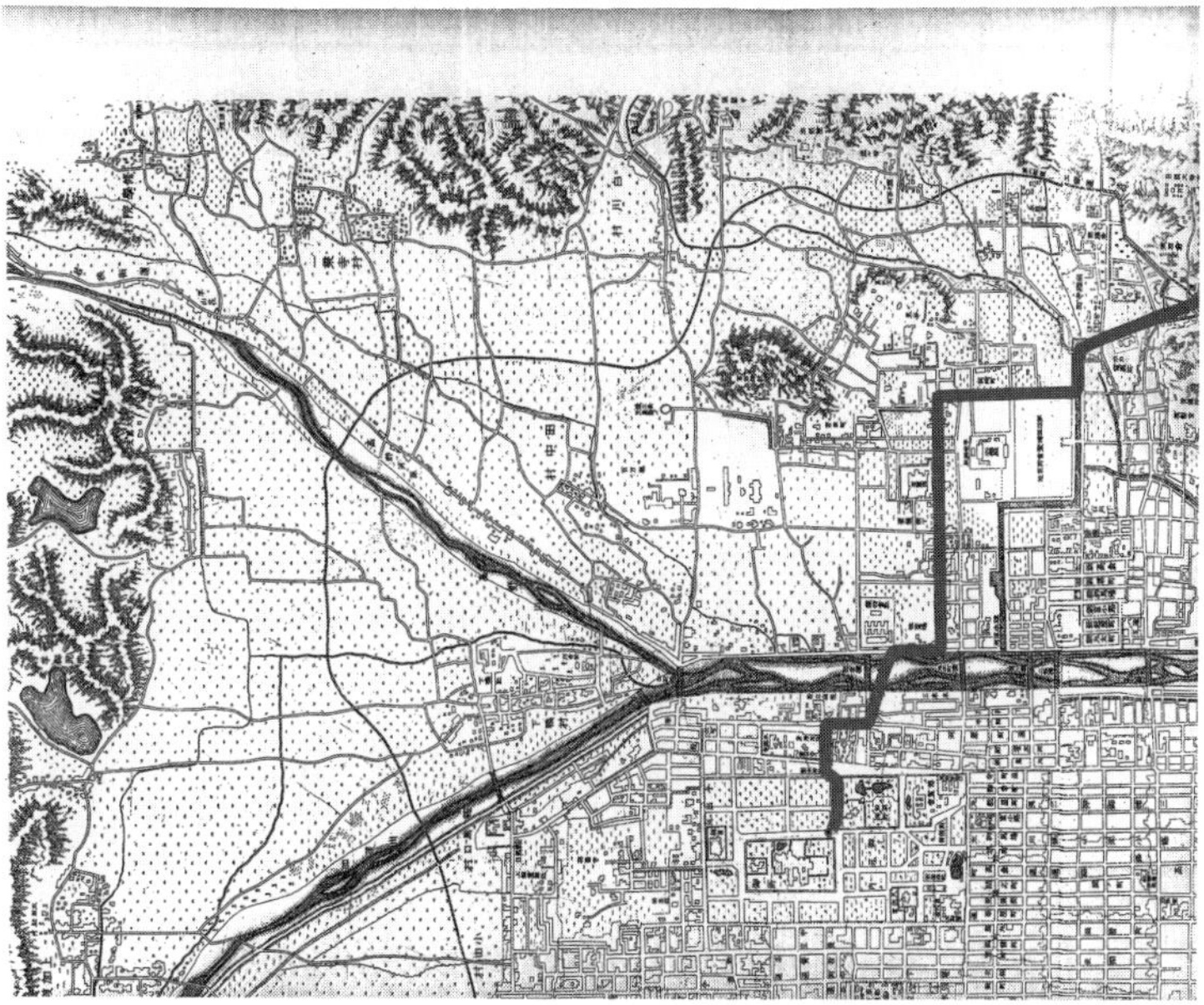

図３　「京都御所水道布設線路図」（『京都御所水道新設工事録』所収図に線路を加

へ直接送水する御所水道の建設であった。それは京都市水道とはまったく別系統で送水された。

なぜ別系統にしたのか。水道の管轄が異なること、つまり宮内省と京都市であること、何よりも目的を完全に違えていることが理由だろう。御所水道は長年の水不足に悩む御所の防火と庭園用水の確保が目的である。京都市水道の目的は衛生、市中防火と電力増強であった。御所用水の工事が終わり、水利権のことで効果が思うように得られないことが早期にわかると、明治三三（一九〇〇）年宮内省内匠頭片山東熊より、京都市参事会宛の工事の願書が出る(38)。それによるとこの計画では、用水を通して、従来一〇立方尺の京都市から提供されていた水量を、鉄管を通したものに変更したいこと、蹴上船溜にポンプを設置し、大日山貯水池に上げること、消火演習と換水のために月二回七時間ポンプを稼働するための電気代の提供、当該地の土地一〇〇坪の利用などが申請されている。

鉄管のルートは蹴上船溜よりインクラインに

沿って下降し、岡崎の慶流橋東で疏水を横断、北上して丸太町通を西進、川端通を北上後、荒神橋手前で斜めに鴨川を横断し、荒神口に接続、その後河原町通を北上後、府立病院正門から広小路を西へ行き、梨木神社前を横切り、清和院御門より御苑敷地に入り、禁裏南東角に接続された（図3）。

明治四三（一九一〇）年七月四日の「京都御所水道工事計画ノ大要」が正規の計画書となる[39]。これによると御所水道の目的は防火、および庭園用水の供給にあり、御所用水の不備を補うもので、京都市水道が鉄管をもって圧力送水を敷設する機会に別途大日山に一〇〇尺の高低差のある貯水池を設け、その水圧により御所まで圧送して目的に資すると書かれている。水量は、明治二三年時の一〇立方尺と変わりはないながら、この京都市水道建設の機会に乗じて、確立したばかりの圧力送水、鋳鉄管送水技術を用いて同時実施されたとみてよい。

御苑内（禁裏、大宮を含む旧公家町）の消火栓は七八個、放水量〇・二九六立方尺毎秒、その水位差は九三〜一〇五尺。大日山より御所までの水道のルートは前記の通りである。

ところで、その大日山は九条家の所有地であった。そこでその借用願が宮内省よりだされる。公爵九条道実宛の内匠頭からの借用願が明治四三年九月九日付でだされ、これに同一六日付で九条家側から了承の回答があった。それゆえ、このポンプ場は九条山ポンプ場とも通称される。

御所水道工事の職制は、内匠頭片山東熊の下、主事がおり、職員として御用掛田邊朔郎に、技師、技手、嘱託が配されていた。御用掛の職は、工事の設計、施工、および試験に関する事項を細大にわたり企画し、主任技師または公務主任に移牒し、その実行の責任を任ずるとあり、実質上工事の中心かつ責任者が田邊であった。

水道管は京都市水道の場合は久保田鉄工製であったが、御所水道は英国からの輸入品を用いた。合計一三六九本が明治四四年三月から輸入されている。配電盤、電動機などはドイツ製を用いた。ハンブルクの港から輸入された。鉄管埋設工事は明治四三年一二月二五日の掘削から始め、建春門より開始し、順次鉄管を敷設し、四四年一二月に鴨川横断工事で完了した。御所内工事は四四年一月に建春門より埋設をはじめ、翌年一月三〇日に全線完成した。水源地の大日山では貯水池二基（メガネ池）が鉄筋コンクリートでつくられるが耐水膠泥を塗り、内装はその上にアスファルトが塗装された。ポンプ場は片山東熊が設計した（図4）。九条家の許可後の明治四三年九月二一日に敷地切り取りがはじまり、翌年五月二五日に建築開始、四五年一月に完成後、三月からポンプ据え付け工事が始まった。

片山東熊より宮内大臣渡辺千秋宛に提出された工事完了の報告が「京都御所水道工事上申」で、明治四五年二月九日通水試験で好結果を得たとある。そして三月二九日、ポンプ試運転で貯水池を満たし、四月一日、御所内

図4　九条山ポンプ場（小野撮影）

消火栓を開き、紫宸殿を水が超越した。御所はこれによりようやく防火体制が完成した。そしてこれら施設の管理は、工事主体であった内匠寮から内苑寮へ同年七月二日に引き継がれるのである。

(1)『京都市上下水道工事市区域拡張道路改良取調書』、京都大学附属図書館蔵。
(2)明治二八年三月、京都府訓令。
(3)同右。
(4)柳下士興「博覧会開会に関する衛生準備施行要略」『大日本私立衛生会雑誌』一四二号、一八九五年。
(5)京都府立総合資料館府庁文書、明二八-六「屎尿運搬時間ノ制限」。
(6)京都府立総合資料館府庁文書、明五-七「府令第一七九号」。
(7)日出新聞、明治二八年七月五日。
(8)日出新聞、明治二八年七月一一日。
(9)日出新聞、明治二八年七月九日。
(10)日出新聞、明治二八年七月一〇日。
(11)日出新聞、明治二八年七月一一日。
(12)日出新聞、明治二八年七月一二日。
(13)日出新聞、明治二八年七月一七日。
(14)日出新聞、明治二八年七月一八日。
(15)日出新聞、明治二八年九月一八日。
(16)日出新聞、明治二八年九月二七日。
(17)同右。
(18)「第四回内国勧業博覧会事務報告」同事務局発行、明治二九年四月二〇日。
(19)「明治二十七年第四回内国勧業博覧会開設の具申」京都府立総合資料館編集『京都府百年の資料・商工編』京都府、

一九七二年。
(20) 京都府衛生会「京都市是と衛生」『公衆衛生』第一四号、一九〇一年八月。
(21) 日出新聞、明治二三年一〇月一〇日。
(22) 日出新聞、明治二八年七月一三日、二七日。
(23) 日出新聞、明治二八年七月一四日。
(24) 日出新聞、明治二八年八月三日。
(25)「京都市上下水道工事市区域拡張道路改良取調書」、臨時土木工事事業ニ係ル答申、明治三三年。
(26) 同右書、谷井鋼三郎、京都市下水工事ノ起工ヲ必要トスルノ意見書。
(27)「京都市会議事録」明治三一年三月二二日。
(28) 日出新聞、明治三二年三月一一日、一三日。
(29)「京都市会議事録」明治三三年六月二八日。
(30)「京都市会議事録」明治三一年一〇月二八日。
(31) 京都府衛生会『公衆衛生』第一号、「法律三十二号　下水道法」明治三三年。
(32)「京都市会議事録」明治三三年六月二六日。
(33)「京都市会議事録」明治三三年六月二五日。
(34) 京都市役所「京都市三大事業誌・第二琵琶湖疏水編第一集」大正元年。
(35)「京都市会議事録」明治三三年六月二五日。
(36) 京都市役所「京都市三大事業誌・上水編」大正元年。
(37) 田邊朔郎『琵琶湖疏水誌』丸善、一九二〇年。
(38) 京都府立総合資料館府庁文書、明四三‐八三「御所御水道一件書類」。
(39)『京都御所水道新設工事録』一～六巻、内匠寮（宮内庁宮内公文書館蔵）。

〔付記〕　本章の京都市水道にかかわる部分は、小野芳朗『水の環境史――「京の名水」はなぜ失われたか――』（ＰＨＰ新書、二〇〇一年）にも書いた。この著の目的は、現在の水道一元化の危険性を説くため、京都盆地の水の歴史に鑑み、かつては地下水と疏水の多元水源構造であったこと、水道ができても京都市民は長く地下水を併用していたことを指摘するものであった。水道水源は琵琶湖である。その琵琶湖が何らかの原因で汚染された場合、下流一六〇〇万人は水源を失うことになる。これはリスキーであり、他にも水源を求めるべきである。京都も地下水を公共の目的で利用すべきである（現行法では地下水は土地所有者が利用する権利がある）というものであった。それから十数年、東日本大震災による原発事故でこの指摘は現実のものになった感がある。電力を原発に依存する以上、飲めなくなる場合を想定したリスク回避策を早急に用意すべきではないか。

結　章

都市は近代に限らず、水インフラの整備がなされていないと成立しない。それは淡水で、水質的に保障されていることが条件となる。水インフラ整備の目的は、近世までは多くの場合、表流水は灌漑用と防火用であり、地下水は飲用であった。近代になっても初期にはその目的は変わらない。

京都は長い歴史を有する都市ではあるが、水インフラの構造は不変のものであったと考えてよい。灌漑・防火の用を果たしたのが御所用水をはじめとする賀茂川水系であり、これを強化したのが琵琶湖疏水であった。地下水は飲用であり続けた。この構造に変化をもたらしたのが、工業化による水需要の増加であったが、京都の場合は水力発電に加え、水道事業の開始も大きな要因となった。疏水は、近代都市のインフラとして機能を果たす。いずれにせよ、慢性的水不足の地に、琵琶湖からの水を導入した疏水事業はその後の京都市の水脈を確実に担保する工事であり、疏水の占める歴史的地位は揺るぎはしない。

さて、その水量の権利について本書では言及したが、市内鴨川沿いに南下する疏水本線・鴨川運河は伏見まで流れていく。こうしてみると、疏水という琵琶湖水系の幹線が導入されたことによって、鴨川水系と別系統の水脈で京都と伏見は結合したことになる。同一水系沿いの都市が、どのような近代の歴史を歩むのか、第Ⅱ部の準備を始めつつ、第Ⅰ部の結びとする。

第Ⅱ部

大京都への都市拡大と伏見編入

序章

平成の時代を生きる我々にとっては、先の平成の大合併により、さまざまな新しい名の市町が誕生したことは記憶に新しい。それは新たな自治体名が旧来のものとはまったく違った呼称になる、つまり歴史的な地名が消滅した事象であった。歴史的地名には、その場に住む人びとの家族やコミュニティの記憶、伝統、つまり包括的にいえば文化というべき精神事象の世界が込められていた。それが合併という地理的、物理的事件によって希薄化、もしくは消失したことになる。

大阪府と市が合併して都となることに対する反対意見の理由の根底に、今まで歴史的な地名を市や町の名に冠していたものが、この合併によって消えるかもしれない、そして市が区になることへの異和感もあったのではないか。これは文化的な視座から見れば、格下げと捉えられているのであろう。

合併とは、都市経営の上では行政的、財政的に一元化することによる経費削減とサービス向上を目指すべきものではあるが、地名を変更される文化的側面は、実は甚だ保守的である。これに利害が絡むことによって、問題はしばしば複雑化する。第Ⅱ部で描くのは、市と市の合併というケースでは我が国最初のケースとなった京都市と伏見市の「合併」である。

時は昭和の初期である。経済情勢は極めて厳しく、関東大震災ののちの不況、昭和二（一九二七）年の片岡直温蔵相の議会発言から始まった金融恐慌、ウォール街の大暴落に始まる昭和四（一九二九）年の世界恐慌、そして昭和恐慌とそれを回復できない二大政党による議会内での対立は、地方議会にまで波及していた。それは軍部の台頭と大陸への進出を生むにいたる。

こうした政局、経済危機の最中にあって、一面では外貨獲得のための外国人観光客誘致、また別の一面では明治以来続いた文明開化、西洋傾倒への反動から、日本固有あるいは地方固有の文化を顕彰する動きが現れていた。

大正八（一九一九）年制定の史蹟名勝天然紀念物保存法は現在の文化財保護法の前身であり、その目的とするところは日本回帰、つまり復古的な顕彰を各地でなすことであった。そのことは会長に徳川頼倫、以下幹事には旧幕臣であった国府種徳（犀東）などが採用されたことでもわかる。大正一五（一九二六）年、復刊された『史蹟名勝天然紀念物』の性格は、書き手の大衆化、つまり郷土史家の参入であり、郷土発見の風潮が高まってきたことである。さらに画期的なのは、その事務が昭和三（一九二八）年に内務省から文部省へ移管されたことで、以後天皇顕彰が本格的に始まり、昭和五（一九三〇）年からの明治天皇聖蹟顕彰、昭和九（一九三四）年の建武中興関係史蹟指定、そして昭和一五（一九四〇）年の神武天皇聖蹟指定と、「天皇の風景」をつくっていくのである。(1)

その中でみずからの郷土を日本の歴史の中に位置づけ、国内外に地名すなわち固有の文化を宣伝し、もって多数の観光客を誘致し、経済的にも活性化することが全国の地方都市や離島などでもみられた。(2)

郷土発見とその賞揚による経済効果の獲得、これこそ郷土宣揚とうたわれたムーブメントであった。当時行われた新日本八景の投票（昭和二年）、国立公園設置運動（昭和九年国立公園法制定）なども同じプラットフォームにあると考えてよい。この郷土に歴史的文化的価値を付与し、あるいは発見して、内外に示してブランド化する手法は、現代の重要文化的景観、歴史的まちづくり、そしてユネスコの世界文化遺産、農業遺産などへの登録を目指す一連の動きに連なる国家の文化的事業と捉えることができる。

一九三〇～四〇年代になされた郷土宣揚策と、それを神話の世界や天皇伝説に結節させていく方法論は、現代では表象された景観の「価値づけ」作業や、国連機関ユネスコの権威によるところに変わっている。もっとも、それを先導、指導する国内機関は戦前の文部省から、現代の文化庁と組織名称が変わっただけで、主体は変わっていないといえる。

また、昭和の初期は、その前時代に立案された「都市計画法」適用の時代とも重なる。明治以来、東京を含めて日本の城下町都市、あるいは京都という特殊な王都は、都市経営上の戦略を産業都市となることに設定した。それは殖産興業の国策の下で、経済活性化を目指すもので、ほとんどの都市では旧城下町を支配していた士族、富裕な町人層などのいわゆる都市名望家[3]の主導で、さまざまな財源を求めて、都市インフラの整備を行う。

京都市の琵琶湖疏水もこの一例であり、第Ⅰ部で述べたように、財源を産業基立金、賦課金、飲食業・旅館・貸座敷業などの風俗営業から徴収した税によって、水インフラの建設に成功する。その後の都市計画法適用までの京都市の都市改造は、市電と道路拡幅、上水道などいずれも疏水水力による発電と水供給力に負うところが大きい[4]。こうした自助努力による都市改造を、全国統一スタンダードの下で実施する、という企画が都市計画法である。それに先立つ東京市区改正の手法を発展させて、京都は東京に準じる都市として、大阪とともに市区改正を始めていたが、都市計画法が制定されると、それは最初に六大都市（東京、大阪、京都、名古屋、横浜、神戸）に適用されることとなる。京都はしたがって、かつての王都から三府、そして東京市区改正の準用地、さらに六大都市のひとつ、と徐々にポジションをさげていくことになる。

こうした時代を背景に、京都市と伏見市の「合併」問題は起こる。第Ⅱ部ではその合併に際し、さまざまな利害と思惑を持ったステークホルダーの実態を浮かび上がらせることを試みる。合併、とはいっても、そしてそれには多くの条件が付されていたにせよ、実態は「大京都市」への伏見市の編入である。そしてその結果「伏見市」という自治体はわずか一年一一か月の存在となったのであり、今では人びとの記憶にも薄れている。伏見はなぜ、市制を敷きながら、京都市へ編入されていったのか、それを解題するのが第Ⅱ部の目的である。

(1) 高木博志「解題」史蹟名勝天然紀念物保存協会編『史蹟名勝天然紀念物』昭和編、復刻版、不二出版、二〇〇八年。

(2) 小野芳朗・伊藤乃理子「瀬戸内海・白石島と高島の国立公園と名勝指定における郷土宣揚策の構造」『ランドスケープ研究』七四―五、二〇一一年、四二五～四三〇頁。

(3) 原田敬一『日本近代都市史研究』思文閣出版、一九九七年：小林丈広「都市名望家の形成とその条件」『ヒストリア』一四五、一九九四年、二一〇～二二六頁。

(4) 京都新聞社編集『琵琶湖疏水の一〇〇年』京都市水道局、一九九〇年。

第一章　栄光の伏見

一　伏見の概要

図1は京都市とその周辺の市町村の位置を示している。

「伏見」は京都の南方の小さな都市に過ぎない。しかし前近代において、現在の京都市伏見区はそもそも京都という政治的、文化的首都の範疇ではなく、大坂から淀川、巨椋池《おぐらいけ》を遡上して到着する京都の入り口、「伏見の港」であり、京都の玄関口であった。都市そのものが京都とは個別に独立して発展した。そのことは、伏見に住む人びとにとって歴史的な記憶、栄光と誇りとして刻みこまれていたと考えられる。

伏見が大きく発展するのは豊臣秀吉の伏見城築城と、その城下町の整備による。京都の町を中世の荒廃から復興するため、御土居で境界を定め、寺町などの町割りを改め、聚楽第に政庁を置き、関白として政治に君臨した秀吉が、秀次に譲位するとともに太閤として隠居城を伏見の丘に築いたのは文禄元（一五九二）年である。天守閣は慶長の大地震で倒壊、再建後、関ヶ原の役前に落城するものの、この時作られた町割りが現在の伏見の基盤となる。江戸時代を京都の外港として、すなわち物資の中継拠点として経過する。京都へのアクセスは伏見の町より伏見街道を北上し、中途寺町通より御所へいたるのが正規ルートとされた。

幕末、寺田屋の変（文久二〈一八六二〉年）に代表されるように、人士輻輳の地であるため、志士たちの拠点と

図1　京都市周辺図(境界は明治22年のもの)　(林夏樹作成)

もなり、慶応四（一八六八）年には鳥羽伏見の戦いに始まる戊辰戦争発端の地となった。この戦争は官軍側が錦旗を立てたことで勝機を得たとされる。

そして、明治維新後も京都の外港としての位置づけは変わらず、一八九〇（明治二三）年の琵琶湖疏水開通後、ただちに鴨川運河開削工事がはじまり、一八九四（明治二七）年二条―伏見間が開通する。このことにより、琵琶湖―大津―山科―京都―伏見―大阪が水運でつながることになり、水運による物資輸送拡大が期待されたのである。(1)

大正元（一九一二）年、伏見の町の東方、堀内村に明治天皇の伏見桃山御陵が治定された。伏見は桃山御陵の門前町として新たに歴史に位置づけられる。一方、本書において扱う大正末期から昭和初期、前述した都市計画法適用にあたって、六大都市の一つ、京都にとって伏見は重要なポジションとして意識される。ほかの五大都市、東京、大阪、名古屋、横浜、神戸はいずれも海に面した都市である。都市計画法以前からの近代都市の成長の目標は産業化にある。工業と商業の発展こそ市是であった。そのためには港湾施設は必須であった。京都も例外でなく、産業都市を目指した。(2)

当時の市是を何とするかの議論では、第一案は山紫水明の地をもって遊覧都市とし、将来は京阪神地域の勝地を国家的公園系統として確立し、京都はその中心となるというものであった。第二案は近代の大都市は工業の発展なくして成立しえず、京都が歴史と自然に頼るだけでは時代の推移をみない危険なことであるので、工業都市として発展させるべきというものであった。そして第三案はそれらの折衷案で、東、北、西の山に近い部分を遊覧都市として、西側と水に近い部分（宇治川、巨椋池）は工業都市とするというものであった。

したがって、港湾施設を求めることになるが、内陸ゆえのハンディを克服するための方法こそ、琵琶湖疏水開削の効果として考えられた、当時最大の河川港であった伏見港を得ることであった（図2）。物資の大量輸送と

図２　伏見港（出典：京都新聞社編『写真でみる京都100年』京都新聞社、1984年）

いう課題は、鉄道輸送が発展途上にあり、陸上輸送網である都市間道路が計画中の当時、水運に頼るところが大きく、また海外へつながる唯一の手段として水運は都市経営上最大の課題であった。

以上、伏見は京都の南方の小都市でありながら、近世以来重要なポジションにあったことがわかる。ただし、輸送のハブとしての重要性は、やがて鉄道・道路輸送発達により希釈されていく。一方、関白秀吉の居城の地、幕末回天の発火点となって錦旗の立った地、そして維新の開祖明治帝の御陵の門前町という歴史の存在は、伏見をして天皇家ゆかりの特別な土地であるという意識を醸成したと考えられる。それは京都市が千年の王都であることを誇りとして示すことに匹敵し、南方の単なる小都市で、今日的都市イメージの衛星都市やベッドタウンではなく、栄光と誇りに満ちた歴史とアイデンティティを有する都市として意識されていた。その意識を政治・行政に体現していったのが、伏見町長として独立市制を実施し、かつ周辺町村を吸収合併して「大伏見市」を構想する中野種一郎である。

さて、現在の京都市伏見区は、昭和六（一九三一）年四月一日に伏見市が京都市に編入されて誕生した。市と市の合併はこれが日本で初めてのケースであった。ところがその伏見市は、昭和四年五月一日に市制を敷いたばかりで、伏見市はわずか二年足らずの独立市制であった。

前述の通り伏見とよばれる地域は、文禄三（一五九四）年に豊臣秀吉の伏見城の城下町として大名屋敷と商工業者の住まう市街地の基礎ができた。豊臣家滅亡後伏見城は廃され、伏見奉行の管轄の下、酒造地や京坂間の水

図3　昭和30年頃の伏見の酒蔵風景
（出典：『写真でみる京都100年』）

図4　昭和30年の伏見インクライン上部船溜（同上）

運中継地として近世を経る。

この地での戦争を経て迎えた明治からは、京都府の直轄となるが、明治一二（一八七九）年の郡区町村編成法により伏見区となる。しかしながら、二年後には区が廃せられ、紀伊郡の管轄に移る。そして、明治二二（一八八九）年の市制・町制施行で伏見町となる(3)。

近代において伏見の主要産業となっていくのが酒造業であり（図3）、その背景には伏見港という物資の集積地に立地したことと、豊富な地下水資源が得られることがあげられる(4)。明治期の京都の都市としての課題である水運開削後の一大拠点として伏見は位置づけられた。明治二七（一八九四）年九月二五日に琵琶湖疏水鴨川運河

（鴨川沿いの東側に開削され、二条―伏見間）が開通、翌三月一〇日に伏見インクラインが竣工し、大阪湾と琵琶湖がつながった（図4）。ところが一方では鉄道が発達しつつあった。結果的に疏水による水運は、昭和二〇年代まで続くものの、鉄道網による陸上交通の発達により衰退していく。

疏水の水力発電をエネルギー源として路面電車が日本で最初に京都に走ったことは世上知られていることではあるが、その最初の路線は、明治二八（一八九五）年に開通した京都電気鉄道の伏見の京橋と京都の七条間であった。[5] 同時期、京都―奈良間の奈良鉄道が明治二九（一八九六）年四月一八日に全線開通した。[6] そして明治四三（一九一〇）年四月一五日に大阪天満橋―京都五条間で京阪電車が開業した。これにより淀川水運は鉄道旅

図５　開業準備を終えた奈良電鉄桃山御陵前駅
（出典：『写真でみる京都100年』）

図６　大正初期の京阪電車中書島駅（同上）

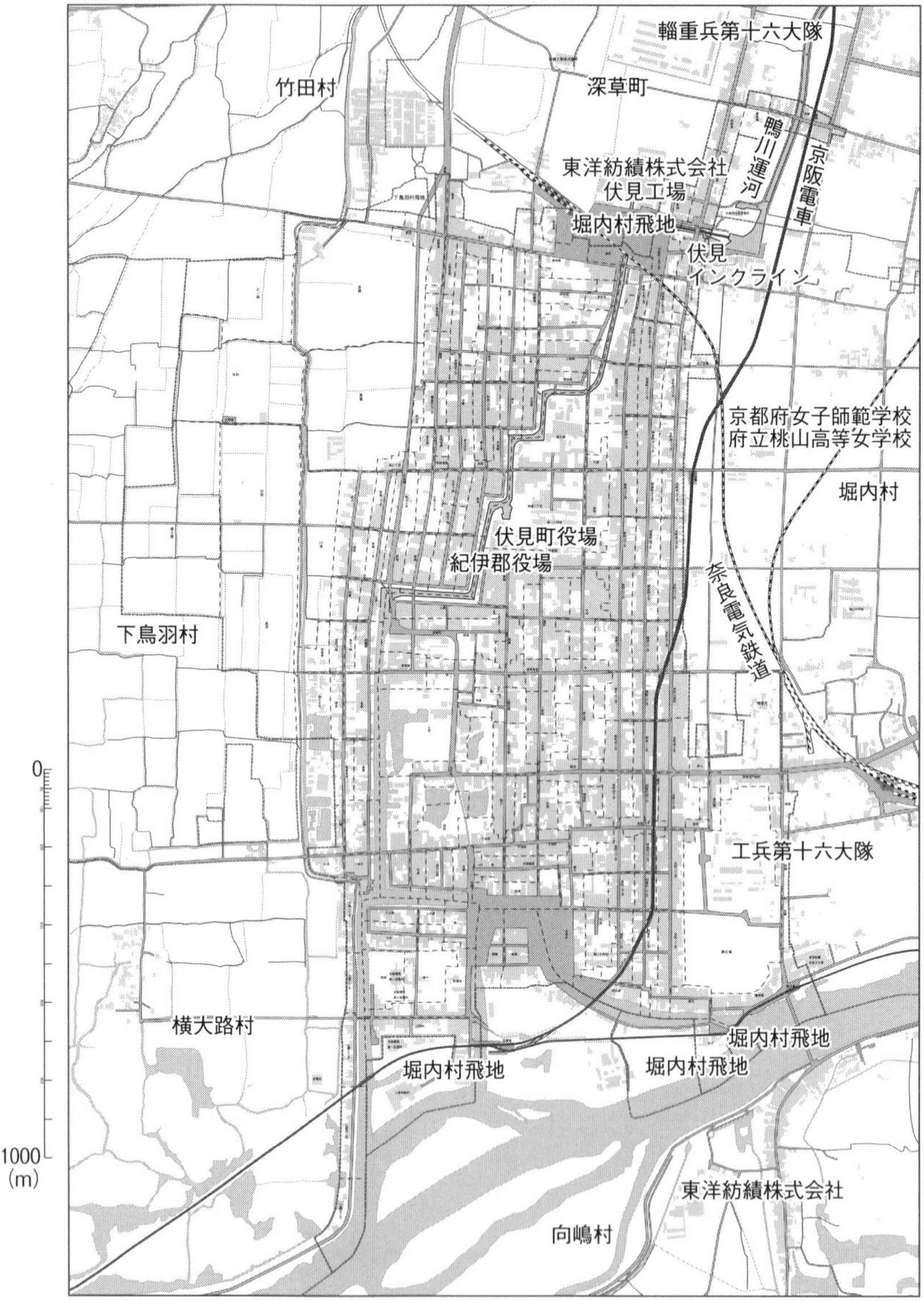

図７　伏見町図(大正11年)　(林夏樹作成)
原図は都市計画京都地方委員会、大正11年測図、大正14年製版

客にとってかわられることになる。のちの近鉄となる奈良電気鉄道は昭和三（一九二八）年に開通する（図5・6）。

大正一一（一九二二）年の伏見を図示したものが、図7である。伏見町内は伏見城下の町割りを残しているが、郊外に陸軍第十六師団の工兵第十六大隊が駐屯（明治二八〈一八九五〉年）し、北部には鴨川運河伏見インクラインの袂に東洋紡績伏見工場が進出するなど、郊外の開発のきざしがみえる。そして、物資・交通の動線は、鴨川運河、奈良鉄道、京阪電車にみられるように、南北に走っている。広範な視点でみれば、伏見は京都と大阪の交通の結節点、要衝。換言すれば中間都市ともみえ、ここに拠点が形成されない限り、京都―大阪の通過点となる地勢上のポジションであったといえる。

伏見町が都市経営に取り組みだしたのは、大正時代になってからといってよい。それは第一次世界大戦による

表1　明治41年主要生産額

品目	数量	価格(円)
酒	45,000石	1,800,000
醤油	3,500石	59,000
米	1,403石	20,415
麦	341石	2,499
茶	5,200貫	15,560
双子其他糸入木綿類	800反	1,000
フランネル	1,000反	1,900
瓦	1,500,000個	30,000
竹製品	250,000個	13,750
扇子	15,000本	750
団扇	900,000本	36,000
糸組物類	15,000組	3,000
金銀糸類	15,000束	8,400
青銅器及銅器	1,200個	18,000
銅線	750,000斤	75,000
銅板	1,000貫	4,000
テール	33,000樽	16,500
塵紙	54,000,000枚	7,560
麦粉	40,000斤	24,624
筍缶詰	3,200個	2,560
燐寸	216,000打	4,860
紙製品	1,000,000個	2,500
柳行李	13,000個	13,000
手遊品		2,500
木製品		30,000
鉄製品		150,000

出典：伏見町役場編輯『御大礼記念京都府伏見町誌』（伏見町、1929年）484～485頁。

表2　昭和3年度重要物産調

種欵	数量	価格(円)	種欵	数量	価格(円)
清酒	127,500石	9,562,500	黒味	60,000メ	8,200
清酒瓶詰	5,196,028本	5,120,320	黒飴	70,000メ	23,700
味淋	26,739石	2,139,120	粕	818,119メ	286,341
焼酎	36,229石	2,528,754	菰印	137,500枚	146,500
綿糸	2,850梱	2,954,700	友仙染	54,700切	112,500
白酒	422石	34,620	中形染	56,000反	8,560
硫黄曹達	850,000立方石	80,750	香油	550石	43,000
炭酸曹達	1,775,000立方石	34,300	銅真鍮板金	2,900メ	6,300
依的児(エーテル)	165,500立方石	65,000	黄銅針板	42,000斤	194,000
尼斯	45,000立方石	10,300	銅真鍮線	715,000斤	685,000
塩素酸加里	15,700立方石	26,300	銅板	810,000斤	475,000
過酸化曹達	6,000立方石	19,800	亜鉛板	370,000斤	159,500
其他薬品		163,500	銅粉	3,200立方石	2,950
織物	423,000碼	82,750	鋸	9,750枚	125,500
帯地織物	13,200	9,500	箔類	775,000枚	26,700
織物(小巾)	5,700反	102,500	桶樽類	453,331個	775,612
更紗ネール染物	27,539,000碼	1,038,500	折箱	335,000個	15,000
瓦	580,000枚	62,500	竹籠	75,500個	17,500
蝋燭	13,000斤	4,800	簾	76,500枚	82,500
紙	15,250,000枚	83,000	団扇	1,855,000本	68,500
製茶	9,854メ	69,659	団扇骨	3,225,000本	37,500
湯葉	9,300,000枚	58,500	味噌	32,500メ	17,500
醤油	8,520石	285,600	練羊羹	37,500枚	105,000
デキストリン	350,000立方石	32,000	鋳物類	175,500メ	358,500
綿	7,500メ	32,000	印刷製本類		293,500
艶糸	6,300メ	18,500	竹箒	278,500本	16,700
組紐	5,750ゴルス	5,800	縄莚	72,000メ	72,000
カタン糸	135,000ゴルス	116,500	其他農産物		48,000
炭団粉	20,000メ	4,600	其他畜産物		49,500
インキ	250石	16,500	其他工産物		89,500
金糸	56,500桙	12,650	総額		29,185,386
ラムネ	275,000打	22,500			
其他飲料水	120石	35,000			
コークス	1,200屯	11,500	酒造業計		19,385,314

出典：京都府立総合資料館府庁文書、昭4-43、伏見市制施行一件、4390-4393。以下、【府】と略記する。

好況に後押しされてである。[7] 好況期、後述する工場が増え、住宅難が発生し、酒造家有志により大正八（一九一九）年に公営住宅が計四二戸建設された。また物価騰貴への対応、生活用品確保のため公設市場が同年開設された。

酒造業は今日では伏見を代表する、そして象徴する産業であるが、近世から続く良質の地下水を資源とする（伏見は伏水とも言い、京都盆地の地下水が地表に現れる場所であった）この産業は、日露戦争以後技術革新と販路拡大により発展する。

明治四一（一九〇八）年の伏見町の酒の生産額は一、八〇〇、〇〇〇円である（表1）。当時から酒造業が町の中心産業であったことは明らかであるが、ほかに醤油、瓦、団扇、銅線（針金）、紙製品などの産業があった。これが表2にみるように、昭和三（一九二八）年には酒造関連品目（清酒、味醂、焼酎、白酒）の生産額は一九、三八五、三二四円と額面で一〇倍と膨張し、酒造業の工業都市となっていたことがわかる。

そのほか、大正元（一九一二）年には、隣接する堀内村の豊臣秀吉築造の伏見城跡に、明治天皇の伏見桃山御陵が治定され、伏見は御陵の門前町となる。

二　伏見からみた京伏合併——第Ⅱ部の主題——

京都市が都市計画法の適用を受け、大正一一（一九二二）年に都市計画区域を周辺三六町村に適用することを決めてから、紀伊郡伏見町は常に京都市との合併問題に晒されることになる。以下、周辺市町村の編入案がいくつか発案されるが、それらを区別するため本論では「〇〇案」と「　」付で表す。

大正一四（一九二五）年、京都市都市計画区域に伏見町を加え、将来の編入を意識していた京都府は、前年に動きの出た伏見町の市制移行を阻止するため、京都市長宛に「京伏合併問題に関する諮問」[8]を発し、翌大正一五

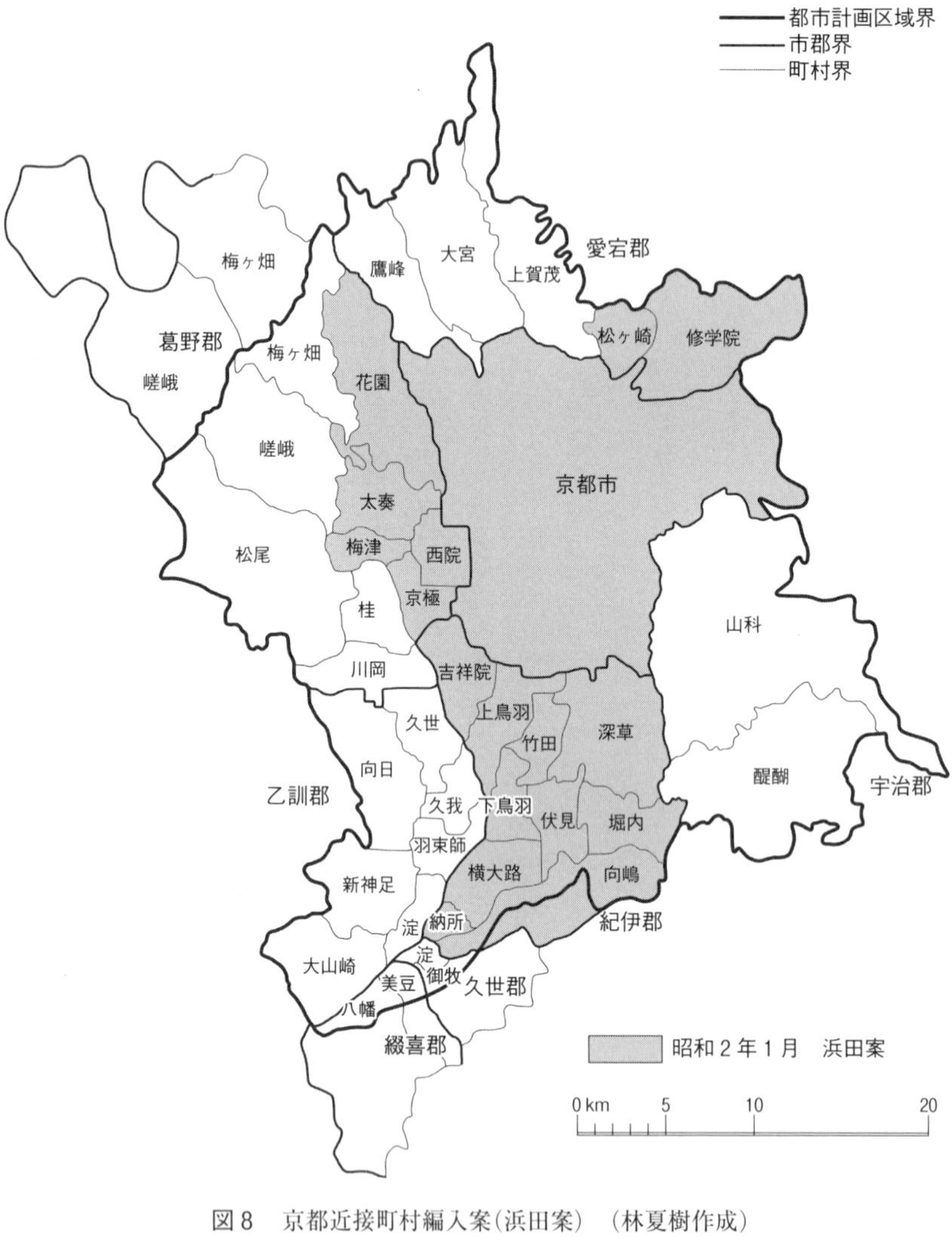

図８　京都近接町村編入案（浜田案）（林夏樹作成）

（一九二六）年一七町村編入「暫定案」を作成する。その後、同年に一七町村「編入案」を、ついで浜田恒之助知事時代（一九二六〜二七）にこの「編入案」をもとに、「浜田案」として伏見町編入の企図を発表した（図8）。しかし同時期、伏見町は市制施行を内務大臣宛に上申していた[9]。この時この一連の合併につながっていく動きは、京都市の都市計画事業の歴史の中で、都市計画区域に指定した市町村を吸収合併し、結果的に「大京都市」を形成していく文脈で語られる。

従来、こうした都市計画史を扱う論で京都を扱ったものは多々あるが、旧京都市域内の道路計画をめぐる政治状況や[10・11]、旧市街地周縁部の郊外地開発の土地区画整理事業[12・13]、あるいは都市計画法の風致に関する論などが展開されているものの[14]、その時期に目指された「大京都市」を語る市町村合併を扱った論は建築史・都市史分野ではほとんどない[15]。とくに編入された自治体側の視点からみた合併論は稀少で[16]、近年ではほぼその問題は、歴史学分野による京都市の「市史」の中で、京都市側の視点で語られているにすぎない。

本書では、この京都市への伏見市編入、いわゆる京伏合併の過程を、昭和初期の二大政党時代の政治問題、伏見独立市制のための財政、旧都市計画法の適用という時代背景に鑑みて、構造的に説明することが主題である。

三　京伏合併理由の定説に関する論点整理

京都市に伏見市はなぜ編入されたのか。それを説明している既刊の市史類がいくつかある。ここでは異なる観点から合併理由を語っている『京伏合併記念伏見市誌』（昭和一〇年刊行）[17]と、『京都の歴史第九巻』（昭和五一年刊行）[18]、そして『京都市政史』第一巻（平成二一年刊行）[19]をみる。

このうち『伏見市誌』は、編入直後に伏見市側の視線で編集されたものであり、刊行された史書の中では唯一伏見市側から書かれ、時期的にもその資料的価値が高いと考えられる。それによれば編入は、京都府知事佐上信一（昭和四〈一九二九〉年七月より昭和六〈一九三一〉年一〇月まで）の主導であったと書かれている。

佐上信一は明治四三（一九一〇）年、東京帝国大学法科大学を卒業後、同年一一月に高等文官試験に合格した。彼は内務省の地方における高等官僚を歴任していく。鳥取県事務官、理事官、視学官のの ち、熊本県理事官、視学官、その後一旦中央へ戻り、内務省書記官・土木局道路課長、参事官、秘書官、官房文書課長、監事官、神社局長ののち、岡山県知事として地方行政のトップに立った。ここで岡山市都市計画地方委員会の会長として都市計画事業をまとめる役割を担う。その後、長崎県知事を経て、内務省地方局長、そして昭和九（一九三四）年七月に京都府知事に就任する（ともに都市計画地方委員会会長兼任）。その任期は二年三か月であったが、この間に京都市都市計画事業の実質事業化と、伏見市編入を成し遂げている。

経歴から明らかなように、地方行政主導の専門家であり、しかも都市計画法適用の大正末期から昭和初期にかけて、その事業推進のトップである都市計画地方委員会の会長を歴任していることになる。地方行政に関する論文も数多くあり、なかでも昭和三（一九二八）年の「町村合併と其の効果に就いて[20]」では郡制の廃止にともない、能力の有無により町の発展に差ができるのは必至のため、風俗習慣を同じくし、日常の交通を共有し、利害を共にする町村は合併することにより、行政やインフラの効率化を図るべきとの持論を展開している。

行政において地方自治、分権の推進とその受け皿としての市町村合併推進論者である佐上は、政治的には広島県出身であり、広島県に地盤をおく政友会望月圭介派の傘下にあった。『伏見市誌』は、佐上は都市計画区域の京都市への編入による「大京都市」の実現を目指し、伏見市の例外を認めなかった、とする。また伏見市の財政が、市民の税負担が大きいにもかかわらず事業としてみるべきものがなく、昭和六年に京都府で三部経済制度[21]が撤廃されたことにより、伏見市の府税中の付加税に減額を生じていたこと、加えて宇治川派流中書島埋立地の売却失敗により、伏見市が多大の歳入欠陥を生じていたことから、独立市制を継続することは困難であった、としている。しかしその歳入欠陥にいたった事情については書かれていない。

三部経済制度において予算は市部経済、郡部経済、連帯経済の三つに分けられ、それぞれ市部会には市域選出議員、郡部会には郡部選出議員、府県会（連帯会）には市部・郡部議員より選出された者が所属した。三部制は、明治前期に大都市を包含する府県に設けられた制度であり、区（多くはのちの市、いわゆる都市部）と郡（農村部）は、同一府県内にあっても、生業や文化が異なり、利害が一致しないために、その対立を回避するべく、区部と郡部の財政と議決機関を分割したものである。これは明治一三（一八八〇）年五月二七日太政官布告二六号による地方税制への規定追加に始まり、翌年二月一四日の太政官布告第八号により、区部郡部会規則が布告された。これにより、府県会に区部会、郡部会が設置された。当初これが適用されたのは、東京府、大阪府、京都府、神奈川県で、同年三月に愛知県、兵庫県、広島県にも適用された。その後の明治二二年四月一日施行の市制・町村制で、区部は市部と改称され、明治三二（一八九九）年三月一六日法律第四六号附則第一四六条により、三部経済制度は原則廃止されたが、「特別の事情ある」四府県は継続され、京都府はこれに該当した。

三部経済制度実施直後の明治一四（一八八一）年における府民一人当たりの平均府税負担額は、区部七八銭、郡部五八銭であったが、大正二（一九一三）年には市部八四銭、郡部一円八八銭となり、郡部住民の負担が著しく大きくなっていた。さらに京都府における事情をみると、大正七（一九一八）年の京都市隣接町村編入により比較的財力のある町村が市部へ編入されたこと、市部への資本が集中したことが市郡の格差を生んだのに加え、第一次大戦後の反動不況やその後の金融恐慌など経済危機が郡部経済を圧迫しつつあった(22)。

一方、『京都の歴史』では、前記『伏見市誌』が合併にいたった理由の二つ目にあげていた宇治川派流埋立地の売却失敗を編入の最大の原因である、としている。昭和初期は大不況の時代であり、伏見市制が施行された昭和四（一九二九）年から世界恐慌が始まり、翌五年から六年にかけて日本経済を危機的状況に陥れた昭和恐慌が起こる。その中で伏見市長中野種一郎は、「市債発行は様々の不確定要因もあって償還状況が危惧された」ため、宇治川に浮かぶ「中書島公有水面の埋立地を遊郭指定地として売却」することで、財源を得ようとしたが、佐上府知事により遊郭指定地を不許可とされたために歳入欠陥となり、それを市会で追及され、市制独立を維持できなかった、としている。そして、こうした財政問題が生じた背景には、当時の政友会と民政党の二大政党の対立があったとしている。中野伏見市長は政友会系であり、田中義一政友会内閣時に市制を施行し、「伏見における政友会の地歩を固めよう」とした。

この一方の主役となる中野種一郎は明治九（一八七六）年九月、乙訓郡新神足《こうたり》村の村長中野米造の息として生まれた。明治三九（一九〇六）年頃に犬養木童（毅）に私淑し、その後政友会に入党した。同年伏見町へ移住し、伏見十六会に参加、翌年明治新聞（伏見町の新聞）を創刊する。明治四二（一九〇九）年四月の伏見町会議員選挙に当選し、同年五月には紀伊郡会議員となる。大正三（一九一四）年郡会議長を務める（一九二四年郡制廃止まで）。政友会党人として議員を務める一方、大正一一（一九二二）年には中野種一郎商店を起こして酒造業に参画、かつ政友会の長田桃蔵京都府会議員と奈良電気鉄道（現在の近鉄）を設立するなど、新興の政治家、実業家としていわゆる都市名望家となっていった。中野は伏見町の指導的立場にあり、大正一五（一九二六）年八月三日伏見町長に就任した。

その後の中野は本書で以後詳述するように伏見独立市制と「大伏見市構想」に邁進していくが、結果は京都市への伏見市の編入をみることになる。編入後の中野は昭和六（一九三一）年六月の京都市会議員選挙に伏見区より選出され、昭和七（一九三二）年三月の総選挙で衆議院議員となる（昭和一二年まで）。

中野が政友会だったのに対し、伏見市会には民政党議員が多数いて、市長追及の急先鋒となった。当時周辺町村の首長たちも民政党系であり、京都市会も民政党で支配されていた。そして、昭和四（一九二九）年七月二日の政変により、田中内閣は総辞職した。かわって民政党浜口雄幸内閣が誕生するとともに、京都府では政友会系知事の大海原重義が更迭され、佐上信一が赴任する。また三部経済制度撤廃もこの二大政党の対立が背景にあった、と説明している。

これに対し『京都市政史』では、「一九三一年に京都市に編入されることになる一市二六か町村は、実はすべてこの（大正一一年の――小野注）都市計画区域に含まれた町村ばかりである」[23]と説明している。つまり、京都市の都市計画事業が伏見市にひとり独立を保たせることを阻害した、という。また、伏見市の編入を容易にしたのが、三部経済制度撤廃であったとしている[24]。

これらの説明は、それぞれ編入理由の一側面を説明していると評価はできる。『京都の歴史』の観点は政党対立に軸を置き、その中で、埋立地売却失敗による歳入欠陥を大きくとりあげている。この事件は編入へ舵を切ったきっかけにはなったであろうが、それだけでは同書がその背景や構造を説明しているとはいえない。また、政友会から民政党に変わる昭和四年七月の政変で交代した大海原に代わり知事に就いた佐上は、この構図の中では民政党系とレッテルを貼られ、政友会の後援を受ける伏見市長中野種一郎と対立的に書かれている。しかし、佐上は望月圭介（田中義一政友会内閣の内相）派であり、望月と同郷の広島を地盤とする官僚政治家であった。それゆえに京都府会において民政党の佐上就任反対を抑えるために、浜口内閣の内相安達謙三が佐上を後援し、就任にいたった経緯があった。したがって、単純に佐上を民政党系と判断するのは妥当ではない。

『京都市政史』では、都市計画事業に軸を置いて市町村合併を説明しているが、それは都市計画という都市経営の上での一事業を過大視する見方である。都市計画事業を盾にとって、京都府・市側が強硬な姿勢をとったとしても、編入には伏見市会の同意が必要であり、伏見市側の事情が説明されねばならない。

また三部経済制度の撤廃が理由になるかといえば、合併が容易な環境が整ったという条件面でのことにすぎない。三部経済制度撤廃は府税の安かった市部には不利に働く。民政党系知事浜田恒之助は、支持基盤が民政党の強い市部だったため、廃止には消極的であった。しかし、後任の政友会の大海原知事は、郡部に支持基盤を持つ政友会議員を背景に、郡部にとって有利となる撤廃を推進し、昭和三（一九二八）年七月七日にいたって、昭和六（一九三一）年四月一日よりの撤廃を決定する。その際、市部の府会議員や、京都市会議員を説得する材料として、町村合併を三部経済制度撤廃と同時に実施することによって、市部の税負担増を編入区域からの税収増額によって補えると説得したことがあった。しかし大海原は伏見市編入には消極的であった。その後任の佐上信一の時に、伏見市を含む周辺市町村編入が進められ、結果的にすでに決まっていた三部経済制度撤廃と同時実施となったのである。したがって編入を容易としたのが、三部制の撤廃だったという短絡的なものではない。

以上のように、先行諸研究の伝えるところの編入理由は統一されておらず、かつその論点には矛盾も含まれている。そこで次章より、合併にいたる経緯を実証することで、本問題の構造的解明を目指すことを試みた。実証に用いた資料は、二次資料としては『京伏合併記念伏見市誌』である。伏見町長、市長を経て、編入後は伏見区選出の京都市会議員となる中野種一郎は、その編集代表者であった。したがってこの書は、伏見市側の視点で合併後に記述されているが、中野みずからの独立市制断念・編入という負の面についての原因、たとえばその一つの埋立地売却問題については公文書を掲載するにとどまっているなど、具体的事情は書かれていないこともあると推察できる。一方、残念ながら伏見町・伏見市の公文書は独立して保存されていない。おそらく、合併後、一部京都市に移管されたと考えられる。また同地の新聞『明治新聞』（編集人が中野種一郎）も保存されておらず、当時の実態を把握するのには資料的な制約がある。そこで京都市が公文書として保存している合併に関する資料を大正年間から編入年の昭和六年までみていくとともに、伏見町会、市会議録を併せみることで、伏見市長中野と市会の議論を追っていきたい。それに加えて、京都府側の文書については、京都府立総合資料館保存の府庁文書をみた。

以上のように町会・市会会議録と府庁文書を中心に伏見市編入の実相を検証していく。

（1）高久嶺之介『近代日本と地域振興』思文閣出版、二〇一一年、第二章「琵琶湖疏水工事の時代」。小林丈弘「郡区町村編成法と京都――区制論の深化のために――」『近代日本の歴史都市』思文閣出版、二〇一三年。

（2）京伏合併問題研究書類中「京伏合併問題研究　其二」。

（3）伏見町役場編『御大礼記念京都府伏見町誌』一九二九年。

（4）同上、四八四～四八五頁。

（5）大正七（一九一八）年に京都市営電車に吸収。

（6）明治三八（一九〇五）年二月八日に関西鉄道に買収され、明治四〇年一〇月一日に鉄道国有法により官鉄奈良線。

（7）『京伏合併記念伏見市誌』京伏合併記念会、一二一～一二七頁。

（8）京都府立総合資料館府庁文書、昭六-四一-二　京都市近接市町村編入一件　沿革書類中、「京伏合併問題ニ関スル件」、四庶第二七号、大正一四年五月四日。

（9）京都府立総合資料館府庁文書、昭四-四三　伏見市制施行一件中、「市制施行之義ニ付意見上申」発第三六六号、大正一四年三月四日。

（10）伊従勉「都市改造の自治喪失の起源」『近代京都研究』思文閣出版、二〇〇八年、三～五〇頁。

（11）伊藤之雄「第一次世界大戦後の都市計画事業の形成」『京都大学法学論叢』一六六―六、二〇一〇年、一～三四頁。

（12）中川理「明治末期から大正期の京都における市街地の拡大」『日本建築学会計画系論文報告集』三八二、一九八八年、一一〇～一一九頁。

（13）鶴田圭子・佐藤圭二「近代都市計画初期における京都市の市街地開発に関する研究――一九一九年都市計画法第一三条認可土地区画整理を中心として――」『日本建築学会計画系論文集』四五八、一九九四年、九九～一〇八頁。

（14）中嶋節子「近代京都における市街地近郊山地の「公園」としての位置付けとその整備：京都の都市環境と緑地に関す

る研究」『日本建築学会計画系論文集』四九六、一九九七年、二四七～二五四頁。

(15) 林夏樹・小野芳朗「伏見市の京都市編入（京伏合併）過程における政治主導」『土木史研究講演集』三二、二〇一二年、二四五～二四九頁。

(16) 京都市からみれば伏見市を編入することになるが、伏見市からみれば編入されるという意識よりも独立性を保って条件付きで合併、さらにいえば対等合併であると捉えていたのではないか。それは次節に示す『京伏合併記念伏見市誌』のタイトルにも表れている。

(17) 前掲注(7)『京伏合併記念伏見市誌』一九三五年。

(18) 京都市史編纂所編『京都の歴史』第九巻、一九七六年、第一章第一節「「大京都」の成立」森谷尅久、田中真人執筆。

(19) 京都市政史編纂委員会編『京都市政史』第一巻、第二章第二節、松下孝昭執筆。

(20) 佐上信一「町村合併と其の効果に就いて」。［資料19］

(21) 京都府立総合資料館府庁文書、昭三‐八六‐一、明治一三年太政官布告第二六号「三部経済制度廃止一件（申請書原稿）」。［資料20］

(22) 白木正俊「京都府財政構造の転換と三部経済制度廃止論の台頭」『京都市歴史資料館紀要』第一六巻、一九九九年、五～六頁。

(23) 前掲注(19)『京都市政史』第一巻、四〇三頁。

(24) 前掲注(19)『京都市政史』第一巻、三七一頁。

第二章　大京都市構想と大伏見市構想

ここでは、前章で示された伏見市が京都市に編入されるにいたった原因、すなわち京都市の都市計画と伏見市制の施行、そして宇治川派流埋立工事に関して、公文書を中心に、それぞれの事象に関して再検証する。

一　都市計画事業概説

「都市計画」とは、法律上の用語であり、それ以前の都市改造であった「市区改正」を継いで大正八（一九一九）年に制定され、翌年施行された。市区改正事業は東京に始まり、明治一七（一八八四）年の芳川顕正東京府知事によるものが著名である(1)。しかしそれは、交通中心の計画であり、東京の江戸の町並みを変えずに、道路により都市の骨格を変えるものであった。市区改正事業は京都、大阪に対してのみ大正七（一九一八）年に準用されている(2)。

都市計画事業の歴史的位置づけについては石田頼房が、国家の事業であり、内務大臣が議案を提案し、都市計画地方委員会において内務省の官僚が事務を担当しており、中央集権的制度であったと述べている(3)。また中邨章は、大阪市の関一市長による都市計画事業を例に、「都市計画の決定など実質と権限は自治制を越える空間で集権化のまま、そのうち財政負担を分権化しそれらを市町村の義務事項に変えた」とし、石田と同様に中央集権的事業と捉えている(4)。

こうした国家事業として地方になかば押し付けられ、地方財政を圧迫したとする論は、この事業の一面を表現するものではある。

確かに当初、国においては都市計画事業の財源に関し「国庫補助」のあることに言及していたが[(5)]、それは立ち消えになった。結果的に形の上では勅任官である府県知事が会長となっている都市計画地方委員会を通して内務大臣に計画申請され、内務大臣はそれを認可する仕組みになってはいるものの、次に述べるように実態としての事業主体は市町村であった。

事業費は市町村の徴収する都市計画税と受益者負担金、さらに市債をもってあがなわれ、その予算決定権は市会にあった。このことをもって、国家の企画した計画が財源的には市町村に押し付けられたとする中邨の説につながるのだが、明治以来の都市経営の主体が、王都や城下町の都市名望家（士族、富裕町人）であり、その組織が区から市町村の単位であることを考えれば、そもそも主体は市町村にあったといえる。財源確保と、その運用の決定をなす主体が市会であったことから、この事業の本来の意思決定は国や府県ではなく市町村にあったとみてよいのである。ただその方法は、都市計画税、受益者負担金、かつ内務省の許可を受けての市債のような国家の設計した制度によったといえる。

また、都市計画は技術的に都市造形の標準化を企図したものであった。それは内務省標準というもので示される。従来の個別の地方事情に鑑みた建築規制であった長屋建築規則などは、市街地建築物法により全国一律の基準となる。また道路については道路構造令をもとに、等級により道幅、構造、街路樹の位置が定められ、都市間のバリエーションはわずかに樹種による道路景観にあったが、樹種も試行の結果、多くはイチョウやプラタナスなどの落葉樹に収斂していった[(6)]。また土地区画整理の手法は、市街化が進む都市の郊外地に道路、公園、下水道などの公共施設を整えるための技術で、地主が組合を作って行う手法は、明治四二（一九〇九）年の耕地整理法を準用して行われた。これにより、都市郊外に方眼状の新しい町割が出現することになった。

公園については、大正一三（一九二四）年の第一回都市計画会議（一般に都市計画主任官会議とよばれる）において示された内務省都市計画局第二技術課私案「公園計画基本案」がベースになる。それは公園の種類、有効範囲、面積標準を定めたもので、なかでも面積は一五〇〇人当たり一ヘクタール、すなわち一人二坪とされ、これが現代までつづく都市計画事業における達成目標とされ、そのためのさまざまな空間を「公園」に組み入れることが計画された。(7) それらを伝達、実施するための人材が帝国大学で養成される。とくに土木工学科において都市計画官僚が養成された。(8)

ここでは、例として京都帝国大学の卒業生に関して若干の分析を加える。京大土木会に残されている卒業生名簿は大正六（一九一七）年より後のものである。この大正六年時より昭和初期までの全卒業生の職場を時系列で表化した（表1・折込）。その動向の特徴をまとめると以下のようになる。

卒業生の就職先は、国の官僚となる者は①内務省、②鉄道院（鉄道省）、③帝室林野局、④陸海軍建築部など諸官庁である。同じく官僚ではあるが植民地の開発に関わり、⑤朝鮮総督府、⑥台湾総督府、さらに⑦南満洲鉄道株式会社である。そして地方官庁の吏員として⑧各府県庁、⑨各市役所である。ほかに民間企業として⑩私設会社に勤めるか、独立して事業を興した⑪自営がある。都市計画に関わっていたという判断は、所属が都市計画部門であること、六大都市の土木課にいて港湾担当は除き、その他の道路や水道・下水道などに関わっていることとした。この時期の特徴は大正八（一九一九）年の都市計画法公布、翌年の施行に際して、六大都市が土木技師を集中して都市計画関連部門に配していることである。

東京の都市計画には京都帝大からの参画者は少なく、京都市水道課から転じた原全路（明治三七年卒）が下水道課長として存在するくらいである。横浜市では阪田貞明（明治三三年卒）が大正八年都市計画局長となり、後藤敬吉（明治三八年卒）、緒方最（大正七年卒）が技師として入っている。

京都市は京都帝大があることから最も人材供給をした都市のひとつである。明治末年の京都市三大事業（琵琶湖第二疏水、上水道、道路拡築）の水道事業の中心にいた井上秀二（明治三三年卒）は三大事業中途の明治四三（一九一〇）年に横浜市水道局長となり、都市計画法制定当時すでに京都にはおらず、この時期の京都市都市計画をリードするのは京都府土木課長の近新三郎（明治三五年卒）と永田兵三郎（明治三七年卒）である。この都市計画施行時期に京都府・市に集められた京都帝大土木出身者は、このほか水道専門の安田靖一（明治四〇年卒）がいる。三大事業で浄水場を作ったのち、神戸市水道課、奈良市水道部へ異動していたが、大正八（一九一九）年に京都市水道課に戻ってくる。朝鮮総督府にいた八島明（明治四一年卒）は植民地系の技師としては例外的に大正九（一九二〇）年、京都府庁内の都市計画京都地方委員会技師に、足尾鉱山の技師だった吉岡計之助（大正四年卒）は同年京都市都市計画課に、京都市の下水道技師だった大木外次郎（大正五年卒）は同年都市計画京都地方委員会技師になる。その他、富田恵四郎（大正五年卒）は民間から、中西譲平（大正六年卒）は大阪市水道部から京都市都市計画課へ、森慶三郎（大正七年卒）は大阪市水道から京都市水道へ任じられる。都市計画関連のセクションへ技師たちがさまざまな分野からこの時期に集められていることがわかる。

大阪では内山新之助（大正元年卒）が大正七（一九一八）年、大阪市下水道から府庁内都市計画大阪地方委員会技師に移り、雑誌『都市公論』にしばしば大阪の都市計画構想を投稿する。川浪知熊（大正六年卒）と上田辰三（大正八年卒）は大正八年、市都市計画部に配属される。また大正九年新卒の安藤坦が都市計画地方委員会に入り、同年卒の成瀬喬は大阪市都市計画課に入る。その他、土木技師に大阪市で区画整理事業を担当した福留並喜（明治三七年卒）、大阪市水道部長の澤井準一（明治三九年卒）、同じく水道部の竹内理一（明治四〇年卒）、下水道課の鈴木義一（大正五年卒）などがいる。福留は御堂筋街路樹整備（イチョウ並木）や大阪駅前区画整理を担当し、澤井は池上四郎市長にひかれて大阪市にきた。両者とも大阪の都市計画の中心にいた。

神戸では西光正雄（明治三八年卒）が神戸市土木課から大正一一（一九二二）年、都市計画部に、森岡正二（大正四年卒）が大正九年都市計画部に、飯島馨之助（大正五年卒）が大正八年同部に、奥中喜代一（大正五年卒）が満鉄から大正九年に同部に移っている。

このように特に関西三大都市を中心に、京都帝大土木の出身者が都市計画分野へ配属されているのであるが、彼らの配属先は都市計画法による事業の内容に関連した専門職であると推定できる。都市計画法の事業内容は各都市によってその項目が異なる。東京では道路・区画整理・防火・運河・下水道・高速鉄道・市場が対象事業であり、大阪では道路・区画整理・下水道・高速鉄道・運河・墓地・公園が対象であった。京都は道路・区画整理・防火で、少し遅れて昭和五（一九三〇）年に風致地区指定が加わった。共通しているのは道路の敷設と土地区画整理である。したがって必然的に道路土木の専門家と、土地の造成にともなう水道供給のための水道技術の専門家が都市計画系技術吏員の中に求められたものと考えられる。表中、京都市と大阪市において道路と水道の技師が目立つのはそのためである。

水道畑でみると京都市の安田靖一、東京市の小野基樹（明治四三年卒）、大阪市の澤井準一などで、とくに大阪市は都市計画事業中に下水道整備を掲げたために下水道専門技師を取り込んだ。内山新之助のように内務省都市計画局へ出向後、再び大阪市で都市計画、土木計画の課長を務める者もいた。

もうひとつの特徴は、これら技師たちのなかには六大都市の都市計画の実施が始まり、それが軌道に乗ると、第二次の都市計画法の適用対象となる中小都市へ異動していく者がみられることである。以下のような異動の軌跡は都市計画技術の移転でもある。

近藤博夫（大正三年卒）、大阪府→山口県→三重県→大阪市

宮内義則（大正四年卒）、岡山県→大阪府→高知県→復興局→大阪市都市計画課長
飯島馨之助（大正五年卒）、大阪市→神戸市→埼玉県→鳥取県→山梨県
上田柳一（大正六年卒）、名古屋市都市計画部→都市計画長崎地方委員会→広島県→兵庫県→和歌山県
黒岩隆（大正六年卒）、香川県→内務省高松→都市計画富山地方委員会→都市計画静岡地方委員会
武居高四郎（大正六年卒）、大阪市都市計画課→内務省都市計画課→都市計画岡山地方委員会→都市計画広島地方委員会
中西譲平（大正六年卒）、大阪府→都市計画京都地方委員会→神戸市都市計画部→姫路市
緒方最（大正七年卒）、横浜市都市計画部→松江市→都市計画岡山地方委員会
森慶三郎（大正七年卒）、大阪市→京都市→都市計画岐阜地方委員会
安藤坦（大正九年卒）、都市計画大阪地方委員会→都市計画岐阜地方委員会
谷口成之（大正一四年卒）、都市計画愛知地方委員会→都市計画長野地方委員会
早川透（大正一四年卒）、神戸市都市計画部→都市計画京都地方委員会

以上のように地方吏員の異動は頻繁である。先に京都市三大事業で中心的な役割を果たした人物のうち井上秀二ら京都帝大出身者は、その後は京都市にはいない。安田靖一は卒業後京都市に入るが、その後神戸市、奈良市水道部を経て京都市に帰ってきている。

都市計画事業は内務省主導で認可権も内務省にあり、国家事業であるが、それを現場で担うのは内務省から派遣された地方委員会事務局の技師たちと地方吏員たちであった。その意味では府県を渡り歩く、国家の官僚として地方の技術者たちが機能していたとみなすこともできる。

また大正一二（一九二三）年九月の関東大震災の復興事業も都市計画事業を推進させる役割を担った。大正一

四（一九二五）年時点で多くの人材が復興局に所属していることがわかる。大正一三年、一四年は新卒で復興局採用の者が多い。これらの技師たちは復興局がその役割を終えると、石川県、愛知県、長野県、岡山県、岩手県、福岡県などに移り、それらの昭和の都市計画事業に従事していったと考えられる。

こうした土木テクノクラートは鉄道、道路、橋梁、上下水道、河川などの技術を専門に持ち、各都市を移動し、地方委員会の技師あるいは、府県や市町の担当技師として都市計画そのものを設計する。帝国大学で学んだ技術は共通しており、したがって彼らが全国において展開する都市計画事業は同一基準の同一技術によるものとなる。(9)

この同一の型式による都市計画とは、道路と区画整理主体の事業であり、都市の骨格は土地の特性があることを除けば、画一基準で決められていき、都市のデザイン性という視点からは後退していくことになる。もとより、土木工学の教育体系の中にデザイン教育は存在せず、内務省（現在では国土交通省）の土木事業に合致する教育がなされてきた。

なお、都市計画事業は数ある土木事業の一事業として捉えるべきで、これを上位計画で優先事項であるという見方は過大評価となる。これは内務省内でも土木局と都市計画局は別個だったことや、京都帝国大学の事例でみると、明治三〇年創立以来京都帝大理工科大学土木工学科の講座は当初、橋梁工学（道路）、鉄道工学、衛生工学（上下水道）であり、少し遅れて造家学（建築学）、そののち、構造工学、河海工学、最後に都市計画学が置かれたことから、都市計画は土木事業の一部門にすぎないことが明瞭である。

二　京都市の都市計画と伏見の位置づけ

京都市における都市計画事業の内容は、法に定められた基幹事業が中心で、都市計画区域の設定、用途地域の策定、道路、下水道、区画整理、公園のほか、京都市の特徴的な事業として全国で二例目の風致地区の指定がある。これは京都市の市是として、東部・北部・中心部を遊覧都市、西部・南部を工業都市とするというゾーニングの発想から、東山、北山、嵐山を風致地区としていったものである。[10] 先述したように、京都では大正七（一九一八）年に東京市区改正条例が準用され、八年に認可された。都市計画事業は、大正一〇（一九二一）年七月八日の第二回都市計画地方委員会で、都市計画道路新築拡築事業、鉄道線路の高架化が議論されている。ここでも当初財源を国庫補助とすることが見込まれていた。大正一一（一九二二）年六月九日の第三回委員会では、伏見町を含む都市計画区域が示された（図1）。この時伏見町は港、鉄道の要衝とうたわれている。

そして大正一三（一九二四）年二月八日の第五回委員会では、用途地域の指定が行われ、伏見町では京町通沿い、大手筋と中書島（遊郭街）を商業地域、そのほかが工業地域とされた（口絵2参照）。しかし、大正一四年、一五年の第六、七回の委員会では京都市内道路が、昭和三（一九二八）年の第九回委員会では区画整理が議論されているが、その対象に伏見町は入っていない。また昭和四年一一月一一日の第一六回委員会では、京津（京都—大津）、京阪（京都—大阪）の都市間道路について議論されているが、京阪道路の伏見までの延伸部はまだ建設されていない。

京伏合併の一方の主役、中野種一郎が、臨時委員として都市計画地方委員会に招かれるのは、伏見編入後の昭和六（一九三一）年六月一八日の第一五回である。議題は京阪国道の受益者負担についてであり、ここから京都市に伏見市が編入された後にようやく伏見の地に都市計画の網がかかったとみることができる。

京都と大阪の物資・旅客の中継地点であり、かつ京都との歴史的関係から、当時人口三万人を擁する伏見という地勢は、大正一一（一九二二）年六月九日の第三回都市計画京都地方委員会における都市計画区域内に入っていた。このとき示されたのは、京都市側からみれば、将来編入することが不自然ではない計画区域であった。事実、伏見町は都市計画事業そのものは独立に計画をたてず、都市計画法が当初六大都市、つづいて二五中小都市

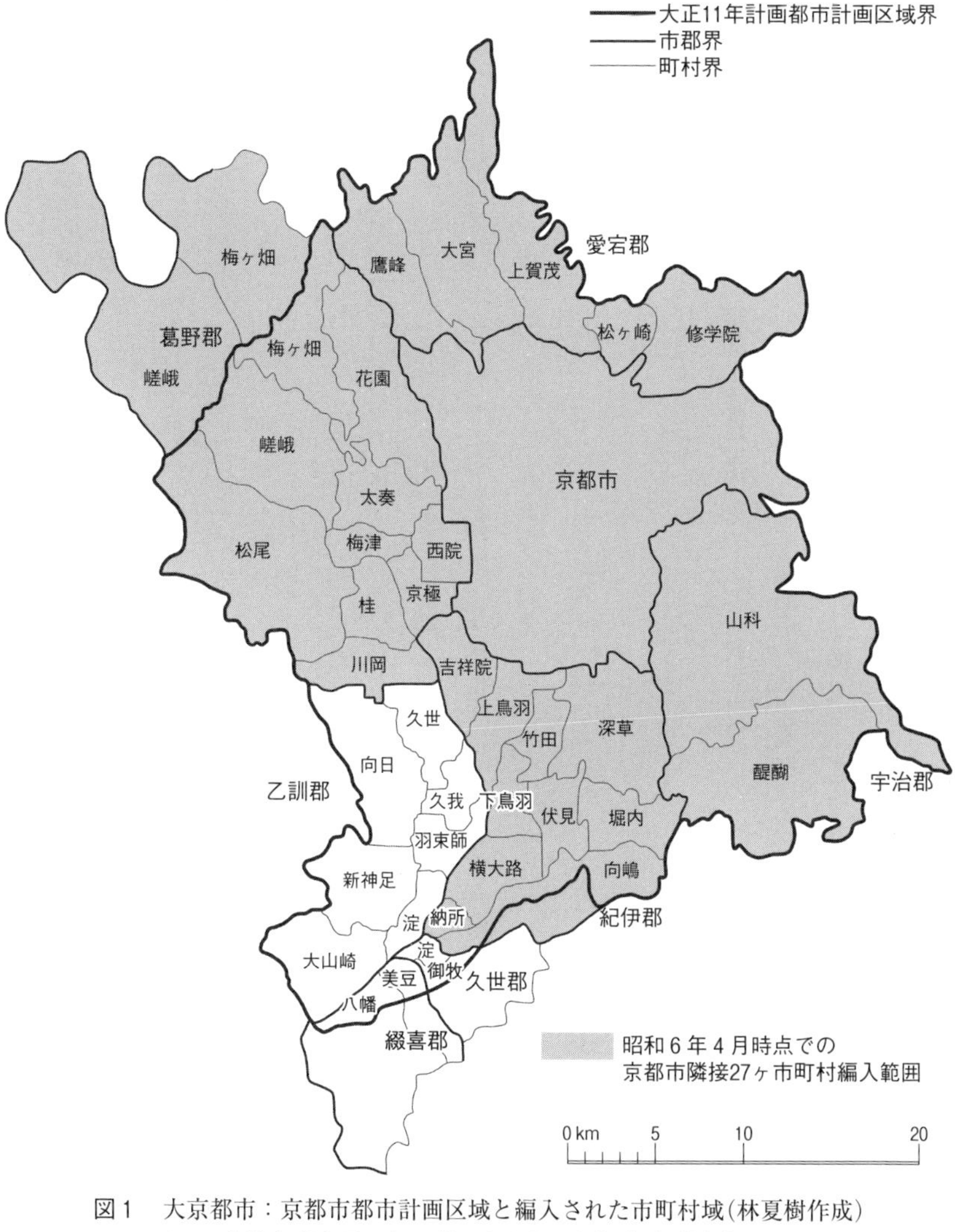

図1　大京都市：京都市都市計画区域と編入された市町村域(林夏樹作成)
太線内が大正11年6月に定められた都市計画区域

で、いずれも市制を施した都市に適用される中で、京都市の都市計画の範疇に委ねていた。つまり、主として京阪道路を含む道路計画は、都市計画京都地方委員会が立案していた。この都市計画区域設定から大京都市構想へといたる京都市への編入圧力と、後述する独立して市制を執るという圧力がせめぎあっていたのが、大正期終わりから昭和初期の伏見を取り巻く状況であった。

都市計画法が施行されてから間もなくの、大正一一（一九二二）年一一月二九日の京都市会で伏見町の属する紀伊郡編入がとりあげられ、これをきっかけとして「紀伊郡編入に関する意見書」[11]が出される。それは京都市役所の各課の意見を集約したものであった。その中で調査課は、伏見町を含み、「紀伊郡編入断行論ハ都市計画上之ヲ二ツノ方面ヨリ論スルヲ得ヘシ、即チ一ハ市ノ現行行政区域ハ之ヲ拡大シテ都市計画区域ニ一致セシムヘシトスル見地ニテ、二ハ市是ニ基ク工業的新幣経営論ヨリノ見地ナリ」と論じている。これは当時の京都市の「市是」、つまり都市経営の目標として「工業都市」と「遊覧都市」の折衷を目指し、市域中心と北東部は遊覧、すなわち観光都市化し、市の西・南部に工業地域を開発し、もって都市発展に充てるもの[12]であった。その南部工業地域として目されたのが紀伊郡であり、それゆえ都市計画区域に編入され、そして将来京都市に編入する前提をもつ、というものであった。

この考え方に基づき、伏見町の合併について調査が、大正一三（一九二四）年に京都市でなされた[13]。それは前述の「市是」に基づき、南部工業地域開発の上で、伏見町は水運上最大の河川港として必須の存在である事を掲げている。六大都市の他都市を鑑みても、工業都市の必要条件は港湾施設を有することである。内陸部の京都市にとって、伏見港は工業化の要ともいうべき存在であった。しかし、調査報告は以下のように結論づけている。「併合は尚早なり」。その理由は、合併に当たっては京都市が伏見町の負債をもつこと、治水・道路・橋梁の改良工事費、水道事業の負担などが大きいことに加え、周辺状況として、淀川運河の開削、京伏間の深草町を宅地化するための第十六師団の移転の要求、鉄道の高架化など、いずれも京都市の事業ではないものがそれぞれの主体によって進展していたためで、機の熟するのを待ちたいというものであった。

三　編入圧力と独立市制施行

一方、伏見町では独立して市制を目指す動きがでていた。それは唐突ともいえるものであった。上記の京都市の調査がすすんでいる大正一三（一九二四）年一〇月六日、伏見町会は市制施行の決議をなす。(14)

伏見町会第四一号議案
本町ノ福祉ヲ増進セン為メ、町会ノ建議ニ基キ大正十四年四月一日ヨリ本町ニ市制施行ノ義、町村制第四十三条ニ依リ其意見書ヲ内務大臣ニ提出スルモノトス
　大正十三年十月六日　提出
　　全日　決議
　　　伏見町長　香川静一

　　建議書
本町ノ福祉ヲ増進センカ為メ、大正十四年四月一日ヨリ本町ニ市制施行相成様、御取計相成度別紙理由書添付本町会議事細則第二十一条ニ依リ建議候也
　大正十三年十月六日
　　　伏見町会議員
　　　　中村太三郎

今井恒吉
野田与三郎
児玉菊次郎
長谷川宗次郎
山形治三郎
岡田弥一郎
菱本篤次郎
森島清三郎
池上嘉四郎
石戸亀之助

伏見町会議長
伏見町長　香川静一　殿

翌一四（一九二五）年三月四日付で町長香川静一は内務大臣若槻礼次郎宛に「市制施行之議ニ付意見上申[15]」を提出する。その中で市制施行の理由として、十六師団の設置、伏見桃山御陵の治定、伏見港・琵琶湖疏水・各社鉄道などインフラの整備、発電所・銀行・学校など社会資本の充実、全国屈指の醸造地たること、産業資本の台頭をうたい、伏見町を人口三万人強の「大町」として市制を施すに足る都市と位置づけている。

その提案の背景が、この上申に添えられた同年三月二四日の紀伊郡長古賀精一から京都府知事池田宏への副申の中に書かれている[16]。それによると、伏見町は都市計画区域に編入され、また京都市が紀伊郡編入を内査したため、早晩京都市に合併されると当初考えていた。しかしながら、大正一五（一九二六）年七月一日郡役所廃止の議に刺激され、「突如町会ノ決議ヲ以テ市制施行ノ申請ヲ為ス」とある。

この時から、編入か独立かで、京都府・市と伏見町のせめぎあいが始まる。前述したように、京都市は内査の時点では編入は条件面で時期尚早としていた。しかし、都市計画事業との関連において、京都府は京都市長安田耕之助に、伏見が独立市制を敷いたら都市計画事業からははずれるのかと照会を出した。[17]

四庶第一一七七号

大正十四年四月十四日　施行

大正十四年四月六日　起案

伏見町ノ市制施行ト京都都市計画事業トノ関係ニ就テ照会

日付

内務部長

京都市長宛

本年三月四日紀伊郡伏見町会ヨリ市制施行ニ付内務大臣宛意見提出候ニ付テハ伏見町ノ市制施行ト京都都市計画事業トノ関係ニ就貴職ノ御意見承知致度候条詳細御回報求成度

これに対して京都市長は「本市都市計画事業ニハ何等関係ヲ有セサルモノト被認候」と答え、かつ「若シ伏見町ニテ市制施行ノ後他市ノ例ニ倣ヒ独立シテ都市計画法ノ施行セラルルカ如キコトアリトセハ従来伏見町ヲ包容統一シタル京都都市計画事業上支障甚少カラサルモノアルヘシ」[18]としている。また同年五月一四日には、京伏合併問題をどう考えるのかに関する京都府内務部からの照会[19]がだされる。

四庶第二七七号

大正十四年五月四日　施行
大正十四年五月一日　起案
　京伏合併問題ニ関スル件
　　　年月日
　　　　　　内務部長
　京都市長宛
京伏合併問題（伏見町ノ外ニ紀伊郡全町村ヲ含ム）ハ曩年一部ニ於テ企画セラレタルコト有之哉ノ趣ニ候処、今回伏見町会ヨリ単独市制施行ノ意見提出致来リ候、惟フニ伏見町ノ単独市制施行ノ問題ハ貴市現下ノ状勢及将来ノ発展ニ対応スル大京都市創造上慎重考慮ヲ要スヘキ義ト上存候、就テハ目下伏見町市制施行ノ意見提出ニ際シ、京伏合併問題ニ対スル貴職ノ御意見承知致度候ニ付、可成至急御内報求成度
右及照会候也

この照会に対して京都市は、編入実現に努力はしたが、「機運熟セス今日ニ至リタル次第」であり、「近キ将来ニ於テ之レカ実現ヲ期セラレ度」切望していると回答している。[20]

以上、大正一三、一四年時点の京都市の都市計画事業に関連して都市計画区域内に伏見町は入り、将来の京都市編入を予想されていたにもかかわらず、郡役所廃止にともない、独立市制を志向し、一方の京都市も編入にともなう負担の問題を解決できない状況にあった。

四　浜田案提示と伏見独立市制

大正一四（一九二五）年八月一日発足の加藤高明第二次内閣、翌一五年一月三〇日の若槻礼次郎内閣と憲政会

内閣がつづいた。伏見町では香川に代わり、政友会系の中野種一郎が、郡役所廃止直後の、大正一五（一九二六）年八月三日に町長に就任する。同年九月一七日、京都府地方課は池田宏府知事宛に周辺一七町村編入案を作成した[21]。それには伏見町の単独市制よりも京都市編入の方が長久の策であり、かつ周辺町村が京都市への編入を望んでいることがあげられている。同年九月二八日に府知事に就任した浜田恒之助はこの方針を踏襲する。一七町村編入を昭和二（一九二七）年一月二二日付で内務大臣に提出した（浜田案／第Ⅱ部第一章図８）[22]。「浜田案」では、伏見町単独の市制施行には戸口が少ない、と断じた。伏見独立市制は、この「浜田案」により困難なものになったかと思われた。ところが、同年四月二〇日に政友会田中義一を首班とする内閣に変わり、七月五日に府知事は政友会系の大海原重義に交代する。大海原は、編入問題よりも三部経済制度撤廃問題を優先した。

一方、伏見町長中野種一郎は同じ政友会系の知事のもとで、編入への動きが止まった機に乗じて、昭和二年から翌年にかけては町財政充実のための宇治川派流公有水面埋立工事に着手している。この顚末については後述する。そして再び独立市制施行への傾斜を強めていく。

昭和四（一九二九）年一月二四日、中野町長は町会において市制施行促進の意見書を内務大臣に提出する決議を諮り[23]、同日付で内務大臣望月圭介宛に提出した[24]。

その理由は、前記とほぼ変わらない。これの副申として京都府知事大海原から望月に提案されたものでは[25]、従来の隣接町村編入が必要とは認めているけれども、それは京都市の市域拡張の意向次第であり、それが当分実現しないのであるなら、伏見町の実勢に鑑み、市制施行は適当であると、実質独立市制を後押しする態度に変わっている。さらに三月二九日付で知事から内務大臣宛に「伏見町ノ市制施行ニ対スル熱心ナル希望ノ次第モ有之候ニ付、此際伏見町ノ意見御採択相成候[26]」と市制を容認した。一方、府内務部は二月二八日、京都市に伏見の市制移行について照会しており[27]、これに対して京都市長土岐嘉平は将来的に伏見町を擁する大都市を実現したいが、その時期については「今直ニ具体的ニ決定致兼候条、此段及問答候也[28]」と、伏見市制を消極的ながら容認している。

こうした動きに連動して、土岐嘉平京都市長は隣接町村編入調査会（昭和四年三月一五日、第三回）において伏見町などを除く一四か町村の編入案を示す[29]。

その理由として「諸種ノ事情上儘ニ其ノ実現ヲ期シ難キ状況ニアルヲ以テ[30]」とあり、伏見町編入に対して時期尚早としているが、一方で「本市発展上又此ノ地方ノ進運上、編入ニ立チ到ル可キ運命ヲ有スルモノト断ジテ肯テ支障ナカラン[31]」と将来の伏見編入に含みをもたせている。

同年五月四日の第四回調査会では、昭和五（一九三〇）年四月一日付で隣接一七か村の編入実施を希望する稟議書を作成し[32]、同年一一月一日に京都市会から府知事へ上申された。

伏見町はこうした背景を受けて、正式に昭和四（一九二九）年三月一三日に「市制施行之議ニ付意見上申[33]」をなしている。

市制施行日は同年五月一日とし、その理由に同町はかつて郡区町村制法下で「伏見区」であったことをあげている。つまり、上京区と下京区であった京都市と同格であるとしていることが注目される。また「往古ヨリ皇室トノ関係最モ深ク」、豊臣秀吉の築城、徳川時代の奉行・大名の邸宅、薩摩九烈士の寺田屋における遭難、明治維新の鳥羽伏見の戦跡など「歴史的ニ見ルモ伏見市制施行ノ必要アルヲ認ム」と歴史都市・伏見を強調する文面となっている。

その後、市制施行の手続きは内務大臣より府参事会へその可否について諮問がある[34]。伏見町会では昭和四年四月二八日に満場一致で市制施行を可決するもの[35]の、四月三〇日の京都府参事会では伏見町長中野が市制を施行したのちでも、「伏見市制実施後も京都市において合併する誠意あれば、決してこれを拒むものにあらず」と発言した。京都市長は合併は将来の機会を待つべきとして、現在は財政上不可能と発言。これに対し参事会員田中新七より市制推進に賛成なのは町長と、一部の野心ある議員のみであると反対する。大海原知事は町民が市制を求めているとの見解を示すが、結局、中野の先の発言を議事録に残すことで府参事会にて市制施行が可決される。(36) このことが、のちの編入実施の段階にいたって中野の言質となって残ることになる。そして翌日、昭和四年五月一日伏見市制が施行される。

昭和四（一九二九）年五月一二日、伏見市会議員選挙が行われ、中野市長派一五名（政友会九、民政党三、中立三）、反市長派一五名（全員民政党）が当選した。この同数の派閥の存在により伏見市会の中野による運営は安定を欠き、委員、議長の人選をめぐり混乱を続ける。この市長与党と野党の対立が、その後の宇治川派流埋立工事問題に関して影響を及ぼしてくる。

五　宇治川派流埋立工事問題

宇治川派流とは、伏見の町の南にある（月桂冠工場の南側）中書島を隔てる宇治川からの引込水路である（図2）。伏見町からはこの派流に架かる蓬莱橋を渡り中書島の遊郭街へ入っていく。この派流の中書島側を一部埋め立てる工事が昭和三（一九二八）年に計画される（図3）。

これは都市計画とはまったく独立した事業であった。内務省による淀川改修工事により平戸樋門・三栖《みす》洗堰・三栖閘門が築造され、水量が安定し、派流の川幅の必要がなくなったことを受けて、宅地造成のために計画された。大正二（一九一三）年に当初案が計画され、同五年に工事申請がなされるが、中書島地区での工事が主ということで府から不許可となる。

この埋立工事費と埋立地売却が新生伏見市では大きな財政問題となる。中書島地区の埋立地を遊郭地指定地として計画したことが事の発端である。

埋立工事およびその土地の売却事業は、中野の町長就任の大正一五（一九二六）年八月三日直後から始動した

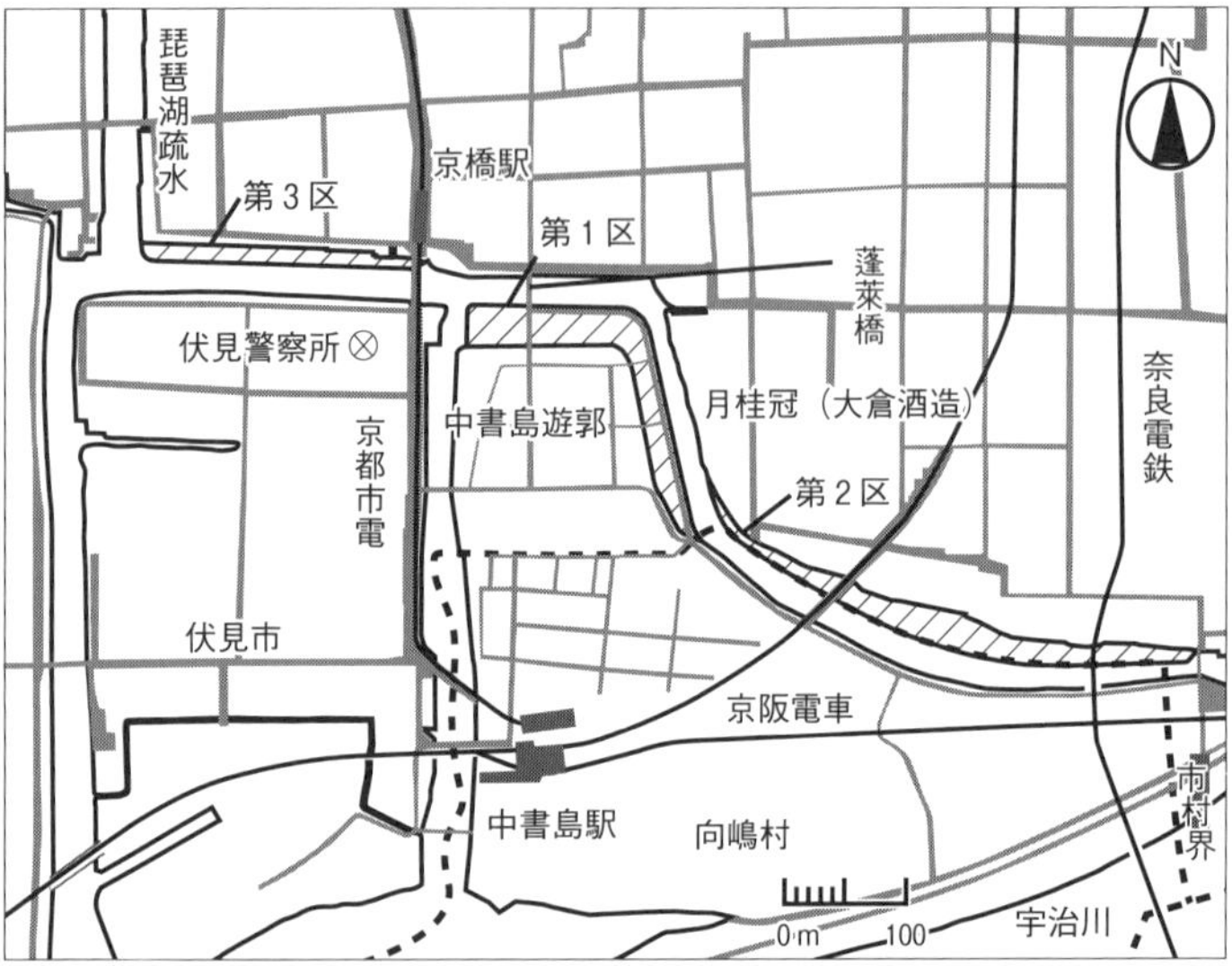

図３　宇治川派流埋立地（林夏樹作成）

図４
中書島入口に建つ
御大典記念碑
（小野撮影）

図２　宇治川派流（昭和58年）
（出典：京都新聞社編『写真でみる100年』京都新聞社、1984年）

と考えられる。現在、竣工記念碑が蓬萊橋袂に伏見市長中野種一郎の名を付して建っている（図４）。宇治川派流は公有水面であった。同年一〇月二八日伏見町会は京都府宛に公有水面の無償払下申請を決議し、一一月二五日に府知事宛に出願、許可される[37]。

翌昭和二（一九二七）年二月二六日の公有水面埋立工事の申請[38]では、その目的を宇治川派流に土砂が堆積し、流水が減退したためとしている。つまり、伏見町側にある月桂冠などの工場にアクセスしている水運のための派流の機能が低下しているため、この際埋め立てたいとしており、宅地造成目的であることは伏されている。これは埋立工事の目的と、埋立地の利用目的を分離した申請ということができる。この工事が昭和三（一九二八）年にいたって御大典記念事業に指定され、二月二日付で許可指令が出る[39]。同年五月四日には埋立地の利用についての中野町長から大海原府知事宛の案件が出される。

それは第一に埋立地を遊郭地として指定してほしいこと、第二に現在の宇治川派流左岸（南側）にある伏見警察署敷地を無償で伏見町に払い下げてほしいこと、それに代替する移転先敷地として伏見町大手筋の宅地を寄付することと建設費一一万円を府へ寄付するといっている。つまり、伏見町は公有水面を払い下げてもらい、その埋立地を遊郭街に売却する計画を立てていた。これは純益として売却益を得ようというものではなく、埋立工事費二九九、〇〇〇円を売却益で賄い[40]、拡大した中書島遊郭の繁栄を図り、そこからの税収をもって都市経営に充てる計画であった。

埋立工事は、昭和三（一九二八）年一一月一三日に起工されるが、この時点では大海原知事から件の遊郭地指定については未だに許可が下りていなかった。許可は知事より内務大臣へ稟請する必要があった。伏見町長中野は、指定について重ねて陳情する。昭和四（一九二九）年三月三一日付の知事宛文書[41]には「遊郭地指定編入のない場合には予定地価が下がり財政に欠陥を生じる可能性がある」と指摘している。

これに対し、府知事は同日付で埋立地の遊郭地指定への編入を妥当とし、内務大臣に稟請すると回答していた(41)。この間、昭和四年五月一日付で伏見市制が始まる。そして、同年七月五日、「中書島遊郭指定地編入ニ関スル件、右ハ支障ナシト認ムルモ一度内務大臣ニ稟伺ヲ要スベキモノニシテ、本日書類発送候条、指示アリ次第決定可致ニ付御承知相成度(42)」と、大海原知事から内務大臣に稟請がでることになった。

ところが、この七月五日、前章で述べたように政変により民政党浜口雄幸内閣が誕生したことで、大海原は事実上の更迭、かわって佐上信一が府知事に着任する。佐上に代わってから派流埋立地を遊郭地指定地へ編入する稟請が行われた形跡はない。

埋立工事は昭和五（一九三〇）年三月三一日に竣工した。しかし、遊郭への売却の許可はおりない。府知事の手元で止まったままであった。この結果、伏見市は大きな負債を背負うことになる。六月一六日、埋立地は入札にかけられたが、結果は不調に終わり、伏見市は結果的に起債をすることになった(43)。

宇治川派流埋立工事の敷地売却に際して遊郭地指定がなされなかったことは、伏見市財政に大きな歳入欠陥を生んだ。伏見市は、遊郭地以外の目的での売却を図ったが、折からの大不況で地価が下落し売却できなかったことで、歳入欠陥は三五三、五三八円となった（表2）。これを補塡するため、昭和五年八月二九日、中野市長から内務大臣・大蔵大臣宛に起債許可稟請が出され(44)、二〇七、八〇〇円の起債が許可される。その他の負債は、基本財産の繰入や、積立金の減額などをもって充てることとなった(45)。

その他にも財政を圧迫する事業を伏見町・市はもっていた。ひとつは三万人の町に比して多い教育費に関連する学校施設である。学校校舎改築事業は、伏見町小学校舎の老朽化にともなう改築事業で、伏見第一、第二、第三尋常小学校の増改築、第四小学校の拡張、実科高等女学校と伏見高等小学校の改築で、総予算額は昭和三年度三五三、二七四円で、このうち起債によるものが昭和四年度から二五〇、〇〇〇円であった。

表2－1　埋立事業ニ関スル諸費計算書

支出

	事業計画当時の予算額	支出額(決算)	備考
埋立工事費	232,295.00	199,259.99	
伏見警察署建築費寄附金	110,000.00	110,000.00	
宇治川支流悪水路排水ポンプ設備費	30,000.00	29,836.00	
道路橋梁費	33,573.00	17,372.51	
第三尋常高等小学校舎移転費	11,200.00	6,692.00	
郡農会事務所敷地寄附金	2,500.00	2,500.00	
巡査派出所建築費	2,800.00	322.00	
公債利子	6,747.00	18,769.63	
救済事業費積立金		54,764.00	昭和5年度追加予算額
基本財産及積立金運用利子		1,350.00	
一時借入金利子		4,110.00	
計	429,115.00	444,976.13	

収入

府交付地売却代(S4年度収入)	429,115.00	6,681.00	65坪
埋立地売却代(S5年度収入)		68,596.00	1048坪
昭和4年度一般市費の節減		16,162.33	
計	429,115.00	91,439.33	

上記収支差引	0.00	353,536.80	埋立事業による欠損

出典：【府】昭6-36-1　市財政　自壱至六　6508-6509 より作成。

表2－2　埋立事業ニ関スル諸費計算書(歳入欠陥補塡方法)

歳入欠陥補塡方法

基本財産・特別基本財産及積立金ノ繰入額	93,591.00
基本財産・特別基本財産造成費ノ更正減少額	1,355.00
救済事業費積立金その他積立金ノ更正減少額	56,976.00
運用金利子（積戻金）ノ更正減少額	3,175.00
予備費ノ更正減少額	18.00
公債額	207,800.00
計	362,915.00

歳入欠陥補塡にともなう欠損

公債利子	7,879.00
財産繰入ニ伴フ財産収入ノ減収額	1,498.00
計	9,377.00

出典：【府】昭6-36-1　市財政　自壱至六　6508-6509 より作成。

水道計画も財政を圧迫した。この当時、周辺町村を編入していく際の大都市のインフラ行為として、周辺町村に水道を敷き、そののち編入する手法がみられる[46]。

換言すれば、伏見町は京都市都市計画区域にはいり、事業として京都市の計画に参画しなければ水道施設を整備できないこと、琵琶湖疏水を水源として伏見へいたる鴨川運河を通して既に水がもたらされていることを考えれば、やがて伏見町が京都市に編入されていくことは水インフラの効率性（スケールメリット）から当然の帰結ともいえた。

そこで伏見町は自己水源を宇治川に求めた。そもそも伏見地域は地下水が豊富であり、水道の必要がなかったが、工業化の目的の中から水道建設が語られるようになる。宇治川水源を目指したことは、京都市からの独立を意味する[47]。上水道計画は、設計案を昭和五（一九三〇）年八月に作成し、昭和六（一九三一）年の伏見市会で決定した。その給水対象は伏見市と堀内村であり、その意図するところは、水道インフラの統一による大伏見市構想にあった。昭和六年二月二七日の市会で、中野市長は伏見を、工業地帯を有する伏見桃山御陵の下の新興都市として、西には京阪国道、東には伏見桃山御陵付近の高地に住宅地を開発し、人口七万人を目指すとしている[48]。そして、その水道事業費の総額九五五、〇〇〇円のうち、九五〇、〇〇〇円を起債でまかない、昭和七（一九三二）年から償還する計画であった[49]。

（1）　藤森照信『明治の東京計画』岩波書店、一九八二年。
（2）　大正七年法律第三六号「京都市、大阪市及内務大臣ニ於テ指定シタル市」に適用。
（3）　石田頼房『日本近現代都市計画の展開　一八六八―二〇〇三』自治体研究社、二〇〇四年、八七～八八頁。
（4）　中邨章「大正八年・都市計画法再考」『政経論叢』四九―一、一九八〇年、五九～九九頁。

（5）飯沼一省は大正一五年の都市計画岡山地方委員会で国道に関しては国庫補助のあることを発言している。小野芳朗・興津洋祐「戦前期の岡山市都市計画街路の形成」『日本建築学会計画系論文集』七六（六六七）、二〇〇一年、一七三五〜一七四三頁。
（6）小野芳朗ら「大阪御堂筋の街路樹景観――イチョウ並木の建設過程と主体――」『都市計画論文集』四六―三、二〇一一年、二八九〜二九四頁。
（7）小野芳朗「戦前期の都市計画法適用化における岡山後楽園と公園計画」『日本建築学会計画系論文集』七六（六五九）、二〇一一年、二五三〜二五九頁。その根拠として、『都市公論』七巻七号、一九二四年。
（8）小野芳朗「京都帝国大学土木工学科出身の都市計画系技術吏員」『土木史研究講演集』三〇、二〇一〇年、二八五〜二九一頁。章末に京都帝国大学土木工学科都市計画系技術吏員の略歴一覧を付した。表1とともに参照されたい。
（9）戦前の植民地の都市計画もこうした帝国大学、とくに東京、京都、九州の土木工学科出身の技師が担った。また技手は京城をはじめとする高等工業学校出身者が多かった。広瀬貞三「朝鮮総督府の土木官僚」『日本の朝鮮・台湾支配と植民地官僚』思文閣出版、二〇〇九年、二六〇〜三九二頁。また植民地における都市計画系の技師が戦後日本の地方都市の復興計画を担った例もある。味園将矢・岸本友恵・木方十根「土木技師・梶山浅次郎の経歴と業績：鹿児島市戦災復興都市計画研究」『日本建築学会研究報告、九州支部』三、計画系（五〇）、二〇一一年、二二九〜二三二頁。
（10）中嶋節子「京都の風致地区指定過程に重層する意図とその主体」『近代日本の歴史都市』思文閣出版、二〇一三年、二三一〜二六〇頁。
（11）京都市役所蔵、京伏合併問題研究書類「紀伊郡編入ニ関スル意見書」大正一一年一一月二九日。［資料21］
（12）同右、「京伏合併問題ノ研究　其二」。［資料22］
（13）同右、「伏見町の併合に就て」。
（14）京都府立総合資料館府庁文書、昭四-四三　伏見市制施行一件中「市制施行方上申ニ関シ副申」伏見町第四一号議案。
（15）京都府立総合資料館府庁文書、昭四-四三　伏見市制施行一件中「市制施行之義ニ付意見上申」発第三六六号、大正一四年三月四日。［資料23］
（16）京都府立総合資料館府庁文書、昭六-四一-二　京都市近接市町村編入一件　沿革書類中「伏見町市制施行方上申ニ関

シ副申」庶第四三一号、大正一四年三月二四日。［資料24］
(17) 京都府立総合資料館府庁文書、昭六-四一-二　京都市近接市町村編入一件　沿革書類中「伏見町ノ市制施行ト京都都市計画事業トノ関係ニ就テ照会」四庶第一一七七号、大正一四年四月一四日。
(18) 京都府立総合資料館府庁文書、昭六-四一-二　京都市近接市町村編入一件　沿革書類中「上記ノ回答」土第一七〇一号、大正一四年四月二五日。［資料25］
(19) 京都府立総合資料館府庁文書、昭六-四一-二　京都市近接市町村編入一件　沿革書類中「京伏合併問題ニ関スル件」四庶第二七七号、大正一四年五月四日。
(20) 京都府立総合資料館編『京都府市町村合併史』一九六八年。
(21) 京都府立総合資料館府庁文書、昭六-四一-二　京都市近接市町村編入一件　沿革書類。
(22) 京都府立総合資料館府庁文書、昭六-四一-五　京都市近接市町村編入一件　庶務「京都市近接町村編入ノ義ニ付具申」地秘第一五号、昭和二年一月二二日。［資料26］
(23) 京都府立総合資料館府庁文書、昭四-四三　伏見市制施行一件「市制施行促進ニ関スル意見書ヲ内務大臣ニ提出スル ノ件」伏見町第五九号議案、昭和四年一月二四日。［資料27］
(24) 京都府立総合資料館府庁文書、昭四-四三　伏見市制施行一件「市制施行追加意見上申ニ関スル件」発第一一七号、昭和四年一月二四日。［資料28］
(25) 京都府立総合資料館府庁文書、昭四-四三　伏見市制施行一件「伏見町ニ市制施行ノ義ニ付副申」地秘第三六号、昭和四年二月八日。［資料29］。
(26) 京都府立総合資料館府庁文書、昭四-四三　伏見市制施行一件「伏見町ニ市制施行ノ件ニ付意見上申」地秘第九八号、昭和四年三月二七日。［資料30］
(27) 京都市役所蔵、隣接町村編入に関する一件「京都市近接町村編入ノ件」地秘第六〇号、昭和四年二月二八日。［資料31］
(28) 京都市役所蔵、隣接町村編入に関する一件、昭和四年三月一九日。
(29) 京都市役所蔵、隣接町村編入に関する一件、昭和四年三月一五日。

(30) 京都市役所蔵、隣接二七箇町村編入誌、昭和六年。
(31) 京都市役所蔵、隣接町村編入に関する一件、昭和四年三月一九日。
(32) 京都市役所蔵、隣接町村編入に関する件、稟議書、昭和五年四月一日。
(33) 京都府立総合資料館府庁文書、昭四-四三　伏見市制施行一件「市制施行之義ニ付意見上申」発第四一五号、昭和四年三月一三日。［資料32］
(34) 京都府立総合資料館府庁文書、昭四-四三　伏見市制施行一件。
(35) 同右。
(36) 京都府立総合資料館府庁文書、昭六-四一-五　京都市近接市町村編入一件、庶務。
(37) 『京伏合併記念伏見市誌』京伏合併記念会、一九三五年、一七五頁。
(38) 京都府立総合資料館府庁文書、昭六-一四〇-三　公有水面埋立。
(39) 前掲注(37)『京伏合併記念伏見市誌』所収、遊郭地指定に関する公文書、発第九〇三号、昭和三年五月四日。［資料33］
(40) 京都府立総合資料館府庁文書、昭六-三六-一　市財政　自壱至六。［資料34］
(41) 前掲注(37)『京伏合併記念伏見市誌』所収、遊郭地指定に関する公文書、発第四九四号、昭和四年三月三一日。［資料35］
(42) 前掲注(37)『京伏合併記念伏見市誌』所収、遊郭地指定に関する公文書、三保第五九八号、昭和四年七月五日。［資料36］
(43) 京都市役所蔵、伏見市　市会々議録　昭和五年六月一六日。
(44) 京都府立総合資料館府庁文書、昭六-三六-一　市財政　自壱至六、起債許可稟請ニ関スル件、昭和五年八月二九日。
(45) 京都府立総合資料館府庁文書、昭六-三六-一　市財政　自壱至六。
(46) 小野芳朗『水の環境史――「京の名水」はなぜ失われたか――』ＰＨＰ新書、二〇〇一年。大阪の市域拡張の場合（一八九～二〇〇頁）。現在でも平成の大合併で京都市に編入された京北町は、簡易水道の改築を条件に編入されることを決めた。

(47)　結果的にこの水道は新山科浄水場として京都市伏見区への上水源として機能している。
(48)　京都市役所蔵、伏見市　市会々議録、昭和六年二月二七日。
(49)　京都市役所蔵、伏見市　水道一件、昭和六年。

〔京都帝国大学土木工学科出身都市計画系技術吏員〕

・原全路（はらぜんじ）：明治三八年大阪市、同三九年広島市、同四二年京都市水道課長として蹴上浄水場建設に関与。大正二年東京市水道、同一〇年東京市下水課長、昭和三年同技師長、同五年東京市水道局長、同一二年東京市助役。
・井上秀二（いのうえひでじ）：明治三四年京大助教授、同三五年京都市土木課長、同四一年臨時事業部技術長兼水道課長、同四三年横浜市水道局長、大正四年退職、昭和一一年土木学会長。
・永田兵三郎（ながたへいさぶろう）：明治四〇年京都市、大阪市電気局を経て大正三年京都市、大正七年同工務課長、同九年工務部長、同一一年都市計画部長、同一四年電気局長、昭和二年京都市辞職、昭和三年横浜市電気局長。
・安田靖一（やすだせいいち）：明治四〇年京都市水道課にて蹴上浄水場の設計担当、同四五年神戸市、大正五年奈良市水道部、大正八年京都市水道課、同一三年水道課長、同一四年技師長兼土木局長。
・福留並喜（ふくとめなみき）：北海道庁鉄道部を経て大正一〇年大阪市、昭和七年同港湾部長、九年土木部長で大阪駅前付近の区画整理事業、御堂筋の銀杏並木を植樹、同一五年技監、同一八年退職後、都市計画大阪地方委員会臨時委員。
・澤井準一（さわいじゅんいち）：明治三九年大阪市、大正三年同水道課長、同七年市区改正部兼務、同八年水道部長として第一次都市計画に参画、下水道計画を手がける。大正一二年退職、池上四郎とともに朝鮮総督府で上下水道担当。
・奥中喜代一（おくなかきよいち）：満鉄勤務ののち大正九年神戸市、都市計画部調査課長、工務課長、土木部都市計画課長、用地課長、理事。昭和一八年退職。昭和二三〜二七年神戸工専、神戸大学工学部で講師。
・小野基樹（おのもとき）：明治四三年京都御所水道の設計、同四五年東京市水道拡張課、大正八年函館市水道拡張事務所長、大正一三年東京市水道局工事課、昭和三年拡張課長、同一一年小河内貯水池建設事務所長、同一七年東京市水道局長。
・宮内義則（みやうちよしのり）：大正四年内務省、同六年岡山県、同九年大阪府、同一一年高知県、同一三年復興局、昭和六年東京土木事務所、同七年三重県土木課長、同八年大阪市土木部都市計画課長として御堂筋建設、大阪駅前区画整理事業、

室戸台風復興事業に従事。昭和一五年港湾部長、同二一年港湾局長、同二二年退職後、都市計画愛媛地方委員会など。

・**谷口成之**（たにぐちしげゆき）：大正一四年都市計画愛知地方委員会にて石川栄耀のもとに従事。昭和五年都市計画長崎地方委員会、同一四年都市計画北海道地方委員会、同一七年都市計画東京地方委員会で護国寺の大防空壕をつくる。昭和二一年東京都区画整理課長、二二年同部長。

・**武居高四郎**（たけいたかしろう）：大正六年大阪市土木課、同七年ハーバード大学、リバプール大学留学、同九年大阪市都市計画課、同一一年内務省都市計画課、同一二年都市計画岡山地方委員会、同一三年都市計画広島地方委員会、同一五年京都帝大助教授、土木工学科都市計画講座担当。

第三章　伏見市制の挫折と京都市への編入プロセス

前述したように、旧伏見市側において編纂した『京伏合併記念伏見市誌』によれば、編入の理由は佐上信一府知事の主導によるところが大きく、その大義名分として都市計画区域の京都市への編入実現による大京都市形成をあげ、伏見市編入のいわばツールとして伏見市の歳入不足と埋立工事費負債で揺さぶったとある。そして『京都市政史』は前者を重視する立場をとり、『京都の歴史』は後者を重視する立場をとるとともに、これに当時の二大政党間の対立を絡めている。

本章においては、伏見市制実現と大伏見市構想を掲げた中野種一郎の施策と、この中野の前に現れ、編入合併に導いた京都府知事佐上信一の施策を検証することによって伏見市編入の構造を論じてみたい。

一　伏見市制の論理――中野種一郎の施策の検証――

まず、中野市長は栄光の地、伏見の構築を目指していた。それは編入なった後の『京伏合併記念伏見市誌』に色濃く描かれている。曰く、『日本書紀』雄略天皇一七年の条に現れる「俯見村」がこの地の歴史に現れた最初であり、『万葉集』の古歌に詠まれ、皇室の御料（白河院）となり、文禄三（一五九四）年には豊臣秀吉の伏見城の城下となり、江戸時代には京坂間の物流の集散地として栄え、幕末には勤王志士の舞台となり、錦旗の立つ鳥羽伏見の戦いがあった。そして今は伏見桃山御陵の下に栄える町である。伏見市歌には「仰げば尊し桃山の　御陵に輝く朝日かげ」「おもえは往昔豊太閤　巨城を築きし由緒の地」「錦旗の初めてあがりし也　維新の光を生めること」とある。まさに、皇室ゆかりの地、伏見であり、その意味では京都市の由緒にひけをとるものではない、という気概が感じられる。

また日清戦争以後の技術革新と販路拡大により、大倉酒造（月桂冠）、宝酒造を始め、酒造業が発展し、伏見を代表する産業となり、宇治川派流の北側に醸造蔵が展開し、中継都市から工業都市へ発展していく。インフラ整備も充実し、元来水運の町であった伏見に、まず明治二七（一八九四）年九月に琵琶湖疏水鴨川運河が開通、翌年三月に伏見インクラインが竣工し、大津から大阪への水運ができる。

水運はやがて鉄道にとって替わられることは前記した。京都電気鉄道（のちの市電）、奈良鉄道（現・JR奈良線）、京阪鉄道、そして昭和三（一九二八）年一一月には奈良電気鉄道（現・近鉄京都線）が開通する。

当時の伏見市の人口規模は、昭和四（一九二九）年五月一日の市制施行日現在で、三四、四九四人であり、大津市（大正一一年一一月一日市制実施：三三、七七九人）、尾道市（大正八年一一月一日：二七、七四〇人）、丸亀市（明治三二年四月一日：二七、九七一人）、岸和田市（大正一一年一一月一日：二二、〇五〇人）と比較しても全く遜色なく、財政面でも近隣の大津市とほぼ同規模であった。

このように大義名分とインフラ、規模・財政を背景に、市制施行の実施に踏み切る決意を中野種一郎はした。大正一五（一九二六）年八月三日に伏見町長に就任し、昭和四（一九二九）年五月一日の市制施行にともない市長となる。この市制施行が首尾よく進んだのは府知事が政友会系の大海原重義で、京都市長土岐嘉平が合併に消極的だったことが大きいと考える。

そして伏見周辺町村を編入する大伏見市構想を打ち出す。これは昭和四年に京都市が構想した「市会案」を前提に、ここから漏れた堀内村（伏見桃山御陵の治定地）、向嶋村（工場、競馬場）、下鳥羽村、横大路村、納所村（工場地、京阪国道が通過）を伏見に編入し、京都市は住宅・遊覧都市、伏見市は工業都市として発展する京都府下の二大都市を目指すものであった[1]。この大伏見市の核となる計画が水道敷設事業であった[2]。

しかしながら、以上の中野の伏見都市経営戦略は、以下に示すような欠陥を有し、結果として失敗に終わる。まず、新興の酒造業を含めた栄光の伏見という大義名分は、それを支える財政的担保が必要であった。工業都市として一定の発展が望めたものの、伏見市内の道路は未改修や狭隘なものが多く、他都市に劣っていた[3]。また大伏見市構想の要で、昭和五（一九三〇）年八月に設計された上水道計画自体、宇治川沿いの陸軍火薬製造所上流から取水する上下水道の工費あわせて九五〇、〇〇〇円を起債でまかなう計画であった。

以上のように生まれたばかりの伏見市はその事業意欲に比して財政的安定性に欠くところがあった。そして、宇治川派流埋立地売却問題が生じるのである。起債した二〇万円は当時の伏見市の年間歳入の経常部決算に匹敵し[4]、これ以上の上水道計画を含む起債が困難な状況においこまれていったのである。

また政友会内閣と同会系府知事の体制を機会として市制施行に踏み切った中野ではあるが、大伏見市構想のターゲットとしたかった伏見市北側の上鳥羽村は京都市への編入を望み、深草町は十六師団駐屯地で財政的に豊かなため独立志向であった。さらに両町村とも首長は京都府会議員を兼ねる民政党員であった。

伏見市会も中野にとって安定した与党ではなかった。京都市への編入最終盤の昭和六年当時、反市長派は全員民政党員で一五人、市長派は政友会八名と民政党、中立含め合計一五名と拮抗していた[5]。

そして都市インフラ上の幹線となる京阪国道の建設など、都市計画事業については伏見市は都市計画京都地方委員会の一員として、京都府・市に主導される側にあった。そうした中での独立市制と事業展開、かつ大伏見市構想だったのである。

二　京都府・市の論理――佐上信一の合併推進論――

佐上信一は前述のようにいわゆる官僚政治家として経歴を重ねた。大正一四年岡山県知事となったのち、長崎県知事、内務省地方局長を経て、昭和四（一九二九）年七月五日に京都府知事に就任した。これは民政党浜口内閣下での就任ではあったが、佐上の就任はその経歴から地方経営に通暁した政治家であったゆえというべきだろう。最大の特徴はその持論である町村合併推進論であった。

その著、『町村合併と其の効果に就いて』[6]は地方局長時代の昭和三（一九二八）年に著され、昭和四年京都府知事就任後に、編入に関係する町村に配布されたパンフレットであった。その中では、風俗習慣を同じくし、日常の交遊交際をともにし、利害を共通する町村は合併して、行政の中心と経済の中心を一致させて発展の助長をなすべきであり、それによって数町村にわたる道路・橋梁・勧業・教育・衛生などの事業を容易にするという、都市計画事業の論理を延伸し、町村合併に重ねているのである。

そして、佐上就任の翌昭和五（一九三〇）年には、宇治川派流埋立地の売却失敗による歳入欠陥補塡のための起債をめぐる伏見市会の混乱と、佐上による大京都実現へ向けての町村合併促進による伏見市への編入圧力という双方の負荷が中野市長にのしかかることとなった。

以下、前章までとの重複も多少あるが、この動向をわかりやすくするため、昭和五年度の事象を追っていくことにする。

昭和四（一九二九）年七月五日が埋立地の遊廓地指定を内務大臣に上申する日であったが、同日佐上が府知事に就任し、これが見送られたことは前記した。翌五年三月一〇日、京都市隣接町村編入に関する調査方針により一市二二町村編入の調査の実施が京都府において決議される（「佐上案」／図1）[7]。ここに再び伏見市は編入のター

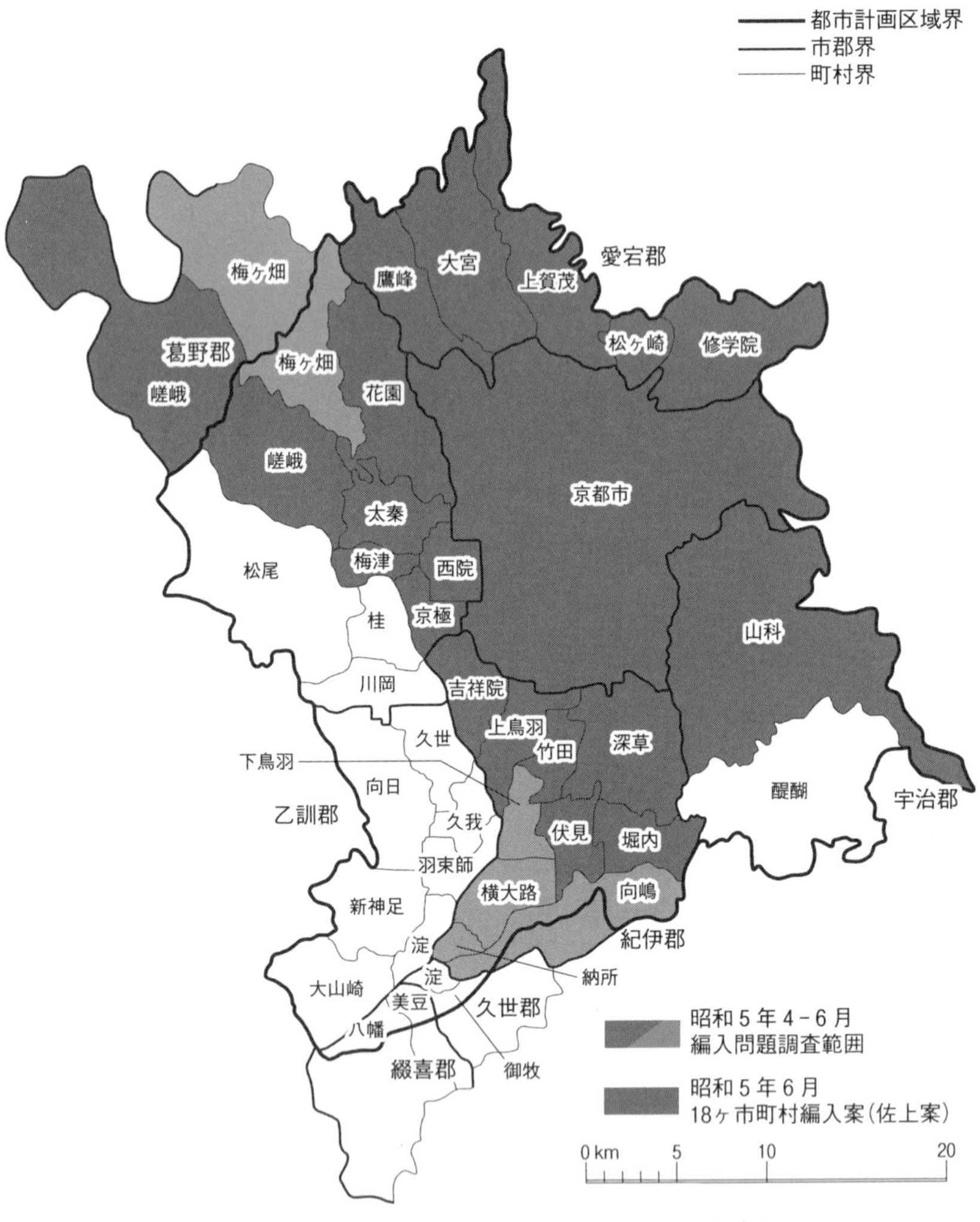

図１　京都近接町村編入案（佐上案）　（林夏樹作成）

ゲットとなり、その施行の目標が昭和六（一九三一）年四月一日と設定された。

一方の埋立工事事業の後始末は深刻さを増し、五月三〇日伏見市会で、翌日の二九九、〇〇〇円の起債償還への対応としての一時借入金三二一、九〇〇円、積立金九〇、〇〇〇円の流用が決定されている。六月三〇日には京都市と伏見市が水道問題で協議するが、この時は京都市が水道事業で伏見を編入する意思は持っていないと言明する。(8)

八月四日、府知事市長協議会で「府市協定案」（図2）として、先の編入案を一部修正し、二〇市町村編入案が決定される。(9)この八月四日の協議会では佐上知事が「伏見市モ近頃無条件合併ノ意見多クナレルガ如シ」と発言し、これに応じて土岐京都市長が「伏見市ガ無条件合併ヲ希望スルナラバ市会ニ於テモ承認スベシ」といった。ただ水道事業の合併については福田虎亀府内務部長が「伏見市ヲ編入セバ不足ヲ来スベシ」と言い、市長は琵琶湖疏水を水源としないで「別ニ水道ヲ作ラザルベカラズ」と応じ、その費用は六〇〇万円とある。

八月二六日、京都市隣接市町村編入懇談会が府庁で開催された。これが佐上府知事と、中野市長の公式の場の初めての議論となる。(10)会議冒頭には、佐上府知事と福田内務部長により従来の主張通り、京都市市是の風致遊覧と工業振興と住宅地の発展統制が述べられた。中野市長は、昭和四（一九二九）年の京都市編入案（「市会案」）には、伏見市編入はなく、先の水道協議でも京都市長は伏見方面への供給はしないと述べたのに、ここにいたって編入案を提示してどのような京都市側の誠意をみせるつもりか、と反対する。さらに新聞報道による伏見財政の行き詰まりを否定する。これに対し、佐上知事は、大伏見市か、京都市編入か二者択一で、前者は実現可能性はなく、京阪国道工事の進捗で南部に工業地帯が形成され、三部経済制度撤廃の時期（昭和六年四月一日）をもって合併するのが大局よりみて安全という。中野は重ねて「三部経済制度撤廃に応じて、京都と伏見の二大都市ができることが理想である。新聞によると伏見市側が合併に条件をつけて（ハードルを上げて）しまえば、京都市が

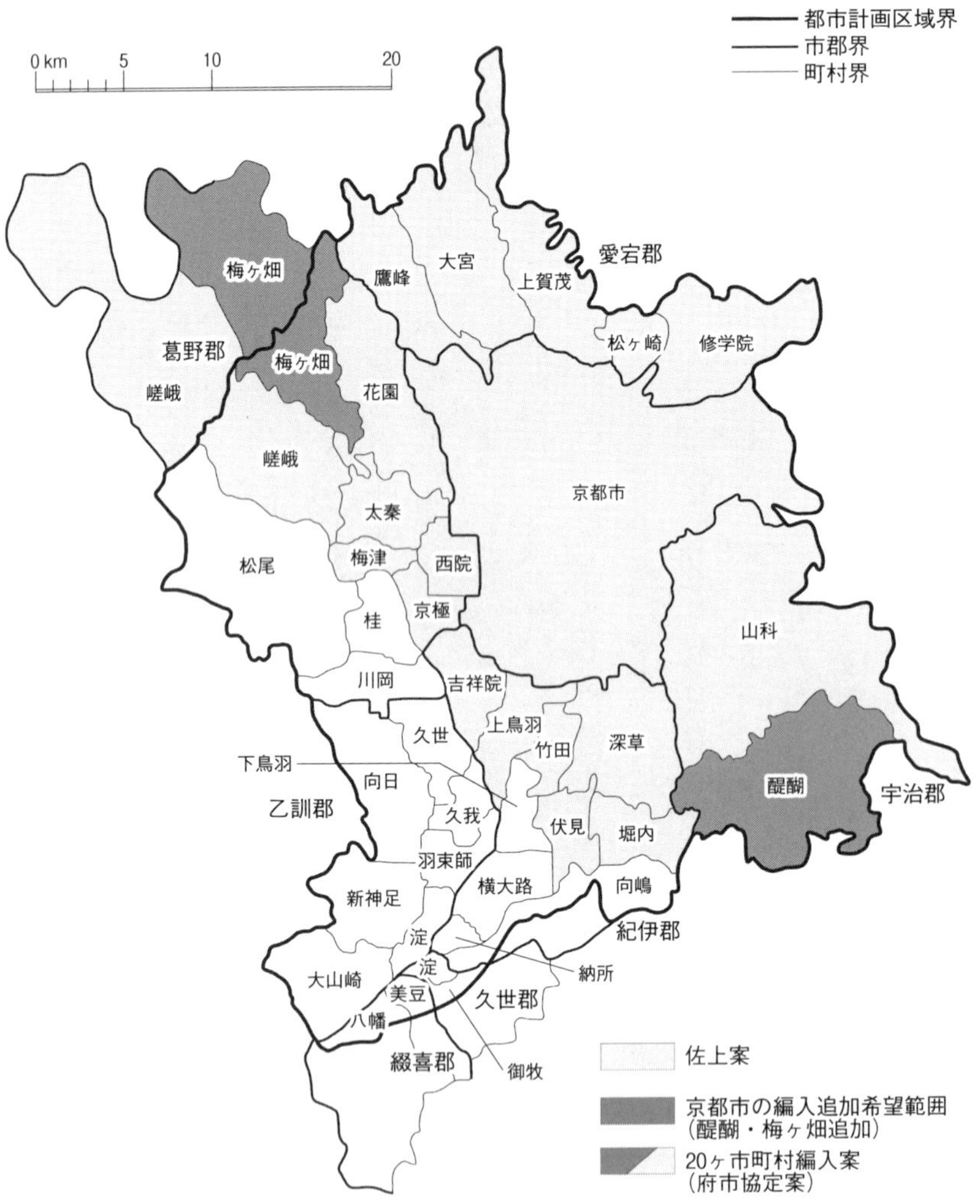

図2　京都近接町村編入案(府市協定案)　(林夏樹作成)

編入することができなくなるというが本当か」という。これに福田内務部長が「編入の場合も合併条件をつけるのは適当でなく、互いに誠意をもって協議すべき」と答えた。そして編入に関係する各市町村は、京都市への編入の可否の答申を九月一〇日までに行うことが決定し、散会した。

その二日後の八月二八日の伏見市会は大荒れとなった[11]。埋立地の売却の不首尾をめぐって議員から中野市長の責任を問う動議がだされたのである。中野は「府知事大海原との間には売却申請裁可の黙契があり、遊郭地指定という約束があったが、知事の更迭により画餅に帰した、それが債務発生の原因である」と言明した。これに対して、公有水面埋立地売却の結果が不成績に終わったこと、起債にいたるまでの予算が無謀であったこと、すべて中野の責任にあるという追及が反市長派を中心に展開される。しかし、責任は議会側にもあるという意見も出て、中野の責任追及動議は上程されずにおわる。さらに重要な案件として、二日前の懇談会で投げかけられた九月一〇日までの編入可否についての回答が市会には求められていた。しかしその期日までに回答はなされず、結局九月一〇日の市会で京伏合併可否諮問案調査委員会が設置され、この日をもって市会は散会し、以後、翌昭和六（一九三一）年二月一二日まで開催されない。

さて九月三〇日、佐上府知事は隣接町村の回答を受けて、「京都市ノ境界変更ニ関スル件」を上申する[12]。これには伏見市は含まれていない。ただし添付された「市ノ統廃合ニ関スル件具申[13]」で「伏見市ヲ廃シテ其ノ区域ヲ京都市ニ編入方御処分相成候様致度」と具申している。

第一八三号

五地秘第二号

九月三十日　　施行

九月二十八日　起案

年月日　　　知事

内務大臣宛

市ノ統廃合ニ関スル件

京都市ノ境界変更ニ関シ別途上申致候処之ト相関連シ同時ニ伏見市ヲ廃シテ其ノ区域ヲ京都市ニ編入方御処分相成候様致度事由ヲ詳具シ此段上申候也

その理由として「京都伏見両市併合ノ件事由書」では、三部経済制度撤廃によって府税は減額されるために、伏見市民の負担は少なくなること、伏見市は宇治川派流埋立工事の造成地が売却できず、歳入欠陥を抱えて起債を計画しているが、京都市と合併すればその窮状を救えること、また京都市周辺の工業地帯として一体的に発展できることがあげられている。(14) つまり京都府としては、伏見市財政の破綻を内務省に報告することで、合併への地ならしをはじめたことになる。

八月二八日の伏見市会閉会後、公文書の伝える伏見市側の動きは、宇治川派流埋立工事にまつわる起債問題に限定される。八月二九日、伏見市長は府知事を通して、内務大臣・大蔵大臣宛に昭和五年度歳入欠陥補塡のための二〇七、八〇〇円の起債許可願いを出す。(15) この書類の不備についてのやりとりが数回あったのち、一一月二五日には府知事より内務・大蔵大臣宛、伏見市の起債は不況下の売却不成績ではやむを得ないのですみやかに許可してほしいこと、(16) 一二月四日には深草町の上下水道整備のための起債許可申請に合わせて、深草・伏見は今回京都市に編入しようとしている主要地域であるので、起債許可してほしい旨が府知事より内務省地方局長宛に出されている。(17)

つまり、一二月四日時点では、すでに伏見市の編入は既定のこととして言及されていたことになる。事実、一二月一六日の京都市市会協議会では、前記の二〇市町村に七町村を加え、二七市町村を編入することを可決し、翌一七日に府知事に内申している[18]（図3）。

起債の件は明けて昭和六（一九三一）年一月二四日にいたり許可が下りる。ただし、今回に限り許可するが、甚だ不適当なものであり、伏見市が多額の歳入欠陥を生じさせたのは府知事の監督不足で今後注意すること、と注釈がついた[19]。

それではいつ、中野市長は大伏見市構想を捨て、京都市編入に傾いたのであろうか。昭和五年八月二六日の府との懇談会では、佐上府知事と中野市長は対立していた。しかし、伏見市財政の実態は、二日後の市会での責任追及に表されるまでもなく、起債による歳入欠陥補塡は避けがたいものであり、この債務をどうしていくのかが、おそらく周辺町村が京都市に編入されていく中で、単独で残ることを模索している伏見市の課題であった。中野市長の大伏見市構想中にあった堀内村の村会（伏見桃山御陵治定地）は、昭和五年一〇月一日、京都市への無条件合併を決議した[20]。

資料的限界から決定的な証拠がないのであるが、『京伏合併記念伏見市誌』の伝えるところによれば、昭和五（一九三〇）年九月二九日に、京都府の福田内務部長、篠山地方課長、濱谷統計課長が、国勢調査事務視察として伏見市役所に出張の際、京伏合併の「理由書」を中野市長に示した、とある。これが、先に示した九月一〇日締切の回答に間に合わなかったため、京都府が内務省に別添として提出した「京都伏見両市併合ノ件事由書」[14]であると考えられる。それによれば、①中野市長がかつて、昭和四年四月三〇日京都府参事会の場にて「伏見市制実施後も京都市において合併する誠意あれば、決してこれを拒むものあらず」との発言を議事録に残したこと、②伏見の隣接町村は伏見市への編入を望んでいないこと、③伏見市民の負担は相当高率だが、財源となる見るべき

図３　京都近接町村編入案(最終案)　(林夏樹作成)

事業がないこと、④三部経済制度撤廃により伏見市民の府税負担軽減は約七二、〇〇〇円に及ぶこと、⑤宇治川派流埋立問題では基本財産、積立金の大部分を処分しても、なお二〇万円の起債が必要で、埋立地処分の目処もなく、今後の土木事業は困難であることを告げている。

この時期には中野市長は伏見独立をあきらめて、京都市編入への条件を整える方針へ転換していたと考えるのが妥当ではないだろうか。つまり九月二九日の福田ミッションは、中野市長への最後通牒であった可能性が高い。埋立地起債の申請も府知事よりこれ以後度重なってなされ、結果的に知事の監督不行届をもって解決する。記録上は、編入に関するものが同年九月から一二月にかけてまったく残されていない。編入に向けての調査が、先の京伏合併可否諮問案調査委員会によりなされていたと考えられ、委員会は一二月上旬に調査を終了している。[21]その調査委員会のメンバーは、反市長派、市長派ともほぼ同数であるが、合併に関しては政友会は編入否定、その他は賛成派で賛成派が多くを占める構成となっている。[22]

この調査委員会の報告書は昭和六（一九三一）年二月四日に完成するが、編入された場合の各部会のメリット・デメリットを語ることが調査の内容であった。おのずとそれは、編入された場合の条件を浮かび上がらせるものともなる。その内容の概略をみると、三部経済制度撤廃による府税軽減については、新設される都市計画税により結果的に増税となること、水道は現状の京都市においては給水能力がないこと、教育施設の現状は充足しているが、道路・下水道の都市インフラが不足していることがあげられている。[23]結局、この調査報告だけでは編入の是非に関して結論は出ず、二七日をもって市会を閉会し「小会議」をもって議論することとなった、とある。[24]『京伏合併記念伏見市誌』によると、この「小会議」で条件付きであるが編入賛成に意見が集約されたとされ、翌二八日に市会各派代表者会議を開き、編入条件について協議した。同年三月二日、伏見市会協議会にて編入条件について協議し、翌三日、中野市長は佐上府知事と会談する。[25]

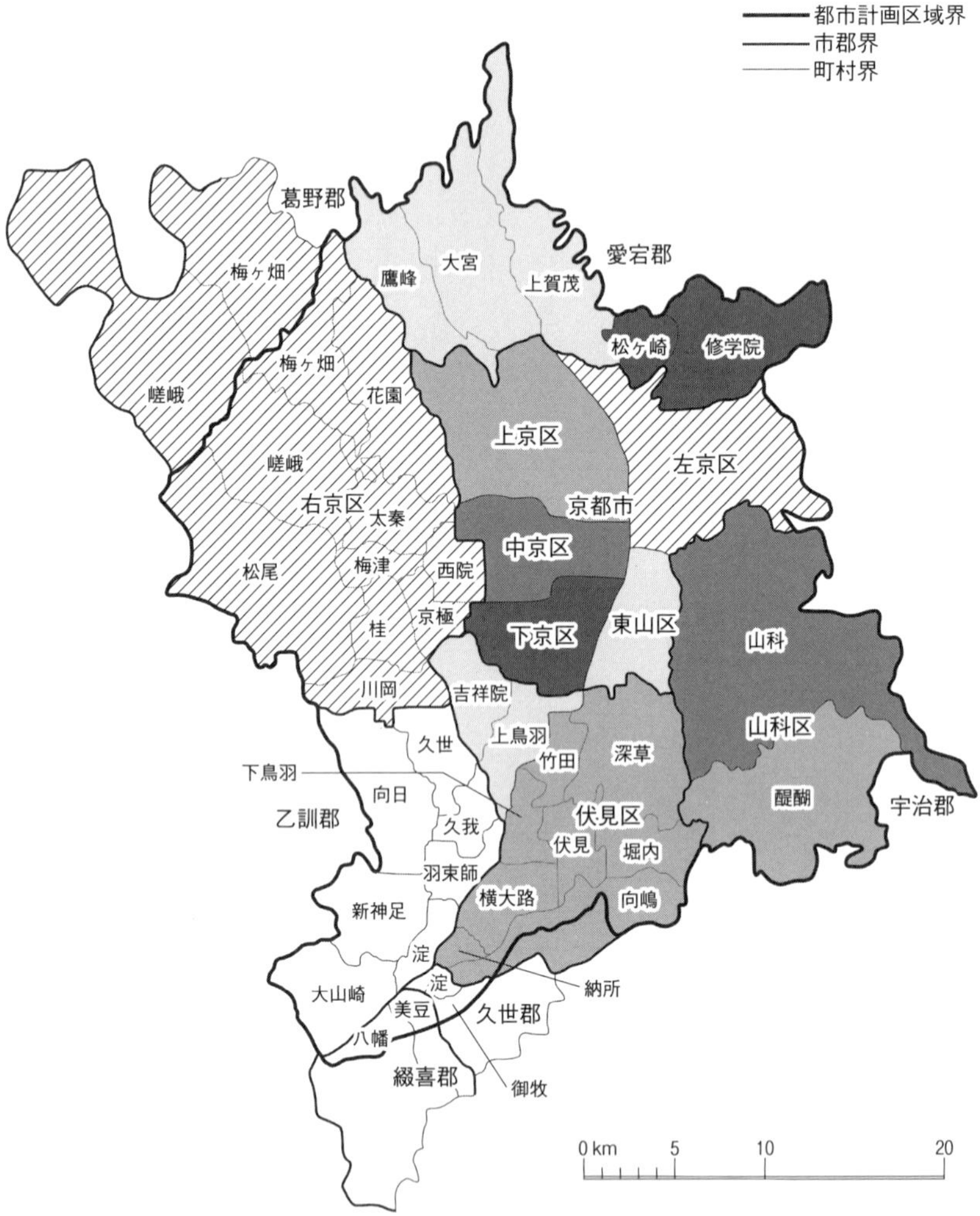

図4　伏見区成立時の京都近接町村(昭和6年4月)　(林夏樹作成)

編入条件は絶対条件二一か条と希望条件九か条が提示された[26]。前者の二一か条のうち、伏見の独立性を象徴するものとして、伏見区の設置と現市役所の伏見区役所化があげられた。財政の破綻の補塡については、埋立工事を含む伏見市事業の起債を京都市が償還継承すること、基本財産と積立金は京都市が積み戻しし、事業資金は伏見方面委員へ継承し、その他を伏見学区の基本財産とすることが要請された。インフラ整備に関しては、上下水道工事の継承と経営をはじめとして、京阪国道、一般道路、病院、学校、市場、公会堂、消防署の存置継承が求められた。

この条件提示は、三月三日に中野市長と佐上府知事の間で行われ、府知事の回答は、伏見区役所は「目的ノ達成ニ努ム」、負債肩代わりについては「認ム」、インフラ整備も「認ム」で、おおむね了承された[27]。これは翌四日の伏見市会で議事録に残すために中野市長より報告され、履行については中野・佐上両氏へ一任することも議決された[28]。昭和六（一九三一）年三月三一日、最後の伏見市会を経て[29]、翌四月一日、京都市は目標設定した期日に隣接二七市町村を編入し、図4のような伏見区が誕生した。

（1）京都市役所蔵、伏見市　市会々議録　昭和六年二月二七日。
（2）同右。
（3）京都市役所蔵、伏見市　市会々議録　昭和六年二月一九日。
（4）昭和二年度の伏見町決算経常部は、二七九、九二〇円。京都市役所蔵、伏見市決算書綴。
（5）京都府立総合資料館府庁文書、昭六-四一-五　京都市近接市町村編入一件　庶務。
（6）『自治研究』四巻一〇号（一九二八年一〇月）に初出。本書では『斯民』第二五輯第五号（一九三〇年五月）一五～一八頁によった。
（7）京都府立総合資料館府庁文書、昭六-四一-一　京都市近接市町村編入一件　基本書類中「基本調査ノ方針ニ関スル伺

定」昭和五年三月一〇日。［資料37］
（8）京都市役所蔵、伏見市　市会会議録　昭和五年六月三〇日。
（9）京都府立総合資料館府庁文書、昭六-四一-一　京都市近接市町村編入一件　基本書類中、「京都市近接市町村編入問題知事市長協議会記録」。［資料38］
（10）京都府立総合資料館府庁文書、昭六-四一-一　京都市近接市町村編入一件　基本書類。
（11）京都市役所蔵、伏見市　市会々議録　昭和五年八月二八日。
（12）京都府立総合資料館府庁文書、昭六-四一-一　京都市近接市町村編入一件　庶務中「京都市境界変更ニ関スル件事由書」昭和五年九月三〇日。［資料39］
（13）京都府立総合資料館府庁文書、昭六-四一-一　京都市近接市町村編入一件　庶務中「市ノ廃合ニ関スル件具申」昭和五年九月三〇日。
（14）京都府立総合資料館府庁文書、昭六-四一-一　京都市近接市町村編入一件　庶務中「京都伏見両市併合ノ件事由書」昭和五年九月三〇日。［資料40］
（15）京都府立総合資料館府庁文書、昭六-三六-一　市財政　自壱至六、起債許可稟請書。
（16）京都府立総合資料館府庁文書、昭六-三六-一　市財政　自壱至六、伏見市起債許可申請ニ付副申案。
（17）京都府立総合資料館府庁文書、昭六-三六-一　市財政　自壱至六、伏見市及深草町ノ起債許可促進方依願状。
（18）京都市役所蔵、隣接町村編入に関する一件、隣接二七市町村編入誌、京都府立総合資料館蔵、昭六-四一-一　京都市近接市町村編入一件　基本書類。
（19）京都府立総合資料館府庁文書、昭六-三六-一　市財政　自壱至六。
（20）京都府立総合資料館編『京都府市町村合併史』京都府、一九六八年、五八九頁。
（21）『京伏合併記念伏見市誌』京伏合併記念会、一九三五年、二〇三～二〇四頁。
（22）京都府立総合資料館府庁文書、昭六-四一-五　京都市近接市町村編入一件　庶務。
（23）京都市役所蔵、伏見市　市会々議録　昭和六年二月一二、一三、一八、一九、二三、二六日。
（24）前掲注（21）『京伏合併記念伏見市誌』二一六頁。

(25) 京都府立総合資料館府庁文書、昭六-四一-五　京都市近接市町村編入一件　基本書類。
(26) 前掲注(21)『京伏合併記念伏見市誌』二一六～二一七頁。[資料41]
(27) 京都府立総合資料館府庁文書、昭六-四一-五　京都市近接市町村編入一件　基本書類、昭和六年三月九日、伏見市、京都市編入条件ニ関スル覚書。[資料42]
(28) 京都市役所蔵、伏見市　市会々議録、昭和六年三月四日。
(29) 京都市役所蔵、伏見市　市会々議録、昭和六年三月三一日。

結　章

伏見市の京都市への編入の構造的要因について検証を進めてきた。

独立市制を敷いてわずか一年一一か月後の編入の背景に、どのような事象が潜んでいたのかを議論してきた。昭和初期の大不況期における財政運営の困難さはひとり伏見市だけの問題ではなく、多くの都市の都市計画事業は起債にふみきらざるを得ない状況になっていた[(1)]。伏見市はこれに加え宇治川派流埋立地売却の不成績問題が上乗せされた。上水道をはじめとする都市インフラ整備も途上にあり、財源問題は深刻であった。その中で政治的にも政友会党人の中野市長が市会運営をコントロールし難くなるという場面が見られた。そして日本の都市史上、昭和初期は都市計画区域を編入し、各地の中核的な都市が「大○○」となる時代であった。伏見もその例外に漏れず、京都府の三部経済制度撤廃による京都市部への利益還元が呼び水となり編入は時宜を得たものとなった。

このように、『京伏合併記念伏見市誌』をはじめ、刊行されている編纂資料の伝える編入への理由は、いずれも構造的要因のいくつかを説明するものとはなっている。しかし、ここで仮に中野種一郎が伏見町長になっていなかったら、歴史はどのように動いたと考えられるだろうか。おそらく、独立市制、大伏見市構想はなく、伏見町は他の周辺町村同様、都市計画区域の一町として京都市に編入されていただろう。あるいは、もし仮に昭和四（一九二九）年七月の政変が起こらず、政友会内閣のもとで大海原府知事が続投していたら、宇治川派流埋立地の遊郭地指定は内務省に上申され、伏見市が巨額の歳入欠陥を生むこともなく、独立市制を経営しえたであろう。

このように考えると、中野種一郎と佐上信一という二人の指導者の歴史における役割を検証することが、この複雑に要素の絡まり合う編入問題への構造を解き明かす鍵となると期待できる。

まず、三部経済制度撤廃は、郡部に税負担の大きかった当時の状況としては、そこに支持基盤を有する政友会系地方政府にとっては喫緊の利益誘導政策であった。撤廃に消極的で編入推進に積極的だった浜田恒之助に代わって、政友会系大海原重義が伏見市編入を棚上げし、撤廃政策を優先させたのは当然である。誤算は、その実施日である昭和六（一九三一）年四月一日まで大海原が知事の地位になかったことである。

中野種一郎も誤算ともいえる事柄に遭遇した。彼は大海原知事時代に機に乗じて伏見市制を敷き、かつ大伏見市構想まで言及した。彼のいう栄光の伏見は、伏見市民にも受け入れられた、と考えられる。これは昭和御大典を迎える昭和初期の時代的気分であった「郷土宣揚」に乗るものであった(2)。しかしながら、伏見市の都市経営の実態がともなわなかった。インフラが脆弱な伏見市は、都市計画事業は単独で行えず、府庁内の都市計画京都地方委員会に委ねていた。つまり、道路、港湾（伏見港）をはじめとする幹線事業をはじめ、伏見のポジションを京都府・市の求める南部工業地域としてみずから位置づけていた。それは、京都市と並び立つ栄光の大伏見像とは矛盾するものであった。

そして、都市計画事業ではない上水道供給も、京都市へ依存し、独自の都市経営事業の財源として中書島遊郭地拡大を企図し、そこからの収入をあてにした。そのための宇治川派流埋立工事であったが、遊郭地指定申請は交代した府知事佐上信一からは上申されなかった。結果的にこの事件が、市制独立経営を阻害する最大の要因となる。

佐上知事の意図は資料が何ものこされておらず、不明である。彼は前記したように民政党系ではなく、政治的には政友会望月派であり、政治的対立者として中野市長に対峙したのではなく、町村合併論者として、地方経営のプロとして、都市計画事業と町村合併を推進したと考えられる。したがって、伏見市だけが独立して残る、ということは佐上の都市経営感覚からみて容認できなかった、とみるのが妥当であろう。遊郭地指定の上申差止めが、伏見市財政に大打撃を与えることは佐上は承知していたはずである。

昭和五（一九三〇）年八月二六日の京都市隣接市町村編入懇談会の結果、翌六年四月一日の施行を目指す編入案に向けて、各市町村は九月一〇日締切で決断を迫られることとなった。直後の二八日の伏見市会における中野市長の責任追及、巨額の起債の提案、そして九月一〇日締切の回答を迫られたことにより、中野市長は独立市制の維持方針を転換したと考えられる。九月二九日の福田ミッションは、伏見市からの回答が得られないことを受けて、内務省宛に伏見市編入の件を上申する（九月三〇日付）との最後通牒であった。つまり、中野市長の決断は八月二八日から九月一〇日の間になされた、と推測することができる。なぜなら、九月一〇日は回答期限日であり、この日には諮問案調査委員会が設置されている。その委員会の仕事は、実質的には編入の条件を検討することにあった。九月一〇日までには編入の決断がなされたゆえの委員会設置で、九月三〇日付の府知事の内務大臣宛の上申はすでに伏見市廃合を前提としている。その前日が福田内務部長の最後通牒であった。この時には、すでに廃合・編入の了解は中野市長側ではなされていたと考えることができよう。以後の伏見市行政は、起債申請の事務手続きと、編入に向けた条件の検討に入った。

一方の京都府は、伏見市編入は規定事実として不況下での埋立地売却不成績や、みずからの監督不行届を事由にあげながら、非常時であることを理由として起債認可を内務省に上申している。この点、短絡すると佐上府知事は伏見市の財源となる遊郭地指定を上申せず、一方で起債へ誘導し、伏見市をコントロールしたともみなせなくはないが、確証がない。むしろ、佐上府知事の都市経営理念が遊郭地財源による都市経営戦略ではなく、合併による大京都市の市是、遊覧と工業を掲げた都市経営にあったとみるほうが自然であろう。

郡部に有利な三部経済制度撤廃についても、佐上府知事はこれに不満な府市部会や、京都市会に対して郡部の編入によりむしろ京都市財政には有利に働くと説得し、編入促進への筋道をつけていく。実際、都市計画事業の適用により都市計画税が京都市の財源として、編入された郡部からも徴収されていく。そして、三部経済制度撤廃期日の昭和六年四月一日をもって、大京都市が実現するシナリオが描かれたのである。

(1) 小野らは、佐上信一が主導した岡山市の都市計画事業について、当初予算の見込みがはずれ、結果的に起債を重ねていくことによって、事業を推進せざるを得なかった実態を明らかにした。小野芳朗・興津洋祐「戦前期の岡山市都市計画街路の形成」『日本建築学会計画系論文集』七六(六六七)、二〇一一年、一七三五~一七四三頁。

(2) たとえば、高木博志「解説」『史蹟名勝天然紀念物』昭和編、不二出版、二〇〇八年。文部省に移管された史跡名勝天然紀念物保存業務(現在は文化庁)は、天皇聖蹟(明治、建武中興、神武)の顕彰運動を展開し、これに内務省衛生局の国立公園設置調査が重なることにより、地方では郷土を日本史の中に位置づけ、賞揚する郷土宣揚の運動が各地の保勝会を中心に展開された。伏見市もこうした天皇の存在を意識した時代的気分の中にあったと考えられる。

＊資料名下の［　］は各章末の注との対応を示す。

資料1　橋本政宣「賀茂別雷神社と賀茂川」（大山喬平監修、石川登志雄・宇野日出生・地主智彦編『上賀茂のもり・やしろ・まつり』思文閣出版、二〇〇六年所収、一三二～一三三頁）［1-1注6］

「禁裏御所方役者連署折紙」

（前略）

禁中様御泉水之諸木共、事之外痛候ニ付、水下候様ニ可申遣之旨、長橋殿ゟ被仰出候間、此由惣中へ被仰渡、無油断水下候様ニ尤ニ候、（後略）

（付箋）「正保四年亥」七月廿四日

木坂和泉守

正元　花押

（他二名連署略）

御沙汰人衆中

参

「禁裏御所方役者連署折紙」

一筆令啓達候、然者、禁裏御泉水江かけ候水、漸ゝ今朝辰下刻かゝり初候、然所、在ゝ迷惑申候由被為　聞召、御庭之植木共痛候ても不苦候間、水留候様ニと被　仰出候間、其御心得可被成候、重而御用之儀も御座候ハゝ、早速御掛可被成候、恐ゝ謹言、

（付箋）「正保四年亥」七月廿六日

木坂和泉守
正元　花押
（他二名連署略）

藤木大学　様
（他二名略）
人々御中

資料2「中町藪内町屋敷」（京都市歴史資料館蔵）［1-1注8］

此絵図者、今度御用水筋土砂浚之儀、先達而ヨリ禁裏御所取次中へ掛合、御附衆ヨリ茂、御役所へ御掛合有之、依之、御役所へ願書差上候■間、社中ヨリ川筋内見之上、荒増之絵図差出候様、被仰候ニ付

天明二壬寅九月二日、月番業久・御水掛重殖

元保・保健・雑掌季栄・経堅等、内見之上、絵図出来、清書清蔭同五日、業久・季栄、西御所

目附方中井直次郎へ差出之願書左

奉願口状

禁裏御所御用水筋、室町頭入口ヨリ今出川御門迠之間、年々土砂流込候故、自然与埋レ、并石垣塵留等茂、所々破損仕候ニ付、渇水之節者、下役之者共、随分心を附、早速水上之樋門をおトし、寺町裏悪水抜之樋門ヨリ除之候得共、兎角溢レ易ク御座候而難儀仕候ハ、何事右川筋惣浚、并石垣塵留等茂、修復有之候様ニ仕度奉願候、尤破損之ヶ所多ク御座候故、別紙絵図差上申候、此段被為聞召ヨリ、願之通夫々被為、仰附被下候様、一社一同奉願候、以上

寅九月　上賀茂一社惣代

御奉行所　山本相模守㊞

森　三位㊞

右、同日取次中土山淡路守へ■命、願書写并絵図等、今日西奉行土尾伊予守へ差出候故、写抜等

季栄　花押

資料3　「賀茂別雷神社文書」寛永二〇年五月二〇日（『史料京都の歴史　北区』第六巻、五七五〜五七六頁）〔1-1注9〕

二〇　御庭の樹いたみ申間、賀茂より水をさけ申せと匂当内侍より被仰出候に付、ミたらし水よりさ申候川ノげ。然ルヲ小山郷ノ田地用水ニさげ申候様ニ訴申候。第一虚言ヲ申上候。剰当月廿五日之旱天ニ百姓小山郷大勢ヲ催シ、ミたらし川の袂を新儀ニ堀切申候。賀茂之役者へも届不申。

二一　本郷・小山何も社領と申なから天下之御知行ニ而御座候へハ、水之義会以私之儀無御座。昔より如有来賀茂本川筋を立、次第〻郷々の井手之水を取申候。然処ニ小山郷百姓共企新義、賀茂本郷みたらし川のたもとを堀切、末代之川口ニ可仕所存を以種々之義御訴訟申上候事。

資料4　「水論御裁許書写」天明四年一一月（「内藤（武）家文書」京都市歴史資料館蔵）〔1-1注10〕

下鴨村小山郷之毛の共、訴候者、賀茂川筋賀茂村井手口ニ而、同村水役百姓共、我儘ニ井手口掘割、水引取候故、渇水之節立会之分、水川筋ニ而高下有之、水分難相成、依之、川下下鴨村小山郷よ里、川筋地川を平均候而、水分可致旨申候得共、下鴨小山両口之川筋江、少茂鍬入させ不申、元来右之場所、宝暦五亥年及、出入裁許之上、請書ニ茂双方掘割之儀、難相成候申渡、双方連印ニ而請書差出有之候処、上賀茂村新規之水役百姓ニ而、近年一方之勝手ニ我儘い多し、安永八亥年も格別掘割、下鴨小山両郷江者、鍬入させ不申、川下百姓共甚難儀い多し候ニ付、上賀茂水役之もの共江、宝暦之度裁許之訣を以段々対談いたし候得共、承引不致、以来、ケ様ニ相成候而者、本所江対下鴨小山両口之百姓共、申訣も無之、難儀いたし候間、上賀茂村水役百姓共江、宝暦亥年裁許之趣相守、渇水之節双方共鍬入、地川を平均水分いたし候様、可申付旨、相願之候

資料5　「御用水録」明治三〇年中（宮内庁宮内公文書館蔵）〔1-1注35〕

御用水分水ノ標準ハ、旧来ノ慣例ニ於テハ、官用七分民用三分タリシヲ、其後自然ニ変更シ、近年ニ至テハ、官用三分民用七分ト云フ如キ模様ニ相成レリ、御用水欠乏之節ハ、下ヶ水ト唱へ、御花壇方ヨリ上賀茂神社々司へ達シ、仝社司ヨリ各村へ伝達、引水方取計フヘキ例ニ有之、其旱魃ノ時ハ、各井手ニ於テ、充分田養水ヲ減量シ、御用水筋へ疎通セシム、然レトモ、尚不充分ナルトキハ、各田養水ニ引用セシヲ、再度御用水筋へ引キ、増量セシムル場合モ有之、其節ハ濁水御免ヲ願出

ツル例ニ相成レリ、又昼間ハ全量ヲ御用水ニ引キ、夜間ハ悉皆田養水ニ引用之儀、願出許可相成リシ例ナキニ非ラス、方今御用水ヲ充分引用セントセハ、旧来之通、小山郷ニ於ケル水番人ヲ設置セラルル方、可然考量ス

右ハ、曾テ当所長ヨリ木子技師へ取調方御依頼ニ依リ

明治三十年七月廿日御所内ニ於テ同技師復命セラレタリ

資料6「御用水録」明治一〇年中（宮内庁宮内公文書館蔵）［1-1注36］

御所御池水、路検査ノ上、先例之ゴトク仕来取調仕候処、水源上賀茂村小山村ニ於テ水役ト唱シ、流水増減常々注意致シ、時トシテ、大ニ減水之節ハ、御花壇奉行ヨリ示シ、田地へ可引取水ヲ減シ、充分御池水江引取候仕来ニ有之、過日来、御池水乏敷次第ハ、夏以来渇水ニテ、惣体乏敷、此節ニ逆而候、通常流水相来居候得共、前年第弐号、市街中ノ水路ニ塵芥相流レ滞リ、道路へ相溢レ、且惣体川床ハ相埋レ、樋門ノ破損所者有之候（後略）

明治十二年　　　京都府土木掛

上賀茂村

小山村

資料7「御用水録」明治一三年中（宮内庁宮内公文書館蔵）［1-1注38］

御所御池水欠乏ニ付、流水之儀、去月宮内省ヨリ照会有之候処、其後降雨ニ而、増水イタシ候ヘトモ、追日晴天相続候イテ、又々欠乏可相成、元来右減水ノ次第者、加茂川筋水源有之ニ而、田地用水路へ多分引水致シ候趣ニ相聴候間、該郡役所ヨリ実地へ御出張、示来精々御池水水路へ、流水方御奉可相成様、上局ニ上申仕、此段及御照会候也

十三年七月十二日　　土木掛

愛宕郡役所　御中

追テ、御駐輦中ハ、猶更注意候様、御奉相成度候也

資料8「御用水録」明治一七年中（宮内庁宮内公文書館蔵）［1-1注40］

御用水々番之儀御尋ニ付上申書

本月十日、御呼出之上、御用水々番勤務心得方之儀蒙り、御尋奉畏候　右ハ去ル明治十三年一月、京都御府ヨリ被仰候、勤書之通心得、勤務罷在候ニ付、別紙勤書写相添へ、此段奏上伸候也

明治十七年六月廿七日

愛宕郡上賀茂村　御用水々番人　山下長八 ㊞

同郡小山村　同　内藤孫次郎 ㊞

宮内省内匠課御中

資料9　「御用水録」明治一七年中（宮内庁宮内公文書館蔵）　［1-1注41］

御所御池水番勤書

一　御所御池水欠乏ナラサル様、無怠惰水路見廻り可申事

一　右、御池水欠乏之節ハ、田地用水ヲ減少之儀、該村照会致し、尚甚しく渇水ニ到候得ハ、其旨可申出事

一　右、水路塵芥等、溜ラサル様、掃除可致事

一　右、水路塵芥等、取捨候者見受候ハヽ、住所姓名ヲ尋、其段可届出事

一　加茂川洪水之節ハ、同所樋門締切可申事

一　上京区第弐組高徳寺町裏樋門之儀ハ、水量多分之節ハ、余分ノ水量ヲ分水路へ流シ、欠乏

（この一行、頁綴じ目につき判読不能）

右之条々相守可申事

明治十三年一月廿一日　京都府

資料10　「御用水録」明治一七年中（宮内庁宮内公文書館蔵）　［1-1注42］

水番心得書

一　京都御所幷大宮御所、仙洞御旧院、御池及非常用水等、平常水量増減無之様、水源及水路無怠惰見廻、厚ク注意可致事

一　植附時節ニ至リ、田面養水之為メ御用水路ノ水脈、猥ニ分割不差許、尤モ不得止天災ニ罹、分水ヲ要スル場合ニヲイテハ、地元戸長ヨリ、当庁内匠課江伺出、之を差許候事、可立之事

但、本文ノ手続ヲ不経、引水致候者有之節ハ、其本籍姓名相糺、其旨、可相心得候事

一　御用水路江、塵芥等流溜不相成様、掃除向注意可致ハ勿論之義ニ付、塵芥等水路江取捨候者見認候、余々本籍姓名相糺シ、其旨可届出候事

但、水路ヨリ他ニ引水等之輩無之様、注意可致事

一　加茂川洪水之節ハ、同所樋門締切ニ注意可致事

一　上京区第弐組高徳寺町裏樋門之儀ハ、御用水路常水之節ハ閉切之儀、無怠注意可致ハ勿論之処、水量相増候節ハ、右樋門相開キ、余分之水量ヲ分割候様可致事

一　御用水路ニ於テ、破損ヶ所等見認候、余々速ニ可届出候事

明治十七年七月　　宮内省支庁

右、謹テ御請奉申上候也

明治十七年七月十二日

愛宕郡上賀茂村　御用水々番　山下長八　㊞

同郡　小山村　同　内藤孫次郎　㊞

宮内省内匠課御中

資料11　「主殿寮出張所ェ御回答按伺」（京都府立総合資料館府庁文書、明二六-五七）　［1-1注48］

上申書

当町内北側民有地ニ接続スル、旧御用水路掃除方、御達相成候ニ就テハ、接続地各戸ヨリ、清潔ニ掃除可致ハ勿論、時々汚穢物洗濯等不致様、注意可致候、依テ此段上伸仕候也

明治廿六年五月九日

京都市上京区上御霊前町　総代　清水利光　㊞

同市同区同町　　総代　松室以忠　㊞

京都府知事　千田貞睦　殿

資料12「御用水録」明治一五年中（宮内庁宮内公文書館蔵）　［1-1注55］

御所御用水下流、博覧会場へ流出スル分、幷ニ旧仙洞御所御池ヨリ流出スル分等ハ、市街ノ用便ニモ不相成ニ付、右御用水下流合シ、伏営ヲ以流動シ、御苑内ヨリ、堺町丸太町ヲ西へ、東洞院ヲ南へ、二条ヲ西へ、烏丸通ヲ南へ、五条ヲ西へ、新町ヲ南与、境内ニ南注シ、前顕繞塀ノ堀溝水ト合流シ、源々トシテ常ニ流動満喫ナラシメ、大ニ保険ノ実用ニ供シ度、右引キ方ハ両際ノ磁管ヲ造リ、導水沿路ノ下ニ伏貫シ、其一条管ハ当分ノ用水ニ専供ニ充テ候得ハ、益以公共ノ便利ヲモ補助ス可キ儀ト奉存候、尤御所ヨリ将来ノ修繕ニテ、当寺ヨリ支弁可仕、又市街各処ノ便用ニ供スル分水溜池等ノ位置、及費用等ノ儀ハ、何分ノ御沙汰可仰心得ニ御座候間、此挙何卒御許容罷成下度、図面等ニ費用概算書相添、此段願上候也

明治十四年九月十七日

下京区第三十組　常葉町　　大谷派本願寺住職　大教区　大谷光勝　㊞

右ニ付奥印仕候也　　戸長　内藤平兵衛　㊞

京都府知事　北垣国道　殿

書面願之趣聞届候条、工事落成之上可届候事

但、各町便用ノ為、設クル水溜ノ位置、及ヒ費用之儀ハ、各町ト適宜協議之上、更ニ可願出候事

土木課大内保存掛

資料13「明治廿四年主殿寮出張所嘱託皇宮御用水路改修工事一件書」（京都府立総合資料館府庁文書、明二三-五四）　［1-1注57］

一　疏水線路分水口へ巾四尺五寸樋門壱ヶ所、及在来ノ御用水路同線路横断ノヶ所へ巾四尺ノ水吐・樋門壱ヶ所幷ニ同所在来ノ水路へ巾六尺ノ樋門壱ヶ所都合三ヶ所、新設ノ積

一　室町頭疏水線路分水口ヨリ御苑今出川門外大中内第一水桝ニ達ス御用水、在来水路ノ儘取繕ヒ、内幾部分改築　平均巾

四尺五寸深三尺ノ積　此延長千〇〇七間六分五厘千十七間七分五厘

一　今出川御門外三拾九号杭ヨリ、旧桂宮外溝ニ出ツ巾壱尺八寸在来ノ分、変換ニ付新設ノ積　此延長九百七拾五間四分此長五間

一　今出川御門内全水路落合口第一水枡ヨリ、今出川通御苑土居内ヲ通過シ、烏丸通御苑外溝ニ出テ、烏丸通外溝取擴ケ、蛤門外ニ於テ一方水路ト合セ、下長者町ニ至リ同町通北側溝取拡ケ、府庁外溝ニ通シ、府庁門前通リ椹木町在来溝ニ達ス、同町通ヲ西ニ向ヒ、在来溝筋取繕ヒ、堀川上水吐ケ水路取繕ノ積リ　巾平均凡四尺深三尺此延長千百弐拾六間〇五厘千百十九間五厘

一　椹木町通烏丸通御苑内ノ分ニ通シ、同町通府廳門前通水路ニ合フ、巾平均三尺深サ凡五尺四尺五寸此延長弐百〇四間

一　寺町御門外仙洞御所南東隅在来川水枡ヨリ、御苑外溝在来ノ分取擴ケ、丸太町川中ニ水吐ケ溝修繕　巾平均三尺深二尺壱寸此延長百六拾六間三分

一　東洞院及間ノ町丸太町ニ水枡ヨリ二線路、姉小路東洞院ニ達スル在来水吐ケ溝修繕ノ積リ、此延長九百七拾五間四分

資料14　「御用水の件主殿寮出張所長へ回答」（京都府立総合資料館府庁文書、明二八‐八〇）　［1‐1注71］

御所非常用水、俄然欠乏ヲ告ケ候ニ付、水路為取調候処、旧御用水ハ沿道耕作用トシテ、多少引用致居候故、減水相成候ハ不得止儀ニ候共、疏水支線ノ分ハ、全ク絶水ノ実況ニ有之、右者毎々御手数ヲ煩居候得共、去ル明治廿三年、御所火防警備取締候際、消防器具備方等、専ラ御府ヨリ御指定相成候、疏水支線分水ノ量ヲ基本トシ、諸事相備従テ、飛水方等無論差支ヲ生スヘキニ付、近年ノ如ク、時々用水欠乏相成候テハ、萬一ノ場合防禦ニ道ナク、最モ憂慮ニ難堪候間、特ニ御詮議ノ上、不絶通水可相成様、其筋へ御達相成候様致度、御依頼旁、此段及御照会候也

明治廿九年六月十一日

主殿寮出張所長心得　粟津職綱

京都府知事男爵　山田信道殿

追テ、目下差支居候間、至急通水相成候様、御取計相成度、此段申添候也

資料15　「御用水録」明治二四年中（宮内庁宮内公文書館蔵）　［1-1注72］

当御所御用水之儀ハ、過日来漸次欠乏シ来リ、目今御所内各水桝へノ流通断絶之姿ニ立至リ候、然ルニ、頃日晴天続ノ為メ、桧皮葺御屋根ノ如キハ、乾燥酷敷、此際別シテ充分御用水無之テハ、懸念不甚少候条、乍御手数、至急右減水之理由御取調之上、予定ノ水量流通候様、御取調有之度、此段及御照会候也

出張所

京都府

追テ、将来ノ心得モ有之ニ付、本文減水之理由御取調之上ハ、至急御通報ヲ煩度、此段奉添候也

資料16　「御用水録」明治二四年中（宮内庁宮内公文書館蔵）　［1-1注73］

市照会第四六号

御所御用水ニ係ル、疏水分線路水量之義ニ付、御照会之趣了承、右ハ疏水分線路之内、鴨川埋樋ノ部分ニ於テ、漏水被候〇ニテ、今回疏水分線路全体之修繕相加、以後、不通無之様、可被見込有之候条、右様、御承知相成度、此段及御回答候也

明治廿五年八月十五日　　京都市参事会

主殿寮出張所　御中

資料17　「御用水録」明治三〇年中（宮内庁宮内公文書館蔵）　［1-1注76］

奉歎願候口上書

本年、稀旱魃ニテ、加茂川減水ニ及ヒ、就テハ田地養水ニ昼夜尽力致居候得共、何分渇水ニテ、現今田地七分通リ干田ニ及ヒ、日夜悲歎ノ末、先例渇水之節ハ、御用水一日間下賜候義モ有之候ヲ申立、何卒、出願被下度旨、従前、願出候間、何卒、一日間之分水、被成下度奉願上候、右、御憐察ヲ以テ、御聞届被成下候ハハ、格別ノ御仁恤、加斯難有仕合ニ而奉存候、此段偏ニ奉歎願候也

明治十六年八月十日

愛宕郡小山村　第十番戸平民

総代　内藤孫次郎 ㊞
戸長　神戸捨松 ㊞

京都府知事　北垣国道殿

〔1-1注78〕

資料18「御用水録」明治三五年中（宮内庁宮内公文書館蔵）

京都府へ照会案

御所御用水之儀ハ、従来別紙図面之通、大宮村外一ヶ村之田面用水トシテ、第一ヨリ第五ニ至ル五ヶ所へ、井堰ヲ設ケ、且ツ、御所御用水之差支無之様、各井路へ引水致候ヲ常例トセシモ、夏季涸渇ヲ際シテハ、右関係村長へ、為立会、水量標設置下水致来候処、図中第四堰水路下流ニ、近年水車ヲ設置シ、精米等ヲ営業スルモノ多々有之趣ニテ、下水取手候モ、忽ニ堰止絶水ニ至ラシメ、巳ニ客月廿四日モ、右様下水取斗候処、同様ニシテ通水ヲ妨害候ニ就テハ、火防上甚憂慮ニ不堪候条、所轄警察署ニ於テ、此際ハ素ヨリ、平素ニ於テモ、右様之不都合無之様、厳重御取締相成度、此段御依頼旁及御照会候也

所長

大森知事宛

〔2-1注20〕

資料19　佐上信一「町村合併の必要と其の効果に就いて」（『斯民』第二五輯第五号、一九三〇年五月、一五～一八頁）

一

町村が国家行政上の単位団体として、負荷の重きに堪ゆると共に、住民の福利を増進しつゝ、益々健全なる発達を遂ぐるか為には、相当数の住民を有し、且或る程度の負担能力を有して居なければならぬ。殊に曩に町村の指導監督を主要の任務とせる郡役所を廃止されてより、町村は一層自主自立を標語として進まなければならぬこと、なった。自から主たること能はず、自から立つこと能はざる町村は生存競争の結果として、終に落伍者たるの悲境に立つことを余儀なくせらる、場合が無いとも限らぬ。是蓋し、郡役所廃止の結果として、能力ある町村は益々進み、能力なき町村は愈々退くに至るは、自然の情勢に外ならないが為である。此の如く町村が其の本来の目的を達成するが為、相当数の住民と或る程度の負担能力とを有す

るの必要あるに加へて、郡役所の廃止に伴ひ一層鞏固なる団体を造るの必要を生じたるが為、此の趨勢に迫られて全国各地方に於て盛に町村合併の必要が唱導せられ、且著しく其の機運が動いて来たのであるが、偖て愈々合併と云ふ場合になると、旧来の慣行が妨げになる。関係町村の利害関係が妨げになる。又各町村住民間の微妙なる感情か妨げになる。其の為に懸声の割合には、町村合併の実現が中々容易でないやうである。之が為に折角伸びむとする町村の勢が地域に制せられ、財力に制せられて伸ぶることが出来ないで、常に苦痛と困難とを感じて居る地方は決して少くないのである。町村の合併は必要であるが、愈々実行に手を染めて見ると、各種の事情が纏綿して之が実現を困難ならしめて居ると云ふことか、現下各地方の実情である。併しながら地方に依りては、町村合併の必要に関して、十分の理解を有せざるか為、自己の町村に関し其の合併の適不適に就てすら考慮を払ふて居ない所も少くないと云ふに至つては、洵に遺憾の次第と言はなければならぬ。

二

我が国町村の現状に鑑み適当なる合併を為すの必要あるは勿論であるが、如何なる町村は之を合併するを可とするやの問題に関しては、相当考究を遂ぐるの必要がある。惟ふに町村にして風俗慣習を同くし、且日常の交通交際を共にし、其の利害を共通にするものは、之を合併するの必要あるべく、之を合併したる後に於ても完全なる団体生活を為すことを得べきである。町村の区域は固より天然の境域に依るものが少くないのであるが、数町村にして風俗慣習を同くし、日常の交通交際を共にし、利害共通の生活を営み、其の地方に於ける経済上の単位としての自覚明瞭なるものにありては、之を合併して其の人為的の境界を撤廃し、広き活動舞台を設けて完全なる団体を構成せしむることは、其の自然の傾向に順応するものであつて、其の団体生活を一層有意義ならしむるのみならず、一般公益の増進上極めて好ましいことである。而して町村に依りては、其の区域動もすれば経済上の結合に適当せざるが為、行政の中心と経済の中心とが相一致せざるもの少からざるのみならず、其の甚しきに至りては屢々経済の中心を欠けるものあるを見るのである。此の如き状況に在る町村は、其の繁栄を期することは困難であるから、当該町村の発達を図らむとせば、宜しく其の区域を経済上の結合に適当せしめ、行政の中心と経済の中心とを相一致せしむることに努めなければならぬ。固より町村は一国行政上の単位なると共に、当該地方に於ける経済上の一単位たるべきことは、町村成立の要件でなければならぬ。然るに近時交通機関の完備に伴ひ、従来に於ける経済活動の範囲漸次拡大するの傾向を生ずるに至り、為に数町村にして完全なる経済上の連帯生活を為すもの次第に多きを加ふるの趨勢を示して来たのである。此の如き町村に在りては、従来の区域に拠るときは、却つて住民の不利不便を招来することと尠からざるが故に、合併に依つて其の区域を経済上の結合に適当せしめ、行政の中心と経済の中心とを相一致せしめ、以て益々其の発展の趨勢を助長し、其の全般的利益の増進を期すべきである。殊に全然経済の中心を欠ける町村にありては、経済の中心を有する隣接町村と合併して、其の無用の境界を撤廃し、之に依つて経済の中心と行政の中心とを相一致せしむるの効果を挙げ得るとせば、其の合併は一層有意義のものと云はなければならぬ。

三

町村の合併を可とすべきや否やは上述の如き合理的の根拠に基きて之を決すべきである。而して町村合併の効果に至りては、次に述ぶるが如く極めて著しきものがある。町村の合併に依つて、町村の計画せる事業の完成を容易ならしむるのみならず、更に町村に必要なる各般の施設を創始することを得る。一国行政上の単位たる町村は、役場を中心として住民の福利を増進するが為、各種の施設を計画しつゝあるけれども、近時の町村は財源の関係上、頗る苦境にありて其の事業の完成は洵に容易の事業ではない。況んや数町村に亙りて施設すべき道路、橋梁、勧業、教育、衛生等各種の事業に至りては、地理的に、行政的に、感情的に動もすれば各町村相互の利害相一致せざるが為、折角の計画も之が完成を期すること愈々至難ならざるを得ない。然るに此の如き町村にして合併を実現するに至らば、少くも従来に比し数倍の力を以て、広き範囲に亙り、雑然紛然たる境界を突破し、人為的拘束を離れて、自由に自然に相当の施設を為すことを得るが為、容易に事業の完成を見ることを得べく、更に進んで従来考へられたることの無いやうな其の町村に必要なる各種の施設を創案することも出来て、当該自治団体の面目を一新するを得るであらう。而して町村の合併は独り町村自体の発達に好影響を与ふるのみではない。其の町村を区域とする各種団体の区域を拡大して其の活動力を増大せしむることを得べきである。町村を区域として存在し、町村自治の助成機関たる勧業、社会、教育、衛生、其の他に関する各種団体は、概ね其の経費貧弱にして理事者に其の人を得難きが為、動もすれば名実相伴はざるの感がある。然るに町村の合併を見るに至らば、是等各種団体は亦合併せられて、其の区域を拡大すると共に、其の活動の資源を豊富にするを得べく、又其の経営者にも適当の人を得易く、為に一層内容の改善を見るに至ることは、固より当然のことである。

四

町村の合併は、更に町村財政の上に一段の弾力性を与へること、なる。現下に於ける全国各地方の町村は、其の区域概ね狭少であり、其の負担力も亦不充分なるを免かれ難きが為、町村の財政は頗る困難の事情にあるのである。若し之を現状の儘に推移せしめむか、到底町村は吾々の期待するが如き十分の活動を為すことは困難である。殊に将来益々増加し来るべき負担に対応して行くが如きは、事実全く不可能なりと云はなければならぬ。茲に於てか町村の合併を行ひ、所謂相当の力ある町村を建設し、以て一層其の財政に弾力性を帯びさせることは、極めて必要なことである。尚町村合併の結果は、其の事務能率の増進を期し得ると共に、町村吏員優遇の実を挙ぐることが出来る。蓋し町村理事機関の現状は、町村長以下少数の吏員を以て其の事務を処理しつゝあるも、近時の如く国の委任事務は漸く増加の傾向を示し、加ふるに町村固有の事務も亦益々繁忙を極めむとするに至りては、今後事務処弁の正確と敏速とを期せむが為には、一層理事機関の組織を適当ならしめ其の待遇を改善して吏員優遇の実を挙げ、以て町村吏員に人材を擢用し、所謂適材を適所に配置するの必要がある。然れども此の如きは到底小町村の克く為し能はざる所であるから、合併に依りて相当有力なる町村を建設したならば、茲に初めて其の目的を達成し得らるべきである。今日の如き小町村に対し事務能率の増進を求め、町村吏員優遇の方法を奨むるも、恐らく其の趣旨を貫徹することは困難であろう。

五

以上述べたるが如く、町村合併の効果は極めて著しきものあるにも拘らず、之が実現は洵に遅々たる有様である。然るに曩に地方制度改正せられ、其の目的とする所専ら町村自治権の拡張と地方分権制度の確立にある以上は、町村は今や正に其の面目を一新しなければならぬ絶好の機会に際会したのであるが、町村自治の現状は、未だ以て其の期待に副ふこと極めて困難の状況にあるは洵に遺憾な次第であるから、此の際町村住民の自覚に依つて適当範囲の町村合併を実行し、以て此の更始一新の時機に備ふると共に、自治権拡張の目的を達成せむことを期するは我が国自治行政に携はる者の大に力を致さなければならぬ所である。予は今や町村当局者は勿論、町村住民に於ても各自の属する町村の現状に鑑み、時代の切実なる要求に応ずるか為、町村の合併を実行すべきや否やに関し、真面目なる考慮を払ひ、着々之が実現に努められむことを切望する。

資料20　「三部経済制度廃止一件（申請書原稿）」（京都府立総合資料館府庁文書、昭三一-八六-一）　［2-1注21］

明治十三年四月第十六号布告ニ左ノ一条ヲ追加候条此旨布告候事

第十条　区ノ地方税ニ係ルハ経費府県会ノ決議ヲ経テ、府知事県令ヨリ内務卿ニ具状シ、其裁定ヲ得テ、郡ノ経費ト之ヲ分別スルコトヲ得。

明治十四年太政官布告第八号

東京府京都府大阪府神奈川県区郡部会規則左ノ通相定メ明治十三年第二六号第二七号布告廃止候条此旨布告候事

第一条　三府及ビ神奈川県ニ於テハ、府県会ヲ分テ区部郡部会トナシ、区部郡部ニ分別シタル事件ヲ議定セシム。

第二条　区部会郡部会ニ於テ議定スベキ事件ト、府県会ニ於テ議定スベキ事件トハ、府県会ニ於テ之ヲ議定ス。

第三条　府県会規則第十条ノ定限外ニ於テ区部議員ノ増加ヲ要スルトキハ、府知事県令ヨリ内務卿ニ具状シ其認可ヲ得テ、其定限ヲ殊ニスルコトヲ得。

（後略）

明治三二年勅令三一六号　六月二九日

第一条　府県ハ臨時少額ノ費用ノ為特ニ賦課徴収ヲ為スヲ要スル場合ニ於テハ、共ノ費用ヲ府県内市町村ニ分賦スルコトヲ得。

前項ニ依リ分賦スベキ費用ノ限度ハ内務大臣ヲ定ム。

第一項分賦ノ割合ハ、予算ノ属スル年度ノ前前年度ニ於ケル市町村ノ直接国税府県税ノ徴収額ニ依ル。但シ、本条ノ分賦方法ニ依リ難キ事情アルトキハ、府県知事ハ府県会ノ議決ヲ経、内務大臣ノ許可ヲ得テ、特別ノ分賦方法ヲ設クルコトヲ得。

第二条　市部会郡部会ヲ設ケタル府県ニ於テハ、府県会ノ議決ヲ経テ、其ノ市部ニ属スル部分ヨリ徴収スベキ額ヲ市ニ分賦スルコトヲ得。

第三条　法律命令中別ニ規定アルモノヲ除ク外、市部会郡部会ヲ設ケタル府県ニ於テハ、府県ノ費用ヲ以テ支弁スベキ事件ニシテ、其ノ市部ト郡部ト利益ノ程度ヲ異ニシ、均一ノ賦課ヲ為シ難キ事情アルトキハ、其ノ費用ニ限リ、不均一ノ賦課ヲ為スコトヲ得。

附則

第四条　本令ハ明治三二年七月一日ヨリ施行ス。

資料21「紀伊郡編入ニ関スル各課意見」大正一一年一一月二九日（京都市役所蔵、京伏合併問題研究書類）［2-2注11］

運輸課

客月二十九日付御内示相成候紀伊郡（一部編入ヲ含ム）ヲ本市ニ編入スル場合ニ於ケル所管事務上ノ影響ハ、別紙之如ク観察致候条及回答候也。

紀伊郡ノ全部又ハ其一部（御照会ノ一、二ノ場合ヲ含ム）ヲ本市ニ合併スルトキハ、早晩電車乗車料ノ均一ヲ為サヽルヘカラサルニ至ルヘキヲ以テ、均一実施ノ暁ニ於テ電車収入ニ及ホス影響ヲ調査シ其ノ大要ヲ左ニ摘録ス。

乗車料ノ均一ニ依リ、現在本線ヨリ支線ニ支線ヨリ本線ニ乗継ノ為ニ要スル乗継券収入ノ減少ヲ来スヘク、他面左ノ如ク増収ヲ来スモノト認ム。

一、現在一区（三銭）ヲ乗車スル人員ニ対シテハ、三銭ノ増収ヲ来スコト。

二、支線沿道ノ町村在住者ハ、乗車賃低下ノ為乗車回数ノ増加ヲ来スコト。

三、宇治線及大阪往復ノ乗降客中中書島ヨリ乗降スルモノ増加スルコト。

以上、増収及減収ノ事項ニ付更ニ詳細ニ考察セントス。

減収ヲ来スヘキ事項

大正十一年十月十一月（十月ヨリ伏見線ノ一部均制ヲ行ヒタルヲ以テ其レ以前ノ収入状況ハ之ヲ省ク）両月ニ於ケル本線及支線ノ乗継人員、及収入ニ基キ減収スヘキ見込額ヲ算定スレハ左ノ如シ。

増収ヲ来スヘキ事項

其ノ一　支線ハ現在区間制ナルヲ以テ之カ均一ノ暁ニハ現在ノ二区乗車料ハ増減ヲ来サヽルモ一区（三銭）乗客ハ三銭ノ増収ヲ見ルコト、ナリ本年十、十一月ニ於ケル一日平均乗車数二、一二〇・六人　此収入金六三、六一九円。一年増収額二三、二二〇・九三五円トナル（左表参照）。

（表省略——小野注）

其ノ二　支線均一後現在支線ノ沿道ニ於ケル町村ノ在住者ハ、乗車賃ノ減少ニ依リ幾分乗車回数ヲ増加スルニ至ルヘク、之ヲ京都市在住者ノ乗車回数ト比較セハ、沿線町村ノ乗車率ハ僅カニ其ノ二割ニ過キス、仮ニ乗車料低減セル為現在乗車人員ノ二割ヲ増加スルモノトセハ、之カ為収入ノ増加ハ一四、一一二円余トナル。

前表算出数ニ依リ乗車料均一後関係町村ノ乗車度数従前ニ比シ、二割ヲ増加スルト仮定シ算出スレハ、一、一七六、〇三〇（人）×〇・二＝二三五、二〇六（人）トナリ此乗車料増加ハ二三五、二〇六（人）×六＝一、四一一、二三六（人）

其ノ三　大正十年七月七日ノ実地調査ニ依レハ同日中ニ中書島停留場ヨリ乗車シタル人員ハ、五一三人ニシテ均一実施ノ後ニハ、乗客ヲ現在ノ二倍即チ一、〇二六人ニ増加スルモノト仮定セハ此ノ増収一一、二三四円余トナル五一三（人）×三六五＝一八七、二四五（人）、一八七、二四五（人）×六＝一、一二三、四・七〇（円）上記ノ如ク乗車料均一ニ依ル減収ハ九〇、八五九円余ニシテ増収ハ合計四八、五六六円余（二三、二二〇＋一四、一一二＋一一、二三四）トナリ差引四二、二九三円ノ減収ヲ来シ尚乗車料均一ノ為乗客増加ニ依リ運転車両ヲ増加セサルヘカラス仮ニ伏見線ニ三両ヲ増加スルトセハ之カ為電鉄経常費ノ増加額ハ三、六六五円余トナル一八五（哩）×三×三六五＝一三六、八七五（哩）、一三六、八七五（哩）×二六・七八（銭）＝三六六五・五一（円）以上乗車料均一ノ為減収及経常費ノ増加等ニ依ル欠損ハ四五、九五八円余トナル。

社会課

社乙第十三号

紀伊郡ニ於ケル重ナル社会事業トシテ現在施設セラルモノ左記ノ如シ、然レドモ其ノ内容ヲ観察スルニ何レモ規模小ニシテ稍ニ徹底ヲ欠クノ嫌ヒアリ、故ニ将来同郡ニシテ京都市ニ編入サレンガ主トシテ伏見町ニ於ケル斯業ノ健全ナル発達ヲ図ルタメ其ノ助成奨励ニ努メ更ニ経済的保護施設トシテ公設市場ヲ増設シ物価ヲ調節シテ庶民生活ノ安定ヲ期シ一方失業ノ救済、防止、機関トシテ職業紹介所ヲ新設シ労働需給ヲ計ルヲ極メテ適当ナルト被存候ニ付右及御回答候也。

記

一、育児事業　伏見慈善会（私設一ケ所）
一、幼児保護事業　伏見保育園（私設一ケ所）
一、感化保護事業　紀伊郡至道会（私設一ケ所）
一、施薬救療　済生団（私設一ケ所）
一、町営住宅　四十二戸
一、町営市場　一ケ所
一、公同委員制度　（府設）
一、人事相談所　（私設一ケ所）

以上

会計課

紀伊郡ノ全部若シクハ一部編入ノ儀ニ付御下命ノ趣、了承　収入役所管事務トシテハ単ニ分量ノ増加ニ止マリ利害得失ニ断スルニ足ル影響ハ無之乎ト在候此段及回報候也。

電気部

客年十一月二十九日附並七月十八日附ノ両度ヲ以テ紀伊郡編入ニ関シ、本部所管事務ヨリ観察セル意見書提出有之度、七日御照会相成候ニ就テハ、曩ニ電車事業ニ関シ運輸課長ニ収支関係書ヲ差出サシメ置候処、此外電燈事業ニ関シテハ目下供給区域外ニテモアリ、別段意見等無之候条、右御諒承相成度、此段御回答申上候也。

建築課

町村編入ニ関スル意見答申書別紙ノ通及御送付候也

答申書

編入セラルヘキ各町村ノ有スル小学校ハ、之レヲ在来ノ例ニ倣ヒ学区制度トナシ、経営シ行クモノナル時ハ、之レニ対シテハ別ニ意見ヲ有セス、然レトモ若シ之レヲ市ノ直営学校トナストキハ、之レカ維持修繕及営繕ハ当然之ヲ負担セサル可カラス。而テ大部ノ営造物ハ明治三十年前後ナルヲ以テ比較的多クノ経費ヲ要スルナラン。社会事業ノ営造物ハ何レモ近年ノ設備ニ成ルモノナルヲ以テ、之レヲ維持スルニハ多クノ経費ヲ要セサルヘシ。其他役場関係ノ営造物ハ何レモ明治二十八年頃ノ建物ナルモ、合併ノ暁ハ之レヲ役場トシテ使用スルコトアラサルヘケレハ余リ利害関係ナカル可シ。然シ市カ膨張シタル結果トシテ現在ノ上京下京両区ニテハ、行政上不便尠ナカラサルヲ以テ之ヲ四以上ノ区ニ区域ヲ定メサルヘカラス。然ル時ハ庁舎ハ新設スルヲ要ス。其他ノ施設ハ随時之レヲ行ヘハ可ナランヲ以テ、之レニハ余リ経費を要セサル可シ。

水道部

拝復、客臘書面ヲ以テ伏見町其他ヲ本市ニ編入ストセハ、如何ナル利害得失ヲ生スルヤ等ニ付、卑見御下問ノ義、当職主管事務ニ関シ左ニ答申致候。

(一)伏見町、堀内村、深草町、竹田村

A. 衛生上ノ利害関係ヨリ観テ

本市消化器系統伝染病ノ発生数ハ、年々其ノ率ヲ高メツヽアリ。此ハ発生数自体ノ増加ト観ルヘキ歟。将又都市ノ異状膨張、交通ノ発達及摘発機関ノ具備等ニ原因スルモノト為スヘキ乎。其ノ因多様ニシテ、驟ニ断定シ難キモ、主トシテ防遏施設タル下水ノ不完備、上水道普及ノ遅緩ニ職由スルモノト謂ハサルヘカラサルト共ニ、隣接町村ノ衛生施設ノ不完全ナルカ為メ伝播ヲ大ナラシムルモノアルモ、亦其ノ一原因ト見做サヽルヘカラス。之ヲ本問地域内ノ発生数ニ顧ミルトキハ、本市発生数ニ比較シ必スシモ良好ナラサルヲ識ルヲ得。茲ニ本市ニ於テ伝染病ノ防遏策トシテハ、四箇町村ヲ本市ニ編入シ、水道及下水設備ヲ普及セシメ之ヲ制シ、一面本市伝染病発生ノ漸減ヲ企図スヘキ必要アリト認ム。

B. 水道工事方面ヨリ観テ

右町村ハ本市ニ接近シ居レルヲ以テ、上水供給上ヨリ観ルトキハ、新ニ埋設スヘキ配水鉄管ノ亘長甚タ大ナラス。加之東山線現在ノ配水母管ハ、相当ノ口径ヲ有シ居レハ、単ニ低区幹線ヲ高区ニ切替フルノミニシテ通水シ得ルノ便宜アリ。故ニ本市ニ編入セラル、暁ニ於テハ、比較的ニ低廉ナル工費ヲ以テ、水道敷設ヲ為シ得ルノ地域ナリトス。但シ、現在ノ水源地設備ニテハ、右町村ニ上水供給ヲナシ得ルノ余力乏シキヲ以テ、予定ノ拡張ヲ決行シタル上ニ非サレハ、之ヲ遂行シ難キハ言ヲ俟タス。而シテ新水源地工事ハ予定ニ従ヘハ、差向二十五万人給水ヲ限度トスルモノナルヲ以テ、竣成ノ暁ニ於テハ、之カ本市ニ編入セラル、ト否トニ拘ハラス給水致度目論見ナリ。

C．水道ノ収益関係ヨリ観テ

本町村ハ人口集約セルヲ以テ、之レ上水ヲ供給スルコトハ極メテ容易ナルノミナラス、需用者モ相当数ニ達スヘキ見込アリ。随テ使用料収入モ亦尠カラス水道ノ収支ニ於テハ優ニ採算シ得ルノ地域ナリ。

D．四箇町村民ヨリ観テ

本町村ハ飲料水不適ノ地アリノ、或ハ火災ニ因リテ井水ヲ汚濁セラル、コト頻出スルアリテ、現ニ自ラ水道経営ヲ為サムカトノ企図アリト聞クモ、統計ニ示スカ如キ財政状態ニテハ到底之ヲ実現スルノ余地ナシ。縦令之ヲ能クスルモノトスルモ、建設費非常ニ高キニ失スルノ不利アリ。寧ロ本市ニ編入セラル、コトヲ促進シ、給水上ノ恩恵ニ均霑スルノ賢ナルニ如カス。殊ニ給水使用料ニ至リテハ、市ニ編入セラレサルトキハ本市民ニ比シ四割増（現在ハ三割ニ過キサルモ条令ニ於テハ四割マテ増徴シ得ルノ規定アリ）ノ使用料ヲ徴収セラル、ノ不利アリテ、彼是考察スルトキハ、本市ニ併合セラルノ方、大ナル利益ヲ享受スルモノト謂フヘシ。

因之観之、本問ノ町村ハ水道経営上ヨリ観テ併合セラル、方利益アルモ、衷失スルトコロアルナシト断言スルヲ得ヘシ。

(二)右四箇町村及吉祥院村、上鳥羽村

A．衛生上ノ利害関係ヨリ観テ

衛生統計資料豊ナラサルヲ以テ即断スルヲ得サルモ、本問中ノ吉祥院村及上鳥羽村ハ(一)ニ於テ記述シタルト同様、本市ノ南端ニ接壌シ予防上ノ第一線ト看做スヘキ地域ナレト、衛生状態改養ノ見地ヨリスレハ本市ニ編入セラルトキ方安当ナルヘシト思料ス。

B．工事方面ヨリ観テ

本問中ノ吉祥院及上鳥羽ノ両村ハ、若シ之ニ上水ヲ供給スルモノトセハ、両村方面ニ通水スヘキ現在配水母管ノ口径小ナルヲ以テ、直チニ大口径ノモノト埋没替セサルヘカラサル苦痛アリ。

C. 水道ノ収益関係ヨリ観テ

前掲両村ハ(一)ニ反シテ人口ノ集中大ナラス。随テ使用料収入甚タ僅少ナルヘシト思料ラル。右ニ依レハ、前掲両村ヲ本市ニ編入セラル、コトハ、単ニ水道経営上ヨリ観察シ之ヲ驩迎セサルモ、(一)ノ町村ト近逼シ地形上之ヲ度外視スル能ハサルモノアルノミナラス、将来本市ノ膨張ハ当ニ南進スヘキ趨勢ニ在ルアリ。A. ノ理由ト相俟ツテ、本問ノ如ク其ニ併合スルノ外ナシト思料ス。但シ両村ハB. 及C. ニ於テ記述セル事由アルヲ以テ、好シヤ併合セラル、コトアル。又第二級ノ工事区域ト為シ給水スルヲ適切ノ処置ナリト認ム。

(三)紀伊郡全部

既ニ(一)ヲ驩迎シ(二)ハ他ノ理由ニ依ルトハ云ヘ、併合ヲ可ナリトスル以上、両余ノ小四箇村ヲ併合ヨリ排斥スヘキ謂ハレナシ。殊ニ之ヲ一部トシテ観ルトキハ、広袤甚タ小ニ人口密度反ツテ大ナルモノアルヲ以テ、上水供給上ヨリ観ルトキハ甚シク至難トスルニ足ラサルモ、郡全体ニ給水可能期ハ、所謂大京都市ノ出現シ百万人給水設備ノ完成スルトキニ於テ始メテ可能性ヲ有スル次第ナルヲ以テ、水道ニ関シテハ相当条件ヲ付セラシムコトヲ望ム。而シテ将来本市ガ下水工事ヲ開始シ汚水処分ヲ為サムトスル場合ニ於テハ、本問ノ如ク郡全体ヲ市ニ編入シ置クヲ以テ最利益アルヘシト思料ス。要之水道経営者トシテハ(一)ノ併合ヲ最モ驩迎シ、(二)ハ必スレモ排斥スルニ非サルモ、併合ノ上ヨリ立論スルトキハ不徹底ノ嫌アルヲ以テ百尺竿頭一歩ヲ進メテ郡全体ノ併合ヲ可ナリト思料ス。

調査課

紀伊郡編入断行論ハ都市計画上之ヲ二ツノ方面ヨリ論スルヲ得ヘシ。即チ一ハ市ノ現行行政区域ハ之ヲ拡大シテ都市計画区域ニ一致セシムヘシトスル見地ニテ、二ハ市是ニ基ク工業的新幣経営論ヨリノ見地ナリ。以下之等二見地ヨリ紀伊郡編入ノ必要ヲ論セシム。

一、市域ハ当然都市計画区域ニ一致セシムヘシ。

都市ノ発展ニ伴ヒテ必然的ニ起ル現象ハ、都市ノ内延的及ビ外延的膨張ニテ、前者ハ乃チ人口密度ノ増進トナリ。後者ハ市街地域ノ拡大或ハ接続町村ノ都市化トナリテ現ハルルモノナルガ、我ガ国人口統計ノ示ス如ク、人口増加ノ率ノ最モ著シキハ大都市自身ヨリモ其ノ接続町村ニテ、市内中枢部ニ於テハ其ノ人口増加率ハ次第ニ逓減ノ歩調ヲ辿リツツアルモノナリ。之ヲ旧京都市及ビ接続町村ニ就テ見ルニ、明治四十二年ヨリ大正五年ニ至ル八年間ニ全六十一学区中二十五学区ハ十五%以下ノ増加ニテ、其ノ内十六学区ハ十%以下ノ増加ニ過ギズ。甚ダシキハ減少シタル学区スラアリ。之ニ反シテ接続町村ハ同年間ニ約八十%ノ増加ヲナシ明治三十年ヨリ大正六年ニ至ル二十ヶ年ニハ約二倍六分トナリ居レリ。コレ旧市街ニ於テハ人口密度次第ニ飽和ノ域ニ近ツキツツアルト。其ニ接続町村ガ盛ニ都市化シツツアルヲ示スモノナリ。而シテ之ハ今日凡テノ大都市ニ行ハレツツアル現象ナルガ、是等都市ノ発展ニ応シ市街地ノ健全ナル開発ヲ図ル為メニハ、互ニ利害休戚ヲ共通スル市町村ノ間ニ於テ、自己本位ニ曲雑然トシテ勝手ナル計画ヲ為シ、其ノ間ニ脈絡相通スルノ有機的関係ヲ欠如セルガ如キ事アルヲ許サス。乃チ之ガ解決ノ途ハ、其等関係市町村ヲ以テ一ノ組合ヲ組織シ、統ハアル有機的団体タラシムルカ、或ハ接続町村ヲ市部ニ編入シテ単市ヲ組織スルカニ依リテノミ策進セラレ得ルモノナリ。然ルニ従来町村ノ市部編入ハ利害ノ不一致其ノ他行政上ノ理由ニ依リ、其ノ成立容易ナラス。又之ニ長日月ヲ要スルヲ常トシ、而モ時日ノ遷延ハ都市問題ノ解決上大ナル支障ヲ来ス虞レアル所ヨリ、早ク欧州諸国ニ於テハ、市ト利害関係ヲ共通ニスル数多ノ市郡町村ヲ区域トシ、法律ヲ以テ組合ヲ組織シ、其ノ区域内ニ於ケル利害共通ノ問題ヲ共同整理スル事トセリ。吾国都市計画法ニヨル都市計画区域ナルモノモ、亦之ニ倣ヒタルモノニテ、其ノ区域内ニ於ケル交通保安衛生経済上等ニ於テ、利害ヲ共通スル単一ナル有機体ヲ組織スルモノトシテ、取扱ヒ其ノ区域内ニ対シ将来ニ亘リテ健全ニシテ秩序アル発達ヲ促サントスルノ主旨ニ出ツルモノナリ。既ニ都市計画ノ斯クノ如クモノナル以上、都市ノ発展及之ニ伴ツテ生スル各種ノ弊態ハ、之ニヨツテ規整シ得ヘク、従ツテ之ガ運用ニ任シテ可ナラスヤト言フ論モアルヘク、又事実都市計画区域ノ設ケラレタル趣旨モ此所ニアリシモノナルガ、今日我国都市計画区域ハ単ニ都市計画法ノ施行セラルル地域タルニ止マリ、未タ独乙辺ノ所謂目的共同団体タルノ実ヲ有セズ。之ニ加フルニ自治行政ニ対シ、十分ノ理解ト訓練ト有セザル。我国地方公共団体ニ対シテハ、斯クノ如キ漠然微温的ナル制度ヲ以ツテシテハ到底所期ノ効果ヲ挙ゲ難ク、為メニ都市経営ノ事業ハ常ニ機ヲ失シ、ハカバカシキ進捗ヲ見ル能ハズ。コハ我国ノ実蹟ニ徴スルモ明ナリ。且ツ此ノ点ニ就キテハ、我国都市計画区域ノ範トナリシ大伯林一部事務組合ノ如キモ、一九一一年発布ニカカル大伯林一部事務組合法ニヨル交通運輸機関ノ整理建築計画ノ公定空地ノ確保等都市計画ニ関スル一定ノ事項ヲ処理スル為メ、伯林市及ビ其ノ隣接市郡ヲ包括スル一部事務組合ヲ構成セシガ、其ノ後大伯林組合ハ制度ノ上ニ於テ包括的ナル固有ノ権限ヲ認メラレズ。加フルニ財政上ノ基礎薄弱ニシテ充分ノ活動ヲ為シ得ザルヨリ、更ニ鞏固ナル行政団体ヲ組織シテ充分ナル活動ヲ為サシメ、以テ現代都市ノ要求ヲ満サントスル希望熾烈トナリ、従前ノ微温的ナル組合ヲ捨テ、従前ノ市町村ヲ合シテ単市ヲ設ケ、伯林市ノ拡張ト看做シ大都市制度ヲ施行シ、完全ニ自治的ニ統制アル施設計画ヲ為スヲ得シメタリ。之ニ依ツテ見ルモ都市計画策進ノ為メニハ、市域ハ之ヲ拡張シテ都市計画区域ニ一致セシムル事ガ必要テ、斯クシテ都市行政区域ト都市計画区域トノ併立ヨリ生スル法規上事実ノ不便不利ハ素ヨリ、彼ノ難問題等ノ如キモ消滅シ得ベク、況ヤ都市計画ガ交通衛生保安経済等ヲ含ム大ナル綜合的観念タル限リ、都市公共事務ノ遂行ハ都市計画ノ実行ト当然併行サルベキモノナルニ於テヲヤ。而シテ紀伊郡ノ編入ハ畧比ノ目的ヲ達シ得ルモノト言フヲ得ヘシ。

二、紀伊郡ヲ編入シ此処ニ工業的新市ヲ経営スヘシ。

本市ハ、桓武天皇以来千年ノ旧都トシテ、又文化ノ中心地トシテ今日ニ至リ、遊覧都市住居都市トシテ都市ノ面目ヲ保持シ来リシガ、今ヤ時代ノ進運ハ工業ノ発展ヲ促シ、各種工場ノ建設ハ市内及接続町村ノ随所ニ行シ、漸時工業都市ノ色彩ヲ加ヘントシツツアリ。抑モ現代都市ニ於テハ、其ノ繁栄ノ基礎ヲ為スモノハ広義ニ於ケル工業ナリト言フヲ得ヘク、従前ニアリテハ政治教育若クハ宗教等ヲ以テ都市ノ生命ヲ維持シ繁栄ヲ関リシ都市ナキニ非サリシモ、今日ニ於テハ斯カルモノヲ以テ都市ノ成立並ニ発展ノ条件トスルモノハ、到底其ノ繁栄ノ度ニ於テカノ商工業ヲ以テ発展ノ基礎トスル都市ニ比較シ得ヘクモ非ス。之レ今日内外各都市カ其ノ商工業ノ発達ヲ図ルヲ以テ、其ノ対策ノ綱領トスル所以ナリ。而シテ工業ノ発達ヲ図リ、都市ノ発達ヲ庶幾セムト領スルモ、其ノ本拠タル工業ノ経営地ヲ有セズバ、恰モ木ニ拠ツテ魚ヲ求メントスルニ等シ。故ニ都市ノ大ナル発展ハ背後ニ其ノ営養根拠タル大工業地区ヲ要シ、又之ニ適応スヘキ施設ヲ整ヘサル可ラズ。然ルニ現在ノ京都市ハ住居地トシテ建設サレル所ニカヽリ、該要求ヲ満スニ於テハ此ニ遺憾ナキカ如シト雖モ、適当ナル工業地区及ビ之ガ隆替ヲ図ルヘキ。諸種ノ施設ニ至ツテハ殆ド空虚ナルノ感ヲ呈ス。即チ本市ハ水運ノ便ナク、僅ニ疏水運河ヲ有スルモ工業都市ノ運河トシテハ寡ニ貧弱ニシテ、誇ルニ足ラス。唯市ノ西部及南部ニ広キ平野ヲ有シ、之ヲ流ルル桂加茂ノ二川ヲ利用スル事ニ依リテ、工業企画ノ地タラシメ得ルニ過ギズ。乃チ本市ガ工業的設備ヲ施シ工業的新市トシテ経営シ、旧市ト合シテ一大京都市ト為スニアルヘシ。コレ又ヤガテ本市ノ歴史ト地勢ニ鑑ミ、東北西ノ山及ビ之ニ近キ部分ハ、之ヲ遊覧都市トシテ経営スヘク、西及南乃至水ニ近キ部分ハ之ヲ工業都市トシテ経営スヘシトスル市是ニモ合スルモノナリ。元来市ノ西部及ビ南部ノ地ハ、土地ノ傾斜風向或ハ交通ヨリ見ルモ当然工業地トシテ発展スヘキ運命ニアルモノナルガ、而モ今日迄発展スヘクシテ発展スルニ至タラザリシ原因ハ、該地一帯ニ湿地ナルト、鉄道ハ東海道線、市ノ南部ヲ限リテ其ノ発展ヲ遮断スヘキ障壁ヲナシ、山陰線亦西部ヘノ膨張ヲ阻害セルニ依ルモノナリ。サレバ南北ニ伏見京都間ヲ連絡スヘキ一ノ幹線水路ヲ堀削シ、東疏水ニ通ジ西嵐山渡月橋付近ニ連絡セシメ、又一方淀川ニ沿ヒテ大阪ニ通スル水路ヲ設ケ、以ツテ交通運輸路ニ充ツルト共ニ、之ニ依テ水位ヲ下ゲ排水ヲ好クスル時ハ将来鉄道ノ改良セラレテ高架式トナルト共ニ、鉄道軌道運河等ノ連絡成リ工業用水ノ供給モ、潤沢ニ工業ノ必要条件タル水ト交通及ビ地価低廉ナル工業地ハ整フヲ得ヘク、現在旧市街ニ在リ種々ノ意味ニ於テ制約ヲ受ケツツアル凡テノ工業ハ宛モ水ノ低キニ就クガ如ク競ヒテ、此処蝟集シ新ナル工場工業ノ勃興マタ想像スルニ難カラザルヘシ。斯クシテ新工業市区ノ建設ハ旧京都ノ破壊ト混乱ヲ防ギ、同時ニ工業ノ独立ヲ保護シ発展ヲ助成スヘキ趣旨ヲ両々貫徹シテ、遺憾ナク本市ガ一面工業都市トシテノ運命ヲ開拓シ、ソノ任務ヲ全ウスルノ途ハ、唯此ノ一方法アルノミト謂フヲ得ヘキナリ。而シテ新工業市区ノ境域ハ大体上、京都市ノ南部、桂、宇治ノ二川ニヨツテ限ラルル。現紀伊郡一円ヲ以テ之ニ充ツルヲ適当トスヘシ。

吾人ハ以上ノ二見地ヨリ第三案タル紀伊郡全部ノ編入ヲ唱フルモノナルガ、現在ニ於テハ具ノ実現不可能ナリトスレハ、暫ク第一案タル伏見、堀内、深草、竹田ノ四ヶ町村ノ編入ヲ以テ忍ブベシトスルモノナリ。即チ伏見、堀内、深草、竹田等ノ町村ハ京都市ガ其ノ大都市タルノ地位ヲ籍リテ、経済交通文化等ノ関係、殊ニ社会関係ニ於ケル中心地トシテ恒ニ此等町村ノ発達ヲ支配セラルモノニテ、啻ニソノ外形ニ於テ境域相接シ、其ノ市街地トシテノ発展ヲシテ本市ニ準ゼシムルニ至リシノミナラズ、其ノ実質ニ於テモ、恰モ京都市内ニ於ケル各部ノ膨張発展シタルモノト見ザルヲ得ズ。之等町村ヲ以テ本市ノ一部ヲ為スモノト視察スルハ、単ニ世俗ノ見解タルニ止ラズシテ、公ノ関係ニ於テモ之ヲ京都市トスルニ不可ナカルヘシ。

〔2-2注12〕

資料22　京伏合併問題ノ研究　其一（京都市役所蔵、京伏合併問題研究書類）

本研究は左の項目に従つて記述せむとす。

(一)如何なる範囲を編すへきか
(二)京都市是論
(三)都市計画区域との関係

(四)編入の利害得失に関し財政並に施設事業よりの考察
(五)産業上より観たる編入区域
(六)編入成立後に於ける行政上の諸問題

京伏併合問題の研究

伏見町を京都市に編入せよとの問題は従来座論議せられて居る。既に大正七年に実施せられた隣接十六ヶ町村か京都市に編入せらるゝに付き、京都府知事の諮問案が付議せられた大正六年八月の市会に於いて、「本案中伏見町が除外せられて居るのは甚だ遺憾である」と述べて居る議員もある。又それ以前、二十一年の昔に於ても此の事に付き市会に特別委員を設けた事があるらしい。斯くの如く伏見町の併合を可とする議論が時々繰り返されては居るが、未だ具体的に調査の歩を進めた事はない。依て今蒐集したる調査材料に依りその研究を具体化して見やうと思ふ。

(一)編入の程度

京伏併合と謂ふは単に伏見町のみを見て断することは出来ない。伏見町を編入するに就ては、両者の間に今在又は隣接する町村を如何に為すへきやの考察、則ち編入の程度如何の問題を先以て決しなければならぬ。此の点に付ては観察の方法にある種々其の見解を異にするであろうが、以下大体左の三説がある。

(二)伏見町の外　深草町、竹田村、堀内村を合はせて編入せんとするもの。

是は単に伏見町編入と言ふ見解をして必然的に同時編入を要する範囲である。その理由を述べて見ると、深草町は京都市と伏見町との間に在りて其の中央部の集団地が細長き町を形成して両者を連結して居るから、伏見町を編入するが為には是非此の町を除外することは出来ない。竹田村はその東隣深草町の発展地帯から少しく西に編しで居て純然たる農村であるが、最近廃線となりたる官鉄奈良線が此の村の中央を縦貫して京都より伏見に達して居る。故に市は目下其の下付を申請し、京伏連絡の中央道路敷たらしむる計画であるから、単に此の点丈でも此の村を除く事は出来ない。又堀内村は伏見町の東部に隣接して居て、伏見町東部の発展を堀内村自身が桃山御陵の存在に依る自然膨張と相呼応して、今や両者の境界線は分明ならさる状態である。此の故に曩に屢々伏見町の独立市制問題と共に、両者の併合問題が議論せられたのである。されは伏見町を論する場合は、当然堀内村は之に付随すべきものにて個別的決定を許さないてあろう。

(二)伏見町、深草町、竹田村、堀内村の外吉祥院村及上鳥羽村を加ふべしとなすもの。

此の説は深草町、竹田村、堀内村、伏見町の編入に必然的従属関係を有するものとせは、現京都市と右編入部分との地形上吉祥院及上鳥羽村の二村は除外する事は出来ないであろう。若し前者のみを編入する時は京都市南部の地形が余り東南部に偏することとなり且つ将来工業地帯として発展の運命を有する西南部の平地を逸するは当を得たるものに非ずと言ふのである。

(三)伏見町、深草町、竹田村、堀内村の外、吉祥院及上鳥羽の二村をも加ふるならば更に進むぞ紀伊郡全部を編入すべしとなすもの。

紀伊郡の中から以上の町村を引抽たら、残存部分が一郡として存立不能となる。従つて他郡との併合問題が起り相当事件が複雑する。而も明年は郡制廃止の実施期であるから、紀伊郡全部を編入することが手続上最も便宜であろう。又地形上より見るも郡全体を編入することを以て最も適当とする。

以上の諸説には之を主張するにも、又反対するにも各説に就き掲げたる理由の外より有力なる理由かある事と思ふ。されど当面の財政問題より観察する否定説と、将来の都市経営に立脚する肯定説の争に窮極するであろう。故に此の両方面の研究を必要とし、之に依て孰れか其の結論を発見せなければならぬ。

(二)市是

隣接町村編入の如き将来に対する都市経営に関し、必ず触るべき論点は将来京都市を如何なる方針の下に経営すべきやの問題、則ち市是が何と言ふ事であろう。故に先づ此の問題の論究を必要とする。

京都市の市是に付ては現今左の三説かある。

(一)遊覧都市として経営すへしと為するもの

此の説の主張は、京都市は古き千年の帝都である、天然の山紫水明の勝景に配して人為的歴史を以てするが故に、一木一石たりとも悉く詩化され、美化されて居て人の感興を惹かざるものはない。斯の如きは全力を以て償ふべからざるものにて、透明なる空の色新鮮なる山野の緑、四季飽かぬ四囲の眺めは到底他の都市に求むべからず。此の特有の長所を土台として、本市の計画をせなければならぬ。更に進むては京阪神及付近の勝地一帯を打つて一丸となし国家的公園系統の大策を確立し京都をして其の核心たらしむべきである。京都の市是は将来に遊覧都市の外はないと言ふのである。

（二）工業都市経営論

論者は曰ふ。従来は宗教の都若は政治・教育の都と言ふが如き意味に於て大都市を形成し、相当勢力を持続した例へは羅馬、アデン、ボローナ如き皆然りである。併しながら十九世紀に入り産業革命以後は、工業を離れて大都市無く大都市則ち大工業地の現勢である。今はかかる時代に於て工業を度外視して大都市を夢想するか如きは時代錯誤の甚だしきものである。都市が今日の時勢に伍して後れず活動し、発展し行く為には経済的能力を是非共工業的基礎に置かねばならぬ。然らざれば到底落伍の運命は免れないのである。京都市民が千年の旧都なるを誇り、山水の明媚を過重して時代の推移を度外し、坐食外人の懐中を窺ふを以て足れりとするに於ては、其の前途や実に危ふしと言ふべし。由来京都は土地の南北の傾斜、風位の方向、交通運輸の方面等より見るも、工業都市として十分の素地を有して居るではないかと言ふのである。

（三）折衷説

遊覧都市説も工業都市説も各理由ありて共に棄つべきてない。如何に工業必要なりと言ふも本市の有する自然の勝景を棄つるの要なく、又大都市存在の要件として工業は是非共之を必要とすへし。即ち東・北・西の山に近き部分は之を遊覧都市として経営すへく、西南乃至水に近き部分は之を工業都市として経営すへし。世人京都市は工業と言ふも美術工芸乃至繊細な手工業に限るが如く言ふも、是等は何等根拠ある議論でなく、極めて消極的の意見であって海運の便を有せすと言ふのが其の主たる理由である。然かしながら、京都は左様に悲観すへき不便の位置に在るのでない。是が何を外国に求むるならば、海岸より三十哩前後の距離と高さより、言へは海水面より四十尺（伏見観月橋）乃至百五十尺（四条）位の京都よりも尚々不便の位置に在って多額の重要物産を生産し、又は商工業都市として発展せるもの枚挙に遑ない位である。即ち京都市民にして覚醒し努力せば工業地として主流に発展し得へく、其の地勢に就て考慮するの必要はない。現に大阪の郊外に盛に新会社が経営せられつしあるが、中には其の会社への通路さへ無いことを見受ける。斯様な場所に会社を設立するよりも京都に造つた方が遥かに便利であるは勿論てある。現に田中にある鐘紡も南禅寺の奥村商会も最近まで立派に経営されて居るてはないか。要は人に在る。地形の如きは其の努力に依りて十分に補ひ得ることが解る。本市の市是は将に此の折衷案にとり、百般の施設計画は是に準拠して進展せしむへきである。

以上の諸説中最後の折衷説が最も有力であつて、結局京都市は此の方針の下に経営せられなければなるまい。然かし第三説中にあつても工業都市経営の方面に於て大量生産を目的とする大工業都市たらしむるや、又は美術工芸品等の高等生産を目的とする手工的工業都市たらしむるやに付き議論がある。大工業都市経営に対する駁論、則ち美術工芸品生産都市経営論者は曰ふ。人は各特有の個性を有するが如く、都市にも亦各個性はある。従つて都市の経営に付ても最も此の個性を尊重せなければならぬ。京都は由来美術工芸の都である。天賦の地勢風土、人情、悉く之に適して居るではないか。京都の個性は既に定められて居る故に今人為的改造を加へて大阪や神戸の個性を模倣する必要はない、大工業都市たるが為には水を必要とする。鉄路一本を唯一の動脈として居る。京都は大工業都市としての経営に適せさるは明かである。又大量生産は京都の特色を漸次衰退せしめ、而も一方、天然の地形上水運の便を有する工業都市との競争に勝者の地位を占ざる事は頗る困難であると言ふのである。

此の論は自然に重きを置く議論であつて、聊か傾聴の価が無いではないが、如何にも消極的保守論である。文化の進歩は駸々として停止するところを知らす。世状の変転極まりなくして、日に新に又日々に新なるとき、保守論は停止であり、停止はやがて退歩であるまいか。生産制限を人類に加へむとしたマルサス論の尊重せられた時代ならばイザ知らず、今の世に大量生産を否定することは時代錯誤の甚だしいものである。

況や高等なる美術工芸品のみの生産を目的とするか如きは、世運の進歩に逆行するものである。今の世、日常生活の必須品の需要に向つて大量生産に努力することは之れ都人士の務めである。論者或は曰はむ、夫は国家社会問題であって一都市の問題ではあるまいと。併し国家社会の進展に迎合せさる都市が如何にして国家内に存立することが出来やう。寧ろ国家社会問題は直ちに都市経営の問題であると言ふても宜ろしい。都市は一国文化の中心であり教育、思想の渕源である。従つて又時々或は社会運動の策源地たり得るものである。然れば、都市経営論は進んで国家社会問題として研究せらるしが当然であろう。

資料23　「市制施行之義ニ付意見上申」発第三六六号、大正一四年三月四日（京都府立総合資料館府庁文書、昭四-四三　伏

見市制施行一件中）

市制施行之義ニ付意見上申

本町ノ福祉ヲ増進センカ為メ大正十四年四月一日ヨリ本町ニ市制実施之義町会ニ於テ決議候ニ付御詮議相成度別紙理由書並ニ本町ノ状況ニ関スル調査書及決議案添付町村制第四十三条ニ依リ意見上申候也

大正十四年三月四日

京都府紀伊郡伏見町長　香川静一

内務大臣　若槻礼次郎　殿

市制施行理由書

当町ハ町制実施以来三十有六年ヲ経過シ其間隆替ナキアラサリシモ、往年第十六師団ノ設置、伏見桃山御陵ノ御治定在ラセラレシヨリ、町ノ名声内外ニ喧伝シ、人口ニ於テモ三万ヲ超過スルニ至レリ。而シテ本町ハ京都大阪ノ二大都市ノ中間部ノ南部ニ位シ、一大河川タル淀川流域宇治川ヲ控ヘ、常ニ船舶ノ出入頻繁、疏水運河ヲ以テ京阪間舟運ノ連絡ヲナシ、陸上ニハ関西線伏見、桃山ノ両駅アリ。京都市電気鉄道ハ西端ニ、京阪電気鉄道ハ東端ヲ走リ、中書島停留場ヨリ東伏見稲荷ヲ経テ京都ニ達シ、西淀八幡ヲ経テ大阪ニ通ス。又中書島ヨリ分岐シ東南宇治町ニ到ル水陸運輸ノ機関完備シ旅客交通、貨物集散上枢要ノ地タリ。且ツ京都電燈株式会社経営ノ第一、第二、第三発電所、京都市発電所、京都瓦斯株式会社伏見出張所等ノ設置、並ニ年々諸工場ノ建設相次テ起レルハ全ク水力及電力使用ノ便利甚大ナルモノアルニ基因セルモノナリ。之レガ為メ人口頓ニ増加シ一大工業地ヲ形成シ、又金融機関トシテ普通銀行、特種銀行、信用組合等アリ。教育方面ニテハ三個ノ町立小学校、一分教場、及京都府女子師範学校付属小学校アリテ、児童三千八百九十五名ヲ収容シ、別ニ町立女子手芸学校、私立伏見商業学校、及京都女子高等技芸学校ノ設ケアリ。府立桃山中学校、府立女子師範学校、府立桃山高等女学校、私立菊花高等女学校等本町隣接地内ニ在リ、育英上ノ施設全ク備リ、町ノ状況付近市制施行地大津市ト対照シ遜色ヲ認メス。加之目下河川改修、下水溝、道路ノ整理、水道敷設等ニ関シテハ調査中ニ属シ今後益々発展ノ域ニ向ハントス。殊ニ富ノ程度ニ於テモ管内第一ニ位シ、主要物産年額二千二百万円以上ヲ突破シ、町経済モ年次膨張シ近時総予算額三十万円ニ達セントス。如斯状態ナルヲ以テ町行政上ノ施設管内他町村ト同一ナラサルモノアリ。従ツテ諸般共同事務ノ処弁ニ当リ他町村ト並立スルハ本町発展上支障ヲ来スコト尠カラス。若シ市制ヲ実施スルニ至テハ、此等ノ不便ヲ絶ツハ勿論、商工業ヲ主トセル本町ノ他地方トノ取引関係上ノ利便モ亦決シテ鮮カラザルナリ。而シテ市制実施ノ暁ハ勢ヒ多少ノ負担増加ハ免レサルベシト雖モ、本町経済力ハ敢テ意トスルニ足ラサルモノアルヲ信ス。今茲ニ更メテ本町カ市制実施ヲ要望スル重ナル理由ヲ摘挙スレハ、

一、本町ハ前述ノ如キ大町ニシテ現在及将来ニ施設スヘキ事業一ニシテ足ラス。即チ上下水道ノ布設、道路ノ拡張整理、産業奨励ノ施設、教育機関ノ完備、其他火葬場ノ整理等幾多ノ新計画ヲ必要トスルモ、町村制ノ下ニ在リテハ其不便不利甚大ナルモノアリ。宜シク市制ノ下ニ適当ノ機関ヲ備ヘテ其進展ヲ図ラサルヘカラス、是レ市制実施ヲ要望スル理由ノ一ナリ。

二、本町ハ全国屈指ノ醸造地ナルノミナラス、畏レ多クモ桃山御陵下ノ大邑トシテ商工軒ヲ連ネ、各地取引頗ル多ク将来益々之レカ助長ヲ計ラサルヘカラス。其取引上郡部ノ一町タルト市制地タルトハ其関係スル所決シテ尠カラス、事実進展上洵ニ重大ナル結果ヲ斉スモノトシテ町民一般ノ絶叫セル所是レ其理由ノ二ナリ。

三、行政及教育ニ従事スル職員其人ヲ得ルト否トハ其効果ニ多大ノ関係ヲ有スル因ヨリ論ヲ俟タス。群下ノ一町村タルト市タルトハ人物挙用使否日ヲ同フシテ語ルヘカラサルモノアリ。特ニ小学校教員ノ任免ノ如キ町村ニテハ郡長ノ申請ニ因リ決定サルルモノニシテ、町村長ハ何等之ニ干与スル機能ナキ為メ、其ノ結果ハ往々町ノ利害ト一致セサルモノアリ。此等ノ欠点ハ市制実施ト共ニ一掃セラルニ至ラン、是レ其理由ノ三ナリ。

四、市制実施ノ為メ住民負担ノ上ヨリ見レバ、固ヨリ多少ノ増加ハ免カレサルヘキモ之カ為メ直接従来ノ賦課率以上ニ著シキ経費ノ増額スルコトナク優ニ市制ヲ実施スルヲ得ヘシト信ス、是レ其理由ノ四ナリ。

其他細目ニ亙リテ詳述セハ幾多ノ理由アルヘキモ、要ハ右四項ヲ以テ網羅セリト信ス、若シ夫レ市トシテノ地域ニ至リテハ教育上、衛生上将タ水火防御ノ上ヨリ現在隣接町村ト犬牙錯綜セル地域ヲ整理シ、及町勢発展ノ趨向ヨリ観察シ堀内村、向島村、横大路村、下鳥羽村、竹田村、及深草町ノ一部ヲ編入スルノ要アルヘシト信スルモ、是等ハ別ニ画策スルモ支障ナキニヨリ、先以テ現地域ニヨリ実施スルヲ適当ト認ム。

資料24 「伏見町市制施行方上申ニ関シ副申」庶第四三一号、大正一四年三月二四日（京都府立総合資料館府庁文書、昭六-

四―二　京都市近接市町村編入一件　沿革書類中）　〔2-2注16〕

大正十四年三月二十四日
紀伊郡長　古賀精一
京都府知事　池田宏　殿

伏見町市制施行方上申ニ関シ副申

本郡伏見町ヨリ別冊ノ通市制施行ニ関スル意見上申候ニ就キ右ニ関スル調査及意見別紙ノ通及副申候也

一、申請迄ノ沿革
二、地理歴史上ノ資格
三、経済及財政
四、戸数、人口
五、地域ノ広狭　付　堀内村トノ関係
六、本問題ニ対スル意見
付図
以上

一、申請迄ノ沿革

市制ノ施行ハ町多年ノ希望ニシテ、屢々之カ施行方上申ヲ企図セリト雖モ、大正七年京都市カ隣接町村ノ大併合ヲ試ミ、其後本町カ京都々市計画地域ニ編入セラレ、或ハ大正十一年京都市理事者カ紀伊郡ノ併合ヲ内査セル等伏見単独市制施行ト直接間接ニ関係ヲ有スル事件続発シタルカ為メ、町民一般ノ市制熱モ左程ナラス。寧ロ早晩京都市ニ合併セラルヘシトノ予想ノ下ニ今日迄推移シ来リタルモノ、如シ、然ルニ突如町会ノ決議ヲ以テ市制施行ノ申請ヲ為スニ至リタルハ、政府ニ於テ大正十四年度限リ郡役所廃止ノ議アルニ刺激セラレタルト、今一ツハ本年五月改選セラルヘキ町会議員ノ級別ヲ撤廃セサルヘカラサルモ、一部町民ハ級別存置ヲ希望セリ。此ノ希望達成ノ為メニハ市制施行ヲ速進スヘシト云フ一個ノ動因ニ依レリ。サリナカラ右ハ勿論単ナル動因ニ過キス、多年醞醸セル町民ノ希望カ京伏合併ノ域ニ実現シ得サルヲ思ヒタルト共ニ発シタルモノトス。而シテ町会カ市制施行ノ主ナル理由トスル三条項ヲ調査スルニ、第三ハ素ヨリ之カ理由トナラス第二モ、何等正当ナル理由ト認ムルヲ得ス。ヨシ之レヲ理由トスルモ早晩郡役所廃止セラル、モノトセハ、市制ヲ施行セストモ其希望ヲ達シ得ヘシ。要スルニ理由ノ第一ト市制施行ニ依ル、町民ノ気分一新ト人気ノ沸騰ニ基ク反射的ノ利益獲得カ主タル理由ナリトス。左ニ二、三項ヲ分チ調査ヲ試ミテ市制ヲ施行シ得ルノ実質アリヤ否ヤヲ研究シ、併テ意見ヲ陳述セムトス。

二、地理的歴史ノ資格

藤原時代ニ於テ橘俊綱カ俯見ノ別業ヲ建テシヨリ以来、当地ハ永ク高貴ノ別荘地タリ。遂ニ近郊下鳥羽、竹田両村ノ地ニ鳥羽上皇ノ鳥羽離宮御造営ヲ見ルニ至リタル等ハ措テ問ハス。豊太閤カ伏見城山ノ地ニ壮大ナル居城ヲ築キテ、原野ヲ拓キ池沼ヲ埋メ河流ヲ移シテ市街ト為シ、大小名此処ニ邸宅ヲ構フルニ至リ。俄ニ繁栄ヲ加ヘテ日本ノ伏見タルニ至レリ。然レトモ徳川幕府トナリテヨリハ僅ニ城代ヲ置クニ止メ其繁栄亦往時ノ如クナル能ハスト雖モ、淀川ノ水利ヲ利用スル京阪間貨客輸送ノ中継地タリシカ為メ、国内唯一ノ河港タリシハ能ク人ノ知ル所ニシテ必スシモ閑人ノ別業地タルニアラサリシナリ。其後明治維新トナリ東海道線開通ノ為メ淀川ニヨル貨客ノ運輸衰微シテ全ク昔時ノ面影ヲ止メス、従ツテ交通運輸上ニ於ケル伏見ノ地位モ亦昔時ノ如クナラスト雖モ、淀川ナル巨川存在シテ大阪京都ヲ連絡スル以上、貨物舩運ノ途滅フヘシトモ思考セラレス。恐クハ此ノ舟運ハ現在以上ニ衰退スルコトナカルヘシ。伏見カ淀川運輸ノ末端ヲ形成セルハ申ス迄モナシ、若シ夫レ京都市南部ニ於ケル工業発達シ且運河計画ニシテ実現セラレムカ、疏水、高瀬川、及宇治川ノ合流点ニ介在セル伏見カ一層運輸上ノ重要地タルヘキハ言ヲ俟タス。

地勢ノ上ニ於テハ京都ヲ南ニ去ル二里東山連峰ノ南ニ尽クル所、南山城平野ヲ東南西ノ三方ニ俯瞰スル位置ニ在リ。誠ニ京都市ノ南門タル形勝ノ地位ヲ占ム、国有鉄道ハ町東端ヲ縦走シテ京都ヨリ奈良ニ至リ京阪電車及京都市営電車、町ノ東西ヲ南北ニ縦走セリ、而シテ京阪線ハ町南端中書島ニ於テ宇治川支線ヲ出セル等、現在陸上ノ交通網ニ於テ南山城ノ中枢地タルヤ因ヨリ論ナシ。

即チ歴史上ノ格式ニ於テハ勿論、地理交通上ニ於テモ優ニ市タルノ資格ヲ備ヘ居レリ。

三、経済及財政

伏見町ノ工業ハ之レヲ伏見特有ノモノト、京都市ニ近接セルカ為メ之レニ倣ヒテ興リタルモノ、第三ニ此ノ両者ニ属スルモ形勝ノ地位タルヨリ生セルモノ、三種ニ分ツヲ得ヘシ。

第一種ニ属スルモノハ年産十二万石、一千万円ヲ超過セル清酒、及年額四百三十万円ニ達セル味醂、焼酎ヲ以テ随一トス。伏見酒ノ名ハ遠ク数百年ノ昔ニ著シ、爾来益々発達スルト共ニ本邦ニテ確固タル地盤ヲ有セルハ呶々ヲ要セス。酒造業ニ随伴スル精米、製樽、製菰等ノ諸工業モ第一種ニ属ス。

製綿、紡績、織物及染色工業ノ二百三十万円及少額ナルモ製簾、製扇ノ一万八千円ハ第二種ニ属スル工業ト云フヘク其生産額ハ現在最低度ニアリ将来ハ尚発達ヲ見ルヘシ。

第三種ニ属スルハ各種ノ製鉄、金属工業、金箔、製材工業トス之等ハ主トシテ疏水ノ水力又ハ淀川運輸ノ便ヲ利用シテ興リタルモノニシテ、其ノ生産額ハ年ニ依リテ高低アリト雖、約百五十万円ヲ算ス。其他第三種ニ属スルモノニシテ見通シ難キハ疏水ノ水力発電及近時宇治川沿岸ニ族生セル京都市、京阪電気軌道及京都電燈会社等ノ火力発電所トス。此等ハ其生産年額ヲ見積リ得サルモ、蓋シ淀川水利ヲ利用セル重要ナル工業タルナリ。

右ノ外製茶、製粉、製薬等極メテ少量ナルモノ存スルモ今日以上ノ隆興ヲ期シ得サルモノナルヘシ。

之ヲ要スルニ伏見町カ生産総額ヲ二千九百四十余万円ニ見積レルハ、決シテ過大ニアラスト思料ス。

商業ニ於テハ全ク見ルヘキモノナシ。唯狭小ナル地域ノ顧客ヲ相手トシ、夫レサヘ京都市ノ糟粕ヲ嘗メツ、アル有様ニシテ、大都市ヲ近隣ニ有スル関係上止ムヲ得サルモノナルヘシ。金融機関トシテ第一銀行、安田銀行等ノ大銀行ノ外伏見銀行、島本銀行支店、伏見十六会信用組合等ヲ有セルモ、如上大工業者ノ金融ヲ計ルノ外格段ノ活躍ヲ為シ居レリト認ムヲ得ス。

以上ノ如ク伏見町ノ経済ハ過半酒造業ニ依テ立テリト云ヒ得ヘキモ、其ノ他諸工業ノ発展亦期待シ得ヘキヲ以テ、其ノ経済力ニ於テ敢テ本邦ノ下級市ニ劣ラサルモノト思料ス。

今伏見町ノ調査ニ依リ、伏見町ト他ノ小市トノ財政状態ヲ比較スルニ、歳出経常部ニ於テ伏見町ト同額又ハ以下ニアルハ、丸亀、尾道、桐生、米沢ニ過キス、又市税額ニ於テ同額以下ニアルハ丸亀、大津ノ二ニ過キス、伏見町ノ財政甚タ貧弱ナルカ如キモ今一歩其内容ニ立入リテ町税ノ負担力或ハ町収入源ノ上ヨリ観察スルトキハ、必スシモ然ラス。試ミニ左表ニヨリ尾ノ道市以下九市ト伏見町トヲ比較スルニ、直接国税額及府県税家屋税ノ合計ニ於テハ伏見町ハ第四位ニアリ。即チ他ノ市カ多クハ直接国税付加税ニ於テ制限外課税ヲ為セルニ拘ラス、伏見町カ制限内ナルノミナラス、営業税ノ如キハ尚余裕ヲ存シ家屋税付加税ノ課率ノ如キ他市ニ比較シテ著シク低率ニアリ。之レニ依テ見レハ此後町カ幾多ノ積極的事業ヲ試ミ明石市ト同額迄経常費ヲ増嵩セシムルトスルモ、町民ノ負担ハ明石ニ比シ軽シト云ハサルヘカラス、要スルニ尚十数万円ノ財政上ノ弾力ヲ有スト観ルヲ得ヘシ。

（表省略――小野注）

四、戸数人口

伏見町ノ調査ニ依レハ大正十三年九月末ニ於テ戸数六七〇二、内本籍現住一九三五六、入寄留人口一四六五三、計三四〇〇九人ナリトセルモ、大正九年国勢調査ニヨル戸数六四〇四、人口二六八八〇ニ比シ、七千人以上ノ増加トナリ、現今ノ増加ノ趨勢ニ鑑ミ過大ニ失スル如ク観セラル、ヲ以テ、試ニ同日ノ伏見警察署戸口調査ヲ見ルニ戸数六四六二、人口二九二四一トアリ町調査ハ聊カ過大ナルカ如シ。

然レトモ国勢調査ノ結果ヲ見レハ一戸平均人口四・一九七トナリ、之レヲ京都府平均四・六四九、紀伊郡平均四・五一六、又ハ京都市ノ四・五八七ニ比シ一戸平均人口甚シク少ナク、尚準世帯一戸平均ヲ見レハ其ノ差一層甚シク、伏見町ノ七・一ナルニ対シ府ハ二〇・一、京都市八・五トナル依リ、惟フニ国勢調査実施ノ日ニ当リ伏見町ニハ何等カ人口激減ノ一時的現象アリシモノト認ムルヲ至当トスヘシ。伏見町カ此減少ノ理由ヲ酒造季節以外ナリシカ為メ其ノ従業者ノ不在及第十六師団満州駐屯ニ因ル軍人家族ノ他出ニ帰セリ、或ハ然ラムサレト今日伏見町ニ於ケル酒造従業員ノ総数二千二百余名ナルヲ以テ見レハ、国勢調査ノ日ニ於テ此等原因ニ基ツク減少ヲ加算シ得ル人口ハ、二千乃至二千五百ナルヘシ、即チ大正九年末ニハ二万八千以上二万九千以下ノ人口ヲ容レタリト見ルヘシ。

翻テ大正九年末ニ於ケル伏見警察署ノ戸口調査ヲ見ルニ、戸数六一八七、人口二七六九二トアリ。今日迄逐次緩慢ナカラ増加シ来レルヲ推知シ得ヘク、且ツ警察署ノ戸口調査ハ其署管内ノ異動（即チ紀伊郡内ノ異動）ヲ計算ノ内ニ入レサルヲ以テ、試ミニ伏見町ノ中ヨリ数ヶ町ヲ摘出シテ郡内ノ異動ヲ調査シタルニ、別表ノ如ク警察署ノ戸口調査中本籍現住者ニ於テ減少セルモ入寄留者著シク増加シ居レルヲ以テ、結局右一部分精査ノ結果ヲ以テ全般ヲ推計スル時ハ、真ノ現住人口ヲ知ルカ為メニハ一〇〇〇分ノ二八・三四ヲ戸口調査人口ニ加算セサルヘカラス。依テ推計スレハ大正九年九月末ニ於テ二八四七五人トナリ前段申述ヘタル推定ニ一致シ、大正十三年末ニハ三〇〇六九人ノ人口ヲ容セルコト、ナル要スルニ三万内外ノ人口ヲ有スルコトハ確実ナルモ伏見町調査ハ幾分過大ナリ。

五、地域ノ広狭　付堀内村トノ関係

伏見町ハ南北ノ最長二十三町余、東西最広十三町半、面積僅ニ〇・二方里（九十四万坪）ニ過キス蕞爾タル小邑ナリ、而シテ之レヲ使用地別ニ分類スレハ概略

（表は下に別掲——小野注）

全面積	九四〇・〇〇〇坪
軍隊官公衙学校用地	五二・三〇〇坪
神社寺院墓地火葬場	二七・九〇〇坪
道路敷地	六〇・〇〇〇坪
河川水路敷	四六・七〇〇坪
堤防敷	一四・七〇〇坪
酒造業用地	四四・五〇〇坪
田畝	一九〇・〇〇〇坪
其他	約五〇〇・〇〇〇坪

右ノ表ニ依レハ商工業住宅及耕地タル地積七十四万坪ニ充タス酒造関係ノ用地ヲ除ケハ、商工業地及住居地約五十万坪ニ過キス剰ヘ農耕地十九万坪ハ大部分高瀬川西岸ノ低地ナル為メ、一朝大雨臻レハ濁水停滞シテ池沼ヲ為スヲ以テ、大工場敷地トシテハ兎ニ角商工業又ハ住居地トシテハ全ク不適当ナリ。

斯ク窮屈ナル町域タルニ加フルニ、縦横ニ通スル道路ハ一少部分カ三、四間ノ路幅ヲ有スルノ外道路延長二万二千円、百間ノ七割五分迄ハ二間半ノ路幅ヲ有スルニ過キス、交通保安上危険甚タ多ク況ンヤ下水道ノ施設改良ノ如キ全ク其ノ余地ナシ。

伏見町ノ東半部ハ桃山々麓ノ傾斜地ニシテ、其東及南ハ堀内村ト境シ境界犬牙錯綜セリ、元来伏見ハ豊公築城以前ヨリ伏見九郷ト称シ、現在ノ町外堀内村深草町ノ一部ヲ包有セリ。徳川氏伏見奉行ヲ置キタルトキモ堀内深草向島横大路三栖ヲ其ノ管轄区域トセリ。然ルニ維新後現在ノ如ク町村ヲ分テリ惟フニ向島深草ハ地形上伏見ヨリ分タルヘシトスルモ、堀内村ハ単ニ其当時人家連担セスト云フノ外、地理的ニ何等分離セシムルノ要無カリシナリ、然ルニ時勢ハ移リテ明治両陛下ノ御陵御構築ト云ヒ、京阪電気軌道ノ貫通ト云ヒ、堀内村カ全国ノ参拝者ヲ呑吐シ、且住宅地トシテ比類稀ナル形勝地タル事カ一般ニ知悉セラレテヨリ家屋ノ激増ヲ見、現在ニ於テハ伏見町トノ境界ヲ不明ナラシメタリ。

斯ノ如キヲ以テ伏見堀内ヲ別異ノ地方団体タラシムルハ交通上、保安上、将又衛生上人家ノ増加スルニ比例シテ益々不便ト危険トヲ増大スルモノトス、例ヘハ上下水道ノ計画ノ如キ両者ヲ分別シテハ地形上計画樹タサルモノナルヘシ。若シ堀内村ヲ合併シ得レハ上記ノ欠陥タル町域ノ狭隘ヲ救済シ得ヘシ。即チ伏見町ハ市制ヲ施行セラレストスルモ堀内村ヲ併合スル要アリ。

六、本問題ニ対スル意見

以上ノ調査ヲ総合スルニ、伏見町ハ其ノ歴史上ノ格式ニ於テ市ト称スルノ価値アルハ勿論、町民ノ経済上ノ実力ニ於テ、或

ハ上下水道、道路拡築、社会的施設等積極的ノ施設ヲ要スル場合、町財政ノ膨張ニ伴フ町民ノ経費負担力ニ於テ、市制ヲ施行セラレ得ルノ資格アリト思料スルモ、人口尠キト地域ノ甚シク狭隘ナルトハ欠点ナリトス。殊ニ後者ノ為メ仮ニ市制ヲ施行セラル、トシテモ現在町タル以上ニ於テハ人口及地域ノ欠陥ヲ補ヒ得ルノミナラス、現ニ家屋連担シ居ルニ拘ラス異リタル町村ニ属スルカ為メ蒙リツ、アル交通上、衛生上等ノ不便ト危険トヲ一掃シ得ルヲ以テ、此際宜シク接続町村ヲ併合セシムヘシ、而シテ其合併ノ方法ニ三アリ。

第一案　竹田村、深草町、堀内村、向島村、伏見町ノ五ケ町村ヲ以テ伏見市トス。

第二案　竹田村、深草町、向島村ノ各一部分及堀内村、伏見町ヲ以テ伏見市トナス。

第三案　伏見町、堀内村、向島村ノ一部（宇治川右岸）ヲ以テ伏見市トス。

以上各案ノ区分別紙図面ノ通

第一案ハ地域拡大ニシテ人口亦五万以上ヲ包容スルコト、ナルモ、斯ノ如クナラハ寧ロ京都市ニ合併セラレテ将来ノ懸案ヲ一掃スルニ如カス。

第二案ハ地理的ニ見テ境界最モ明白トナリ理想案ナルヘキモ、一部合併町村ノ同意ヲ得ルコト至難ナリ。

第三案ハ地形的ニモ堀内向島ノ同意ヲ得ル点ヨリスルモ前者ニ比シ容易ナルヘク、尚地域人口ノ欠点ヲモ補正シ得ヘシ、即チ其ノ孰レヲ採ルトシテモ堀内村ハ此際合併セシムルヲ条件トシテ市制施行セラル、ヲ適当ナリトス。

資料25　「上記ノ回答」土第一七〇一号、大正一四年四月一五日（京都府立総合資料館府庁文書、昭六-四一-一　京都市近接市町村編入一件　沿革書類中）　［2-2注18］

大正十四年四月二十五日

京都市長　安田耕之助

京都府内務部長　森岡二朗　殿

本月十四日付、四庶第一一七七号ヲ以テ御照会ノ件了承。本市都市計画区域内ニ在ル伏見町ニ市制施行ノ場合ニ、都市計画上該市ヲ如何ニ取扱フヤハ政府ニ於テ御決定可相成モノト被存。従ツテ御照会ニ対シ具体的ノ意見開陳難致候得共、都市計画法ノ精神ヨリ考フルトキハ伏見町ニ市制ノ施行セラル、ト否トニ依リ、其ノ取扱ニ差異アルヘキ筈無之ヤニ被存候条、本市都市計画事業ニハ何等関係ヲ有セサルモノト被認候ニ付、此段及回答候也。

追テ、若シ伏見町ニシテ市制施行ノ後、他市ノ例ニ倣ヒ独立シテ都市計画法ノ施行セラル、カ如キコトアリトセハ、従来伏見町ヲ包容統一シタル京都都市計画事業上、支障尠カラサルモノアルヘシト被認候。為念申添候也。

資料26　「京都市近接町村編入ノ義ニ付具申」地秘第十五号、昭和二年一月二一日（京都府立総合資料館府庁文書、昭六-四一-五　京都市近接市町村編入一件　庶務）　［2-2注22］

昭和二年一月二十（ママ）日

京都府知事　浜田恒之助

内務大臣　浜口雄幸殿

京都市近接町村編入ノ義ニ付具申

近年ニ於ケル京都市ノ都市的膨張ハ実ニ著シキモノ有之。延テ其ノ勢ノ近接町村ニ及ホストコロ亦尠少ナラス。市ノ区域ヲ拡大シ以テ統制アル都市的行政施設ヲ為サシムルノ適当ナルヲ認メ、之ニ関シ夫々考慮致居候際、偶別冊ノ通、紀伊郡伏見町ヨリ市制施行ニ関スル意見書ヲ提出致候。然ルニ同町ノ地域ハ深草町ヲ隔テ京都市ニ接スルモ民家ハ連《つらなり》、簷《ひさし》其ノ境界サヘ判明セサル状況ニ有之。加之伏見町今日ノ発展ハ素ヨリ、町独自ノ進展ニ依ルモノナキニアラサルモ、大体ニ於テ京都市南下ノ趨勢カ之ヲ促進セシメタルモノト謂フヘク、殊ニ伏見町単独ノ区域ニ市制ヲ施行セラルルニハ、其ノ地域ニ於テ、将タ戸口ニ於テ適当ナラス。少クモ其ノ隣接深草町堀内村ノ区域ヲ併合セサルヘカラサルニ至ルヘク、然ルトキハ此ノ市ト京都市トハ独リ住民ノ状態ニ於テノミナラス、京都市ノ各種営造物ノ両市ニ亘レル在リ。其ノ地域ニ於テモ亦、全ク相接続スルニ至リ不自然ナル。二市分立ノ奇態ヲ呈スルニ至ルヲ以テ、伏見町ノ市制施行ハ適当ナラス。却テ此ノ際予テノ懸案タル京都市近接町村ノ編入ヲ断行スルノ緊要ナルヲ信シ、尓来反覆調査ヲ重ネタル結果、別冊ノ通近接十七ヶ町村ヲ京都市ニ編入スルノ適切ナルヲ認メ、且民心ノ帰向ヲ稽ヘ、更ニ事務ノ便宜上、来ル昭和二年四月一日ヨリ之ヲ施行スルヲ最モ適当ト存候条、速ニ御認容相成候様致度、関係市町村ノ実情並編入ヲ必要トスル事由等、必要事項ヲ詳具セル別冊調書添属、此段具申候也。

資料27「市制施行促進ニ関スル意見書ヲ内務大臣ニ提出スルノ件」伏見町第五九号議案、昭和四年一月二四日（京都府立総合資料館府庁文書、昭四-四三　伏見市制施行一件）〔2-2注23〕

本町ノ福祉ヲ増進セン為、本町ニ市制施行ノ義、大正十三年十月六日町会第四一号議決ニ基キ、大正十四年三月四日発第三六六号ヲ以テ其ノ意見上申ニ対シ、之カ速進ヲ期シ昭和四年四月一日ヨリ市制施行ノ義、町村制第四十三条ニ依リ、更ニ其ノ追加意見書ヲ内務大臣ニ提出スルモノトス。

昭和四年一月二十四日提出

昭和四年一月　　日決議

伏見町長　中野種一郎

資料28「市制施行追加意見上申ニ関スル件」発第一一七号、昭和四年一月二四日（京都府立総合資料館府庁文書、昭四-四三　伏見市制施行一件）〔2-2注24〕

昭和四年一月二十四日

京都府紀伊郡伏見町長　中野種一郎

内務大臣　望月圭介　殿

市制施行追加意見上申ニ関スル件

本町ノ福祉ヲ増進セン為、本町ニ市制施行ノ義、大正十三年十月六日町会第四一号議決ニ基キ、大正十四年三月四日発第三六六号ヲ以テ其意見上申致シ置キ候ニ付テハ、既ニ調査完了ト被認候得共、本町ノ現勢ハ逐年発展ヲ未タニ之カ急速施行地タランコトヲ期シ、昭和四年四月一日ヨリ市制施行ノ義、町村制第四十三条ニ依リ別紙町会議決書並ニ理由書相添へ、追加意見上申候也。

理由書

本町ニ市制施行ノ義ニ対シ其ノ理由ハ大正十四年三月四日発第三六六号上申ノ際添付シタル理由書ニ詳細ヲ尽シ得タルモ、其ノ後戸口ハ年末調査ニ依レハ戸数七千、人口三万五千ニ昇リ、交通機関トシテハ奈良電気鉄道ハ京都市ヲ起点トシテ本町東北部ヲ貫キ、伏見桃山御陵、橿原神宮、畝傍御陵、奈良市ヲ結ヒ付ケ既ニ営業ヲ開始シタリ。町立小学校ハ三十有五万円ヲ投シテ大改築ヲ行ヒ設備ハ完成ヲ期シ、児童数実ニ三千八百名ヲ算シ、会社工場ハ年々増加ヲ来タシ主要物産年額三千万円ヲ突破セントス。社会施設事業トシテ町立伏見病院ハ大正十五年十一月三日ノ開院ニシテ、内科部（小児科ヲ含ム）、外科部（皮膚科ヲ含ム）、産婦人科部、耳鼻咽頭科部、眼科部、レントゲン科、マッサージ科、調剤部、事務部ニ区分シ、伏見職業紹介所ハ大正十五年六月開所シ以テ求人求職者ノ機能ヲ発揮シ、少年職業指導ニ任シ救療所ハ昭和三年四月一日ノ開所ニシテ無料入院診療ノ為町民ヲ救ヒ、看護婦学校ハ昭和三年八月其ノ筋ノ認可ヲ得テ開校シ、昭和三年十月六日伏見町婦人会ヲ設立シ、昭和二年十月二十五日伏見町敬老会ヲ組織シ、昭和三年十月無料法律相談所ヲ開キ、目下町立伏見景勝病院、公益質舗ノ建築中ニ属シ、社会事業ニ専ラ意ヲ注キ、町経済ハ本町費八十五万四千円、特別町立伏見病院十二万千九百円、伏見公会堂八百円、公営家屋四千三百円、合計九十八万二千円ヲ計上シ其ノ他継続費トシテ公有水面埋立工事費二十三万二千円、小学校営繕費三十五万三千円ヲ議決シ目下其ノ工事中ニ属ス。前記ノ状態ニ在ルヲ以テ最近市制ヲ施行シタル都市ニ比シ人口、交通、教育、衛生、産業、経済其ノ他ノ組織ニ渉リ遜色ナキノミナラス、寧ロ凌駕ヲ見ルモノト認ム。然ルニ本町カ曩キニ市制施行上申後ニ於テ他町ガ市制施行ノ上申ニ対シ、之カ急速ノ調査ヲ為シ既ニ施行ヲ見ルニ至リタル都市ヲ有ス。本町ハ其ノ後数度之カ意見ヲ問合ハシメタルモ、調査中ニ属スル旨ノ回答ニ接シ、未タ其ノ施行ノ機運ニ会ヒサルハ頗ル遺憾トスル所ナリ。今ヤ会計年度開始ニ迫リ、近ク五月上旬ヲ以テ町会議員総選挙ヲ行ハサル可カラス。之カ繁避クル為自治体ノ議決ヲ尊重セラレ速カニセラレンコトヲ要望スル所以ナリ。

資料29　「伏見町ニ市制施行ノ義ニ付副申」地秘第三六号、昭和四年二月八日（京都府立総合資料館府庁文書、昭四-四三伏見市制施行一件）　［2-2注25］

昭和四年二月六日　起案

昭和四年二月八日　施行

日付
知事
内務大臣宛
伏見町ニ市制施行ノ義ニ付副申

管下紀伊郡伏見町ヨリ別紙ノ通、市制施行方追加意見上申有之候処、同町ニ於ケル人口戸数、財政、産業、教育、交通及衛生等諸般ノ概況ハ、既ニ市制施行地トシテ遜色ナキ実勢ヲ有スルモノト認メラレ候ヘ共、本件ニ関シテハ去ル昭和二年一月京都市近接町村編入具申書中ニ上申致置候通、京都市ノ都市的膨張ハ最近著シキモノ有之。其ノ近接町村ニ及ホス影響甚タ多大ニシテ殊ニ伏見町トハ地勢上経済上ハ勿論、衛生交通其他都市計画上密接不離ノ関係ニアルヲ以テ、之等近接町村ノ地域ヲ京都市ニ編入シ、一体トシテ統制アル都市的行政施設ヲ為サシムルハ、実ニ地方発展上最モ有効緊切ノ施設ト認メラレ候。

然ルニ、京都市ニ於テハ其後近接町村ノ編入ハ急速実施ノ要ナシトノ意見広ク行ハレ、為ニ之カ実現ハ一時停頓ノ状態ヲ呈スルニ至リシハ、甚タ遺憾ノコトニ有之候処。最近亦又市当局並ニ市会議員等四囲ノ情勢ニ鑑ミ、其必要ヲ認メ隣接町村編入問題ノ解決ヲ急カントスルノ形勢ヲ馴致スルニ至レル実状有之候。右ノ理由ニ因リ、本件ノ解決ハ京都市ノ意向確実ニシテ市域拡張ノ実現セムトスル場合ニハ、本件市制ノ実施ハ之ニ支障ヲ生ズルヲ以テ考慮スベキ儀ト被存候。若シ之ニ反シ京都市ノ区域拡張ガ当分実現ノ見込相立タザル場合ニ於テハ、寧ロ伏見町ノ実勢ニ鑑ミ、本件市制施行相成候ヲ適当ト思惟セラレ候ニ付、別紙進達ニ関シ此仮意見副申候也。

（別紙伏見町ヨリ提出ノ追加意見書添付ノコト）

資料30　「伏見町ニ市制施行ノ件ニ付意見上申」地秘第九八号、昭和四年三月二七日（京都府立総合資料館府庁文書、昭四－四三　伏見市制施行一件）　［2-2注26］

昭和四年三月二十九日　施行

昭和四年三月二十七日　起案

日付

知事

内務大臣宛

伏見町ニ市制施行ノ件ニ付意見追伸

標記ノ件ニ関シテハ、二月八日地秘第三六号ヲ以テ意見書副申進達致置候へ共、今回更ニ別紙ノ通伏見町長ヨリ申請書提出候処、本件ハ曩ニ副申ノ通伏見町ノ戸口、交通、産業、財政、教育、衛生等施設ノ状況ニ於テ、別紙ノ通市制施行地トシテ遜色ナキ実勢ヲ有スルモノト認メラレ候へ共、其ノ後本件ト密接ニ関係アル京都市近接町村編入ノ件ニ関連シテ、京都市ノ意向ヲ徴シ候処、其ノ回答別紙ノ通ニ有之。啻伏見町ノ市制施行ニ対スル熱心ナル希望ノ次第モ有之候ニ付、此際伏見町ノ意見御採択相成候様致度、別紙申請書進達旁意見追伸候也。

追テ、右施行ノ時期ニ付テハ、同町会議員ノ改選期ガ五月十日ト相成居候関係上、伏見町長ヨリ申請ノ通五月一日ヨリ施行相成候様致度申添候。

資料31　「京都市近接町村編入ノ件、地秘第六〇号」昭和四年二月二八日（京都市役所蔵、隣接町村編入に関する一件）

［2-2注27］

昭和四年二月二十八日

内務部長

京都市長殿

京都市近接町村編入ノ件

標記ノ件ニ関シテハ、曩ニ貴市会ノ意見上申有之。最近亦京都府会ニ於テモ同様意見書提出有之候処、右関係町村中最有力ナル伏見町ニ於テハ、過般速ニ市制ヲ同町ニ施行セラレムコトヲ望ム旨ノ意見書ヲ、主務大臣並ニ府知事ニ提出シ、熱心ニ請願中ノ処、今回其ノ筋ヨリ伏見町ニ市制施行ノ可否ニ関シ照会ノ次第モ有之候。右伏見町ニ市制施行ノ如何ハ、同町ヲ抱擁スル京都市近接町村編入事件ニ頗ル緊密ナル関係ヲ有スルモノト被認候。就而ハ此際右伏見町ノ市制施行ノ件ニ関連シ、同町ヲ含ム近接町村編入ノ件ハ、速ニ実現ヲ希望セラル、御見込ナリヤ。若シ実現ノ御見込アリトスレバ、果シテ昭和何年度ヨリ実施ノ希望ヲ有セラルルヤ。貴市ノ御意見具体的且詳細ニ至急御回示相成度、

右及依命照会候也。

資料32 「市制施行之義ニ付意見上申」発第四一五号、昭和四年三月一三日（京都府立総合資料館府庁文書、昭四-四三 伏見市制施行一件）［2-2注33］

伏見町ノ区域ヲ以テ市制施行ノ義申請ニ関スル件

今回提出ノ伏見町ノ区域ヲ以テ、市制施行ノ義申請ハ御取調上ノ便宜ノ為、曩ニ提出致候左記申請書ノモノヲ一括トシ、茲ニ別紙ノ通申請書提出致候条、御了承相成度、此段及申進候也。

昭和四年三月十三日

京都府紀伊郡伏見町長　中野種一郎

内務大臣　望月圭介　殿

左記

大正十四年三月四日　発第三六六号　意見上申

昭和四年一月二十四日　発第一一七号　追加意見上申

昭和四年三月一日　発第三六一号　理由追伸

発第四二二号

伏見町ノ区域ヲ以テ市制施行ノ義申請

本町ノ福祉ヲ増進センカ為、本町ノ区域ヲ以テ市制施行ノ義、町会ニ於テ決議致候ニ付、御詮議相成度、別紙理由書並本町ノ状況ニ関スル調査書及関係書類添付、此段及申請候也。

昭和四年三月十三日

京都府紀伊郡伏見町長　中野種一郎

内務大臣　望月圭介　殿

一、市制施行期日　昭和四年五月一日

理由書

一、本町ハ町制施行以前ヨリ普通町村ト其ノ趣ヲ異ニシ、郡区町村編成法公布ニ基キ伏見区役所ヲ設置シ、区トシテ其ノ事務ヲ取扱ヒ来リシカ、其ノ後本町行政区域内字町ニシテ、付近町村ニ分割編入シタルモノ不尠、町制施行当時ハ従来ニ比シ地域狭小トナリ戸口モ亦減少シタルモ、町民ハ其ノ当時ヨリ既ニ市制施行地タランコトヲ要望シタリ。然ルニ交通機関ノ整備ハ総テノ状態ニ一大変動ヲ来タシ、一般ノ状況ハ寧ロ衰微ノ傾向ナリシヲ、以テ一時頓挫ノ色アリシカ、明治二十七、八年戦役以後ニ於テ産業状態ノ好況ニ向フト共ニ、戸口ノ数モ亦稍々回復シタルヲ以テ、市制施行ノ要求ハ再ヒ台頭シ明治三十年ノ頃重ナル有志者ヲ以テ、市制施行速成同盟会ヲ組織シ、専ラ種々ノ関係調査ニ歩ヲ進ムル所アリ。明治三十一年本町会ニ於テ調査委員五名ヲ置キ、調査研究ノ結果、明治三十一年四月二十八日市制施行稟請ノ提案ヲ為シ、満場一致ヲ以テ可決シ上司ニ進達セルモ、財政ノ状態今日ノ如クナラサリシ為詮議ヲ見ルニ至ラス。明治四十年頃ヨリ更ニ市制施行ノ速成ヲ要望スルノ声ヲ聞クニ至リ、遂ニ大正六年四月四日ニ至リ、意見上申書提出ノ案ヲ付議スル所アリシモ、調査事項ニ追加ヲ要スルモノアリテ一時延期ト為リ、爾来理事者ノ更迭ニヨリ荏苒今日ニ到リシモ、歴代ノ理事者ハ町民ノ要求ニ随ヒ絶ヘス調査研究ノ歩ヲ進メツヽアリ。大正十三年ニ於テ又復市制実施ノ希望ヲ耳ニスルニ至リ、十月六日ノ町会ニ於テ意見提出ヲ満場一致議決シ、其ノ意見書提出ノ建議ヲ採択シ、直ニ調査委員ヲ挙ケ各般調査ノ歩ヲ進メ上申ノ運ヒニ至リシモ、之カ速進ノタメ昭和四年一月二十四日再ヒ満場一致ヲ以テ意見上申ノ追加議決上申シタルモノニシテ、要スルニ本町ノ状態ハ其ノ施設事項ニ於テ悉ク他町村ト其ノ趣ヲ異ニシ、久シク町民カ市制施行地タランコトヲ要望シツヽアルノ状況ハ前記ノ事実ニ照シ明カナルモノトス。

一、本町ハ往古ヨリ皇室トノ関係最モ深ク、殊ニ今ヲ距ル三百年前豊公築城以来史実ニ富ミ、徳川時代ノ奉行諸大名ノ邸宅跡、薩藩九烈士ノ遺跡、明治維新ニ於ケル伏見鳥羽ノ戦ノ跡、東軍戦死者ノ記念碑等、歴史的ニ見ルモ伏見市制施行ノ必要アルヲ認ム。
一、本町ハ京都市ヲ距ル南方二里半其ノ中間ニ第十六師団所在地タル深草町及竹田村ヲ挟ミ、淀川ノ沿岸ニ位シ、舟楫ノ便アリ、陸ニ京阪、奈良ノ両電気鉄道ノ要衝地トシテ交通自在ナリ、京都市ハ美術ヲ以テ誇ルト雖、本町ハ之ニ反シ工業ノ主要地ナルカ故ニ民情ハ自ラ異レリ。本町産物ノ種類ハ醸造、木竹、金属、糸類、染色ノ製品業ナレトモ其ノ主ナルモノハ酒造業ニシテ、今ヤ伏見酒ハ全国ニ冠タルモノニシテ、兵庫県下ニ次ク第一位ノ酒造地ナリ、加之動力ノ供給、水陸運ノ利便ニ従ヒ、生産工場増加シ著シク産業発達ノ機運ニ在ルヲ以テ単独市制施行ノ必要アリ。
一、本町現在ニ於ケル社会事業施設トシテ公設市場、公営住宅、職業紹介所、救療所、町立伏見病院、伏見景勝病院、公益質舗ヲ設ケ、人口経済倶ニ市トシテ遜色ナク、其ノ他ノ施設ハ相当完備ヲ期シ充実シアルモノト認ムルニ依リ、自治向上発展ノタメ市制ノ実現ヲ要望スル所ナリ。
一、制度変更ノ際ニ於ケル多少ノ増税ハ止ムヲ得サルモ、財源ハ余有ヲ存シ一ニ緊縮セル模範市制ヲ布キ、以テ桃山御陵下一部地区ノ改正ヲナシ、之ヲ充実スルニ於テハ多クノ増税ヲ為スノ必要ナシト認ム。
一、事務執行上ニ於テハ、官制改正以前ニ於ケル郡長ノ職務ハ殆ント市長ニ移リ選挙、兵事、教育等ニ於ケル取扱事務ニ住民ノ受クル利便モ亦不尠モノト認ム。
一、商取引ニ付テハ本町ハ商工地帯ヲ以テ成立シ、近年著シク製造工場ノ数ヲ増加シ、京阪間ノ集散貨物ハ殆ント本町ニ於テ分離サルルノ現状ニシテ、是等製品材料ノ商取引関係ハ町タルト市タルトニ依リ他府県、或ハ海外取引先顧客ノ信用、及地理的観念ニ著シク印象ヲ与フルハ言ヲ俟タス。若シ夫レ市制ヲ実施スルニ於テハ総テノ会社工場、或ハ個人ノ商取引上ニ非常ノ信用ヲ得ルハ勿論、商工業ニ及ホス影響不尠斯業発展、自治向上ニ資スル利益又鮮尠ニアラサルモノト認ム。

資料33　「遊郭地指定に関する公文書」発第九〇三号、昭和三年五月四日（『京伏合併記念伏見市誌』京伏合併記念会、一九三五年所収）　［2-2注39］

昭和三年五月四日　伏見町長　中野種一郎

京都府知事　大海原重義殿

伏見警察署改築寄附金ニ関スル件

伏見警察署移転改築ニ関シ、左記条件ヲ付シ寄附致度候間、相当御詮議有之度、此段御願候也。
一、昭和三年一月三十一日京都府達第八八号御諮問ニ関シ同年二月二日発第三三八号答申宇治川派流公有水面埋立ノ件許可指令アリタシ。
二、前記埋立地ニ於ケル本町字東西柳ニ属スル地先ハ、現在遊廓地所属ナルヲ以テ遊廓地ニ指定セラレタシ。
三、昭和三年四月二十日、京都府達第二七四号御諮問ニ関シ、同年四月二十一日発第七八六号答申、宇治川派流公有水面埋立ノ件許可指令アリタシ。
四、伏見警察署改築費トシテ金拾壱万円也寄付スルヲ以テ、現在ノ敷地伏見町字表五百七十八番地九畝九歩四合二夕同字上中六百二十七番地六畝二十七歩四合六夕、合計一反六畝六歩八合八夕及廃庁舎並元紀伊郡役所敷地伏見町字御駕籠百七番地四畝二十一歩四合三夕、同字板橋二丁目五百八十八番地ノ二ノ二一反六畝二歩六号六夕、合計二反二十四歩九夕ハ無償ニテ本町ニ交付セラレタシ。
五、伏見警察署移転敷地トシテ、伏見町大手筋通ニテ宅地三百坪ハ京都府（連帯経済）ニ寄付スルモノトス。

資料34　「中書島遊廓指定地編入ニ関スル件」発二、二四九号（京都府立総合資料館府庁文書、昭六－三六－一　市財政　自壱至六）　［2－2注40］

昭和三年十二月十七日　伏見町長　中野種一郎

京都府知事　大海原重義殿

中書島遊廓指定地編入ニ関スル件

本町地内字東西柳ハ徳川時代ヨリノ遊廓免許地ニシテ、周囲河川ヲ廻ラシ以テ市街地ト其ノ区域ヲ明瞭ナラシメ、市内ヨリ該地ニ達スルニハ必ス橋梁又ハ舟便ニ拠ラサルヘカラス。然ルニ淀川本流ノ改修工事ニ伴ヒ、流水頓ニ減退シ常ニ土砂堆積シテ雑草繁茂シ殆ト汚物捨場ノ感アリ而、ノミナラス幅員統一ヲ欠キ現在ニ於テハ広キニ失スル為、流水ノ深浅ニ差異著シク且護岸モ亦崩壊シテ危険ニ瀕シ不体裁極リナキヲ以テ、之カ一大改修工事ヲ施シ字東柳及字西柳ノ周囲地先ニ至ル二千七百八十六坪九合二夕ニ対シ、本府知事ノ許可ヲ得テ河川整理ニ依ル埋立工事ヲ行ヒ、以テ流水適度ノ保留並町体面ノ維持ヲ期シタル次第ニシテ、前述ノ如ク現在遊廓地帯ノ周囲ニ増坪シ、取締上同一営業地トシテ経営セサレハ不可能ノ箇所ニアルヲ以テ、右事情御含ミノ上、遊廓指定地ニ御編入相成度、此段及申請候也。

資料35「遊郭地指定に関する公文書」発第四九四号ノ一、昭和四年三月三一日（『京伏合併記念伏見市誌』所収）

［2-2注41］

昭和四年三月三十一日　伏見町長　中野種一郎

京都府知事　大海原重義殿

昭和四年二月二十二日付四庶第三三五号ヲ以テ、本府郡部経済ニ金拾壱万円也寄付金至急納付方御督促相受、相当処該資金ハ町経済ヨリ支出スルモノニ無之ハ、其ノ当時既ニ御了知ノ御事ト存候。即チ昭和三年九月二十一日付本府指令三河第二八〇六号ヲ以テ、公有水面埋立工事御認可ニ依ル宇治川派流埋立地ノ交付ヲ受ケ、其ノ処分ノ余剰金ヲ以テ之ニ充当スルノ計画ニ有之而モ、該埋立地ハ中書島遊廓地帯タル東西柳町ニシテ、遊廓指定地ニ接続シ埋立計画ト同時ニ遊廓指定地ニ編入ノ義認容ヲ得タル。次第ニシテ万一遊廓指定地編入無之場合ハ、予定時価低落シ財政ニ一大欠陥ヲ生ジ、為ニ町政ニ紛糾ヲ来スノ虞レモ有之。容易ニ補填ヲ為シ得ザルノ状態ト相成ルハ明カナル事実ニシテ、誠ニ遺憾ノ次第ニ有之候間、此際確タル御承認覚書御交付ヲ得テ、相当考慮致度、至急何分ノ御回報相成候様、致度此段及陳情候也。

三保五、九八一号

昭和四年三月三十一日　京都府知事

伏見町長　中野種一郎殿

三月三十一日付ヲ以テ御照会ノ件了承御申越ノ通、該埋立地ハ中書島遊廓地ニ一区画トシテ接続シ、風俗取締上ニ於テモ遊廓指定地ニ繰入スルヲ以テ適当ナリト被認候。尚又町財政下ノ関係ヲモ顧慮シ、埋立工事完成後ニ於テ主務大臣ニ稟伺シ指定地ニ繰入相成候様、致度此段及回答候也。

資料36「遊郭地指定に関する公文書」三保第五九八号、昭和四年七月五日（『京伏合併記念伏見誌』所収）　［2-2注42］

三保五、九八一号

昭和四年七月五日　京都府知事

伏見町長　中野種一郎殿

本年三月三十一日付発第四九四〇号ノ一ヲ以テ、御照会ニ係ル中書島遊廓指定地編入ニ関スル件、右ハ支障ナシト認ムルモ、一度内務大臣ニ稟伺ヲ要スベキモノニシテ、本日書類発送候条指示アリ次第、決定可致ニ付、御承知相成度。

資料37　「基本調査ノ方針ニ関スル伺定」昭和五年三月一〇日（京都府立総合資料館府庁文書、昭六-四一-一　京都市近接市町村編入一件　基本書類中）　［2-3注7］

第二号

昭和五年三月十日　決議

昭和五年三月十日　起案

伺

京都市隣接市町村編入ニ関スル気泡調査方針別紙ノ通定メラルベキ歟仰裁候也

京都市隣接町村編入ニ関スル基本調査方針

一、調査ノ範囲

昭和四年京都市長内申ニ係ル十七箇町村ヲ基礎トシ、右ノ外昭和二年浜田知事案ニ加ハリ今回市長ノ内申ニ除外セラレタル伏見市及其ノ付近五箇村ヲ包含シタル左記一市二十二箇町村ニ就キ、基本調査ヲ行フモノトス。

（表は下に別掲——小野注）

京都市長内申	浜田知事案
愛宕郡修学院村	愛宕郡修学院村
同郡　松ヶ崎村	同郡　松ヶ崎村
同郡　上賀茂村	
同郡　大宮村	
同郡　鷹峯村	
葛野郡太秦村	葛野郡太秦村
同郡　西院村	同郡　西院村
同郡　京極村	同郡　京極村
同郡　梅津村	同郡　梅津村
同郡　花園村	同郡　花園村
同郡　嵯峨町	
同郡　梅ヶ畑村	
紀伊郡竹田村	紀伊郡竹田村
同郡　深草町	同郡　深草町
同郡　上鳥羽村	同郡　上鳥羽村
同郡　吉祥院村	同郡　吉祥院村
	同郡　下鳥羽村
	同郡　堀内村
	同郡　向島村
	同郡　横大路村
	同郡　納所村
	伏見市
宇治郡山科町	

但シ嵯峨町及梅ヶ畑村ニ付テハ、清滝川ノ右岸ト左岸ニ内訳区分シテ調査スルモノトス。
二、調査ノ項目
昭和二年ノ調査ヲ標準トシ大体別紙ニ依ル
三、調査ノ方法
イ）貴賓室ヲ六月末迄編入調査ノ為借切コト。
ロ）調査事項中庁内ニテ材料ヲ蒐集シ得ルモノハ、成ルベク本庁限リニテ調査シ、必要アルモノニ限リ関係市町村ニ照会シテ回答ヲ求ムルコト。
前項回答期限ハ遅クモ四月二十日限リトス
ハ）大体調査材料ノ蒐集ヲ終リタルトキハ、関係市町村ヲ一巡シ実地ニ就キ調査ヲ行フコト。
四、事務取扱予定期日

資料38 「京都市近接市町村編入問題知事市長協議会記録」（京都府立総合資料館府庁文書、昭六-四一-一 京都市近接市町村編入一件 基本書類中）〔2-3注9〕

一、時 昭和五年八月四日午後一時四十分開会
二、場所 府庁参事会室
三、出席者
府側 佐上知事、福田内務部長、加藤庶務課長、篠山地方課長
中村・玉井両地方監督官
市側 土岐市長、山田庶務課長、井手理財課長（中途ヨリ出席）
四、議事
先ヅ篠山地方課長ヨリ府ノ調査案ニ基キ編入地域、編入セムトスル理由、編入市町村ノ状況及編入後ノ負担関係等ニ就キ逐一詳細説明ヲ為シ、一市三町十四箇村ヲ編入スルヲ適当ト認ムル旨ヲ述ブ。
佐上知事 伏見市モ近頃無条件合併ノ意見多クナレルガ如シ。

土岐市長　伏見市ガ無条件合併ヲ希望スルナラバ市会ニ於テモ承認スベシ。
佐上知事　若シ伏見市ガ希望スルナラバ法律上ノ条件デナク事実上ノ希望条件ニスレバ可ナリ。
土岐市長　府ノ原案ノ外醍醐梅ヶ畑ノ両村モ加ヘラレタシ。
佐上知事　調査ニ加フルコト、スベシ。
土岐市長　下鳥羽、横大路、納所ヲ除カレタルハ難有シ。
佐上知事　負担関係ニ付テハ、地方課長ノ調査ハ庶務課長ト未ダ協議不充分ニ付、尚内輪ノ調査ヲ遂ゲ、更ニ市ト課長同士ノ協議会ヲ催シ調査スルコト、スベシ。
土岐市長　市ノ調査ニ依レバ、十七箇町村ニテ十八万円、伏見市ヲ入レルト九万円、醍醐村ヲ入レルトザット四十万円市ノ負担ガ増加する計算ナリ。
土岐市長　区ノ分ケ方ハ修学院、松ヶ崎ハ左京区、上賀茂、鷹ヶ峯ハ上京区ニ編入ノ見込ニシテ、市ノ西ノ方ノ部分ヲ割キ之ニ西ノ方ノ編入町村ヲ加ヘテ右京トデモ申スカ一区ヲ置キ、又伏見ヲ中心トシテ一区、尚下京区ノ内鉄道線路以南中間ニ一区、都合三区ヲ増設スル考ナリ、区ノ大サハ大体人口十万位ガ最適当ナリ。
福田内務部長　市ノ水道ハ現在給水能力六十五万ニ付伏見市ヲ編入セバ不足ヲ来スベシ。
土岐市長　伏見市ヲ入レルト別ニ水道ヲ作ラザルベカラズ。水道ト下水トデ伏見ヲ入レルト約六百万円ヲ要ス。
山田市庶務課長　現在隣接町村ニ市ガ上水ヲ供給セルモノヲ市ガ直接給水スルコトニナレバ、夫レ丈ケニテ一万五千円ノ減収トナル。
佐上知事　夫レハ宜イコトモアレバ悪イコトモアルベシ。
土岐市長　市会ノ一部ニハ山林ノ編入ハ京津国道完成後迄待ツテ貰ヒタシトノ意見アリ。
佐上知事　京津国道ハ都市計画ニテヤル故、負担ニ余リ変化ナカルベシ。幾何ノ相違アルヤ、調査セシムベシ。
山田市庶務課長　隣接町村編入ハ三部制廃止ニ依ル京都市民ノ負担増加ヲ緩和スル一方、法ナル旨長官ヨリ述ベラレタル由ナリ。将シテ然ルヤ。
佐上知事　然ラズ。隣接町村編入ニ依ル利益ノ点ヲ箇条書ニシテ示スベキ旨話シ置キタルモ、未ダ其ノ暇ナキナリ。隣接町村ヲ編入スレバ市部府会議員ノ数ハ増加スベシ。

篠山地方課長　二十一人トナル見込ナリ
（此ノ時井手市理財課長出席時ニ午後二時三十分）
土岐市長　井手君、只今編入町村ハ二十箇市町村、区ハ三ツ増スコト、シ府市協同シテ調査ヲ為スコトニ決シタリ。
福田内務部長　区ノ編成ハ市ノ方デ御願ヒシタシ。
土岐市長　増区案ヲ作リ御協議スベシ。
佐上知事　編入ノ基礎要件ヲ作ツテ置ク必要アラン。
土岐市長　何時頃御諮問ニナルヤ。
佐上知事　一月頃ニ認可ヲ取レバ可ナラズヤ。
土岐市長　夫レデハ予算ニ差支ヲ来スベシ。
佐上知事　予算ハ延セバ可ナルニアラズヤ。
土岐市長　コチラノ手続ハ来月中ニ済シタシ。
佐上知事　成ルベク早クスベシ。
井手理財課長　三部制廃止ヲ前提トスルト否トニ依リ、調査ノ方法ニ差異アリ。
土岐市長　来年ノ四月一日実施ト云フコトヲ頭ニ置イテヤツテ貰ヒタシ。
佐上知事　夫レデハ今日ハ其ノ程度ニシテ散会スベシ。
五、散会　午後二時四十五分
（表は下に別掲――小野注）

事項	予定月日	大正六年ノ施行月日
基本調査完了	六月三十日	
編入町村内定	七月十日	
内務省ニ協議	七月三十日	
内務省ニ承認	八月十五日	
関係市町村会ニ照会	八月二十日	八月十九日
同　答申期限	九月五日	九月三日
参事会ニ付議	九月十一日	九月五日
内務大臣ニ稟請	九月十五日	九月九日
内務大臣ノ許可	九月二十五日	十月四日
告示	十月一日	十月九日
施行	昭和六年四月一日	大正七年四月一日

資料39　「京都市境界変更ニ関スル件事由書」昭和五年九月三〇日（京都府立総合資料館府庁文書、昭六-四一-一　京都市近接市町村編入一件　庶務中）
［2-3注12］

第一　沿革

京都市ハ大正七年隣接十六町村ノ全部又ハ一部ヲ編入シ、大ニ其ノ地域ヲ拡張スル所アリシガ、其ノ後戸口ノ増加著シク大正十二、三年頃ニ及ブヤ更ニ市域ノ拡張ヲ要望スルノ声起ルニ至レリ。偶、大正十四年三月紀伊郡伏見町ヨリ同町ニ市制ヲ施行セラレンコトヲ具陳スル所アリシガ、同町ハ紀伊郡深草町ト共ニ京都市ノ延長タルノ実状ニアルノミナラズ、明治三十一年以来夙ニ所謂京伏合併問題トシテ京都市ニ編入ノ必要ヲ唱導セラレタル関係アルヲ以テ、独立ノ伏見市ヲ建設セシメンヨリハ、寧ロ京都市ニ編入スルニ如カザルヲ思ヒ、此ノ機会ニ於テ京都市ニ近接スル町村ヲモ同時ニ編入スルノ計画ヲ樹テ、昭和二年一月事由ヲ具シテ協議スル所アリタルモ、本府三部経済制度廃止前ニ於テ京都市ニ近接セル有カナル町村ノ多数ヲ市部ニ編入スルハ、益郡部ノ負担ヲ苛重ナラシムルノ虞アリタルニ因リ、前記ノ計画ハ一時之ヲ中止シ、三部経済制度撤廃ト同時ニ施行スルノ方針ニ変更シタリ。然ルニ京都市ノ地域拡張ノ必要ハ其ノ後益緊切ノ度ヲ加ヘ、京都市会ハ客年其ノ協議会ニ於テ、満場一致ヲ以テ近接十七ケ町村ヲ京都市ニ編入セムコトヲ要望スルノ決議ヲ為シ、京都市長ハ之ニ基キ別紙ノ如キ意見書ヲ本官宛提出スル所アリタリ。

今ヤ本府郡部府民ガ多年翹望セシ三部経済制度廃止ハ既ニ目睫ノ間ニ迫レリ、此ノ機会ニ於テ京都市ノ市域拡張ヲ実現セシムルハ、関係市町村民永遠ノ福利ヲ確保スルト共ニ、京都市民年来ノ希望ニ副フ所以ニシテ、誠ニ機宜ニ適シタル措置ト謂フヲ得ベシ。依テ新ニ調査ヲ重ネ京都市長ト懇談ノ結果、伏見市外十九町村ヲ京都市ニ編入スルコトニ意見ノ一致ヲ見タリ、之ヲ曩ニ京都市長ノ提出シタル意見ト比較スルニ、新ニ伏見市、紀伊郡堀内村及宇治郡醍醐村ヲ加ヘ、葛野郡梅ヶ畑村及同郡嵯峨町ノ清瀧川右岸ノ地ヲモ一括編入スルコトニ改メタルモノニシテ、其ノ理由次ノ如シ。

一、伏見市ヲ加ヘタルハ、同市ハ古来京都市ト緊密不離ノ関係裡ニ市勢ノ隆替ヲ共ニシ来リ。現ニ京都市ノ延長タルノ外観ヲ呈スルノミナラズ、両市住民ハ既ニ全ク一箇ノ団体タルト異ル所無キ状態ニシテ、将来両市ノ関係ハ益密接ヲ加フベキ勢ニ在ルニ因ル。

二、紀伊郡堀内村ヲ加ヘタルハ、同村ハ伏見市及深草町ト関係最モ密接ニシテ、民家ノ一部分ハ連担シテ境界ヲ弁シ難ク、且将来京都市南方ノ住宅地トシテ最モ嘱望スベキ地ナルニ由ル。

三、宇治郡醍醐村ヲ加ヘタルハ、山科町ノ南部ニ接続シ、山科町ヲ市ニ編入スルニ於テハ、将来此ノ方面及市ノ南方ノ交通衛生等ノ施設ヲ為ス上ニ欠クベカラザル地ナルニ由ル。

四、葛野郡梅ヶ畑村、嵯峨町ニ就テハ京都市会ハ曾テ清瀧川ノ左岸ノミヲ市ニ編入セントスルノ意向ヲ表明セルモ、今其ノ全地域ヲ編入セントスルハ、梅ヶ畑村ノ清瀧川右岸ノ地域ニハ所謂三尾ノ景勝ヲ有シ、之ヲ除外シテハ同村編入ノ趣旨ヲ没却スルニ至ルベク、又両村共清瀧川右岸ノ地域ハ独立シテ一村ヲ維持経営シ、又ハ目下ノ状態ニ於テハ他ノ町村ニ併合スルコト困難ナル事情アルニ由ル。

右ノ成案ハ之ヲ関係市町村長ニ内示シ以テ市町村会ノ意向ヲ徴セシメタル所、概ネ同意ノ旨答申セリ。唯京都市会ハ未ダ会合スルニ至ラズ、伏見市深草町及堀内村ハ目下調査委員ヲ挙ゲ調査中ニシテ未ダ答申セザルノミナラズ、多少ノ論議アルガ如キモ、大勢ハ京都市ニ編入スルノ外市町村民ノ福利ヲ増進スルノ途無キコトヲ熟知セルニ依リ、遠カラズシテ円満ナル解決ヲ見ルベキモノト信ズ。尚今回京都市近接町村編入ノ議アルヲ聞クヤ、紀伊郡下鳥羽村、横大路村及納所村並ニ葛野郡松尾村、桂村及川岡村ノ六村ハ、此ノ機会ニ於テ京都市ニ編入セラレムコトヲ熱望シ、屢陳情スル所アリタリ。然レドモ紀伊郡三箇村ハ鴨川及高瀬川ヲ以テ今回ノ編入予定区域ト画然区画セラレ、地勢低湿ニシテ往々水害ヲ蒙ルノ虞アル為、其ノ地域ハ伏見市ノ西ニ隣接スルニ拘ラズ、伏見市トノ間ニハ人家スラ無キ状態ニシテ近キ将来ニ於テ発展ノ見込無ク、又葛野郡三箇村ハ桂川ノ西岸ニ位シ、未ダ農村タルノ域ヲ脱セズ、人口増加率ノ如キモ極メテ低ク、現ニ京都市ノ影響ヲ受クルコト甚ダ少ク、之ヲ市ニ編入スルモ市ノ施設ノ之ニ及ブハ幾多年月ヲ要スベク、依テ之等ノ各村ハ之ヲ今回ノ編入予定地域ヨリ除外シタルナリ。

第二　京都市ノ地域拡張ノ必要

京都市ハ学問、美術、工芸、及宗教ノ淵叢トシテ、将又風光ノ明媚ナルト史跡ノ豊富ナルトニ依リ、世界的遊覧都市トシテ特色アル発達ヲ遂ゲ、今ヤ人口七十五万五千ヲ抱擁シ市勢益隆盛ヲ加ヘツヽアリ。

其ノ市域ハ面積三方里九四四ニシテ六大都市中最モ狭ク（別冊第一号一六頁）人口密度ハ一方里ニ付十九万一千ヲ超エ当ニ飽和ノ域ニ達セル為、従来ノ地域ヲ以テシテハ遂年増加スル人口ヲ収容スルノ余地ナク、速ニ之ヲ拡張シテ市民ノ居住及商工業ノ地ヲ求メ、予メ適当ナル施設ヲ加ヘ、以テ将来健全ナル都市的発展ヲ企画スルノ必要緊切ナルモノアリ。

更ニ京都市従来ノ発展ノ趨勢ヲ見ルニ、他ノ大都市ニ比シ工業ノ勃興ニ負フ所比較的少キガ如シト雖モ、今後益市勢ノ発展ヲ期センガ為ニハ、工業ノ振興ヲ要スルコト言ヲ俟タズ、然ルニ現在ノ京都市域ハ既ニ其ノ余地無ク、将来工業的施設ノ地ハ之ヲ近郊ニ求メザルベカラザル状態ナリ、京都都市計画ハ市ノ南方ノ地域ヲ以テ工業地域ト為スト雖モ、未ダ之ガ計画事業ヲ実行スルノ域ニ達セズ、速ニ之等ノ地域ヲ市ニ編入シテ、工業振興ノ施設ヲ為スハ京都市勢伸張ノ為、正ニ緊急ノ要務タラズムバアラズ。

由来京都市ハ山紫水明ヲ以テ著聞スト雖モ、其ノ風光ノ美ハ郊外山川ノ秀麗ニ俟ツモノ多ク、之ガ風致ノ維持保存ト遊覧設備ノ完整トハ、遊覧都市トシテ京都市ノ声価ヲ増ス上ニ至大ノ関係アリ、此ノ故ヲ以テ近郊ノ名勝地ヲ京都市ノ地域ニ編入シ、統制アル方針ノ下ニ諸施設ヲ完成スルハ、独リ京都市ノ為必要ナルノミナラズ、関係各町村ノ利益亦甚大ナルモノアルベシ。

飜テ京都市ニ近接スル市町村ノ現況ヲ通観スルニ、京都市ノ戸口飽和ノ結果、其ノ過剰人口カ奔然トシテ是等市町村内ニ流入スルノミナラス、農村ヲ離レテ京都市ニ集中セムトスル人口亦近郊ニ密集スルモノ多キニ因リ、何レモ戸口ノ激増ヲ来シ(別冊第一号七—一〇頁)田園ハ忽ニシテ人家工場ノ聚落ト化シ、到ル処ニ新市街ヲ現出シツ、アリト雖モ、各市町村ハ概ネ財源ニ余裕少キガ為、急激ナル発展ニ順応シテ、諸般ノ施設ヲ改善スルノ暇無ク、道路、下水、伝染病院、消防設備ノ如キモ殆ント旧態ヲ改ムルコト能ハス、又戸ロノ急激ナル増加ハ漸ク警察力稀薄ノ憾ヲ深カラシムルモノアリ、之ヲ現状ノ儘ニ放置セムカ、関係住民ハ将来、交通、衛生、警察其ノ他諸般ノ点ニ於テ支障ニ堪ヘザルニ至ルベク、其ノ不幸ハ固ヨリ延テハ京都市ニ対スル脅威ト為リ、遂ニハ其ノ健全ナル発達ヲ阻害スルノ虞無シトセズ、而シテ此ノ状態ヲ脱シテ克ク急激ナル都市化ニ順応スルノ施設ヲ遂行シ、関係市町村住民共同ノ福利ヲ増進スルガ為ニハ、京都市ヲ中心トシテ近接市町村ガ一個ノ自治体ヲ構成シ、鞏固ナル基礎ニ立チ、諸般ノ経営ヲ進ムルニ如クハ無シ。

京都市民及近接市町村民ハ此ノ点ニ於テ利害ヲ共通ニセルノミナラズ、之等市町村住民中ニハ単ニ店ヲ近郊ニトスルノミニシテ、其ノ経済活動ハ挙ゲテ之ヲ京都市内ニ営ム者極メテ多ク、加フルニ京都市街ノ拡大ト交通機関ノ発達(交通図参照)トノ結果、近接市町村住民ト京都市民トノ関係ヲ密接ナラシメシコト、到底昔日ノ比ニ非ズ、両者ノ風俗習慣ハ夙ニ同化シ、政治的経済的利害ヲ一ニシ、公私ノ両生活ヲ通ジテ既ニ一体ヲ為スニ至レリト謂フベキ状態ニ在リ、従テ京都市ト近接市町村トノ間ニ於ケル行政上ノ区画ハ今日ニ於テハ其ノ存在ノ理由ヲ失ヒ、速ニ之ヲ撤去シテ一個ノ自治体ヲ形成シ相扶翼シテ諸般ノ施設ヲ改善シ市勢ノ振興ニ努ムルハ、時勢ニ順応シテ関係市町村住民カ共存共栄ノ実ヲ挙グル所以ニ外ナラス。

由是観之、速ニ京都市ト近接市町村トヲ合併シテ、其ノ弾力アル財源ニ依リ都市的経営ヲ進メ、以テ将来ノ発展ニ資スルハ最モ合理的処置ト謂フベク、之ニ依リテノミ京都市及近接市町村ノ健全ナル発達ヲ期スルヲ得ベキナリ、而シテ、

伏見市
愛宕郡修学院村、同郡松ヶ崎村、同郡上賀茂村、同郡大宮村、同郡鷹峯村
葛野郡花園村、同郡太秦村、同郡西院村、同郡梅ヶ畑村、同郡嵯峨町、同郡梅津村、同郡京極村、
紀伊郡吉祥院村、同郡上鳥羽村、同郡竹田村、同郡深草町、同郡堀内村
宇治郡山科町、醍醐村
ノ一市十九町村ハ、総テ京都都市計画区域ニ編入セラレ、京都市ト殆ント連担シテ緊密不可離ノ関係ニ立チ、地勢、人情風俗等ヲ考覈スルニ、京都市ノ一部タルニ何等ノ支障無ク又概ネ京都市ヨリ八哩以内ノ距離ニ在リ、交通至便ニシテ一時間未満ニシテ市ノ中心地ニ到達シ得ヘキ範囲ニ在ルヲ以テ、之等ノ市町村ヲ廃シテ其ノ地域ヲ京都市ニ編入スルヲ最モ適当ナリト信ズ。

資料40 「京都伏見両市併合ノ件事由書」（京都府立総合資料館府庁文書、昭六―二六―一　市財政　自壱至六、起債許可稟請書）［2-3注14］

京都市ハ学術及芸術ノ淵叢トシテ、又海内無比ノ遊覧都市トシテ特色アル発展ヲ遂ケ今ヤ人口七十五万五千ヲ抱擁シテ市勢益々伸長シツツアリ、然レトモ其ノ戸口ノ密度ハ既ニ飽和ノ域ニ達セル為、従来ノ地域ヲ以テシテハ商工何レノ方面ニ対シテモ今後円満ナル発展ヲ期シ難キ状態ナルヲ以テ、其ノ市域ヲ拡張スルノ必要緊切ナルモノアリ、依テ別途具申ノ如ク近接十九箇町村ヲ廃シ、其ノ地域ヲ京都市ニ編入センコトヲ企画シ、更ニ古来京都市ノ門戸タル伏見市ヲモ打ッテ一丸トセントス、此ノ問題タルヤ所謂京伏合併問題トシテ明治三十一年以来屢々関係有力者間ニ唱導セラレ、住民亦早晩其ノ機会ノ到来スヘキコトヲ待望シツツアリシナリ。然レトモ諸種ノ事情ニ由リ、京都市側ニ於テハ之カ実行ヲ躊躇セル為遂ニ今日ニ至ル迄之カ実現ヲ見サリ、斯クノ如キ事情アルニ由リ曩ニ伏見町ニ市制ヲ施行セラレムトスルニ際シテモ、当時ノ伏見町長ハ本府参事会ノ調査委員ニ対シ「伏見市制実施ノ後ト雖モ京都市ニ於テ合併スル誠意アレハ決シテ之ヲ否ムモノニ非ス」トノ声明ヲ為シ（別紙参事会会議録参照）、之ニ基キ参事会ハ別紙ノ如キ意見書ト共ニ市制施行ヲ可トスルノ答申ヲ議決セリ。此ノ経緯ヲ見ルモ伏見市民カ多年京都市トノ合併ヲ希望セシコトヲ覗フニ足ルヘク、今ヤ京都市亦進テ之ヲ希望スルニ至リシ以上之カ実現ヲ図ルハ伏見市民年来ノ宿望ヲ達セシムル所以ニ外ナラス。

伏見市ハ京阪両地連絡ノ要衝ニ当リ、古来京都市南方ノ関門トシテ緊密不可離ノ関係裡ニ京都市ト其ノ隆替ヲ共ニシ来レリ。客年五月市民ノ熱烈ナル希望ニ因リ市制ヲ施行セラレタリト雖モ、其ノ地域極メテ狭小、人口僅ニ三万二千六百ニ過キス、而モ其ノ市域内ニ於テハ今後発展ノ余地ヲ残ササル状態ニ在リ。従テ将来市勢ノ膨張ニ順応シテ円満ナル発展ヲ遂ケンカ為ニハ、隣接町村ヲ編入シテ地域ヲ拡張シ、以テ都市経営ノ方途ヲ講スルカ、又ハ北隣各町村ト共ニ京都市ニ合併シテ大都市ノ一部トシテ住民ノ福利増進ヲ策スルカノ二途ノ内其ノ一ヲ択フノ外無カルヘシ。然ルニ伏見市周囲ノ各町村中紀伊郡上鳥羽村、竹田村、深草町及堀内村ハ別途具申ノ如ク之ヲ京都市ニ編入スルノ必要アルヲ信シ、明年四月一日ヨリ実施ノ予定ヲ以テ着々準備中ニ属スルノミナラス、紀伊郡下鳥羽村及横大路村ハ京都市ニ編入セラレムコトヲ熱望スルモ伏見市トハ合併ノ意図無ク、同郡向島村ハ村民ノ負担極メテ軽キ為全然他トノ併合ヲ望マサルカ如シ。如斯状態ナルヲ以テ伏見市ノ地域拡張ハ到底実現ノ見込無ク、従テ伏見市ハ京都市ニ合併スルニ非レハ、永ク狭小ナル現市域ニ跼蹐スルノ已ムヲ得サルニ至ルヘシ。

伏見市政ノ概要ヲ観ルニ市制施行後日尚浅クシテ、未タ都市的施設ノ見ルヘキモノ無ク現ニ其ノ経営シツツアル事業ハ

伏見病院　（予算年額　一〇四、三七九円）

伏見景勝病院　（伝染病院予算年額　九、三二六円）

公設市場　（予算年額　一、二〇九円）

職業紹介所　（予算年額　三、〇四三円）

公益質舗　（予算年額　七、五四六円）

ノミニシテ、道路ノ改修、上下水道、公園、火葬場ノ設置等都市トシテ最モ急ヲ要スヘキ事業モ未タ其ノ緒ニ就クニ至ラス、其ノ他ノ社会施設、教育施設等ニ至リテハ何ノ日ニ於テ着手シ得ルヤモ知リ難キ状態ナリ。然ルニ其ノ財源ハ豊富ナラサル為市税ハ各税ニ渉リ左ノ如キ制限外課税ヲ為セリ。

国税付加税	制限率ノ百分ノ三十五
府税営業税付加税	制限率ノ百分ノ二十五
府税雑種税付加税	制限率ノ百分ノ五強
府税家屋税付加税	制限率ノ百分ノ五十強

此ノ課税率ノミヲ見ルトキハ、他ノ小都市ニ比シ必スシモ高率ニ非スト雖モ、之全ク伏見市カ都市的施設ヲ行ハサル結果ニ外ナラス、加之来年度ニ於テハ本府三部経済制度廃止ニ伴ヒ伏見市ニ於ケル府税ノ減額ハ七万円ヲ超ユヘク之ニ付随シテ市ノ経済ニ於テモ

府税営業税付加税　　三、二三六円
府税雑種税付加税　　一三、六四六円
府税家屋税付加税　　一四、三八五円
府税徴収交付金　　二、八二五円
計　　三三、〇九二円

ノ減収ヲ来スヘシ、之ヲ補塡セムカ為ニハ従来ノ税率ニ比シ相当高率ノ制限外課税ヲ為ササルヘカラサルニ至ルヘク、将来何等カノ新事業ヲ起サムトスル場合ハ更ニ増税ノ必要ヲ生スルコト明ナリ。

今伏見市ヲ廃シテ其ノ地域ヲ京都市ニ編入スルトキハ、伏見市民ノ負担スル市税額ハ多少ノ増加ヲ免レサルカ如シト雖モ、同時ニ実施セラルル本府三部経済制疏廃止ノ結果ハ、府税ニ於テ著シキ減額ヲ来スニ由リ、市民ハ何等ノ苦痛ヲ感スル所無カルヘク、都市的施設ノ改善ニ至リテハ独立シテ弱小ナル財力ニ頼ランヨリハ、京都市ト合併シテ大京都市ヲ背景トシ豊富ナル財源ヲ以テ之ヲ行フノ容易ニシテ、且其ノ効果多カルヘキハ何人モ否定スヘカラサル所ナリ。

又伏見市ハ昭和三、四両年度ニ渉リ宇治川派流沿岸ニ埋立工事ヲ行ヒ、其ノ埋立地売払代金ヲ財源ニ充当スル見込ヲ以テ諸種ノ事業ヲ実施シタルニ、埋立ニ依リテ得タル土地ハ財界不況ノ影響ヲ受ケテ売却不可能ニ陥リ、為ニ歳入ニ多額ノ欠陥ヲ生シタリ。之カ補塡ノ為基本財産及積立金ノ大部分（約九万三千円）ヲ処分シタルモ尚二十万七千余円ノ不足ハ補塡ノ方法無ク、止ムヲ得ス起債ニ依ラントシテ目下夫々準備中ナリ。而シテ之カ償還財源ニ充ツヘキ土地ハ何時ニ於テ処分シ得ルヤ全ク予断シ難キ状態ナルヲ以テ、今後ハ総テノ事業ニ節約ヲ加ヘ、土木費ノ如キモ来年度以降ハ臨時費ノ全部ヲ削リタル上更ニ経常費ヲモ本年度ニ比シ約半額ニ低下セシムルニ非レハ、市ノ財政ヲ経理シ得サルカ如キ難局ニ陥ラントシツツアリ。翻テ京都市ト合併スルニ於テハ此ノ窮状ヲ免ルルヲ得ルノミナラス、合併後旧伏見市民ノ分任スヘキ市税額（学区市税ヲ除ク）ハ京都市税総額ノ百分ノ四ニ足ラサルヲ以テ、将来京都市カ諸種ノ施設ヲ為スニ当リ、伏見市民ノ負担ニ影響スル所ハ殆ント謂フニ足ラサル程度ニ止ルヘク、京都市ニ合併スルニ於テハ伏見市民ハ其ノ負担ニ激変無クシテ、着々完全ナル都市

的施設ノ恩恵ヲ享受スルコトヲ得ヘク其ノ利益測ルヘカラサルモノアリ。従来京都市ノ発展ハ他ノ大都市ニ比シ工業ノ勃興ニ負フ所比較的少キカ如シト雖モ、今後益々市勢ノ隆昌ヲ期センカ為ニハ、其ノ古来ノ特色ヲ発揚スルト共ニ、更ニ工業ノ振興ヲ要スルコト言ヲ俟タス、而シテ京都市ノ南方伏見市ニ至ル迄ノ地域ハ将来工業的施設ヲ為スニ最モ適当ナル地域ナルヲ以テ、総テ之ヲ京都市ニ編入スル予定ナルカ、伏見市ハ地勢及運輸ノ関係上其ノ咽喉ヲ扼スルノ位置ニ在ルニ由リ、同市ノ地域ニ於ケル施設ノ如何ハ直チニ以テ京都市将来ノ工業的発展ニ至大ノ影響ヲ及ホスヘク、京都市ハ之ヲ編入スルコトニ依リテノミ市勢ヲ南方ニ伸長スルノ基礎ヲ確立シ得ヘキナリ。

由来京都伏見両市ガ唇歯輔車ノ関係ニ在ルハ顕著ナル事実ニシテ、此ノ両市ノ中間ニハ紀伊郡深草町及竹田村ノ介在スルアリト雖モ、京都、深草、伏見ハ互ニ商家連担シテ一個ノ市街ヲ形成シ、其ノ外観ニ於テ一体ヲナセルノミナラズ、経済的関係ハ更ニ一層緊密ナルモノアリ。人情風俗又全ク同一ニシテ何レノ点ヨリ観察スルモ伏見市ハ京都市ノ延長ト認ムベキ状態ニ在リサレバ、両市間ノ交通機関ハ最モ整備シ京都市営電気軌道ノ延長シテ伏見市ノ南端ニ達スルヲ始メトシ、国有鉄道一線、私設電気鉄道二線、国府道数線アリテ、之ヲ利用スルトキハ伏見市ノ何レノ部分ヨリスルモ僅ニ三十分内外ニシテ京都市ノ中心地点ニ到達スルヲ得ベシ。之ヲ要スルニ両市ハ既ニ事実上一個ノ団体タルト何等異ル所無ク、其ノ間ニ於ケル行政区画ノ如キハ全ク存在ノ理由消滅シ、寧ロ今日ニ於テハ両市共同ノ利益ヲ伸長スル上ニ於テ障害トナル虞アリト謂フベシ。若シ夫レ別途具申ノ如ク京都市ノ境界ヲ変更シ近接十九箇町村ヲ編入シタル暁ニ於テ尚伏見市ヲ独立ノ市トシテ存続セシメンカ為ニ、京都市ハ阪神方面トノ交通運輸ノ関門ヲ扼セラレ、其ノ施設ノ自由ヲ失ヒ、惹テハ市勢ノ伸長ニ障害ヲ来スノ虞アルノミナラズ、伏見市亦周囲ノ町村中最モ関係密接ナル地ハ挙ゲテ京都市ニ奪ハレ、僅ニ猫額大ノ地ヲ守リテ財政ノ窮乏ニ苦シムニ至ルノ虞無シトセズ。況ンヤ二市相隣接シテ同種ノ機関ヲ備ヘ同種ノ事業ヲ行フニ於テハ、各般ノ事項ニ渉リ経済的損失ハ枚挙ニ暇アラザルベク、又万一両市ノ施設連絡統一ヲ欠クガ如キコトアランカ、其ノ弊真ニ恐ルベキモノアルベシ、此ノ故ヲ以テ京都伏見両市ノ合併ハ今回ノ京都市域拡張ノ効果ヲ完成セシムル所以ニシテ、寧ロ其ノ骨子ヲ為スモノト云フベク、之ヲ統一併合シテ渾然タル一自治体ニ帰セシムルコトニ依リテノミ関係市町村住民ハ永遠ノ福利ヲ確保シ、時勢ニ順応シテ共存共栄ノ実ヲ挙グルヲ得ベシト信ズ。

合併後ニ於ケル伏見ハ伏見ヲ中心トシテ近接町村ト共ニ新ニ一区ヲ設ケ、又従来ノ伏見市ヲ区域トシテ一学区ヲ置キ教育ニ関スル事ヲ処理セシムル予定ナリ。

伏見市ノ財産ノ処分ニ付テハ他ノ町村ト同様ニ

一．学校、幼稚園ノ敷地及建物

二．普通基本財産、教育基本財産

三．其ノ他教育ニ関スル各種ノ財産

ハ之ヲ学区ニ帰属セシムルコトヲ条件トシテ一旦全部ヲ市ニ帰属セシメントス。伏見市債ノ未償還額ハ昭和五年度末現在ニ於テ十九万八千九百三十七円ノ見込ナルガ、全部小学校建築費ニ充当シタルモノナルヲ以テ合併後ハ之ヲ学区ノ負債ニ属セシムル予定ナリ。

両市の合併ガ住民ノ負担ニ及ボズ影響ニ付テハ別添京都市境界変更ニ関スル件事由書ニ詳記セル如ク、現状伏見市民ノ負担ハ多少増加スルノ嫌アルモ、コハ主トシテ伏見市ノ家屋賃貸価格ノ決定額ガ京都市ニ比シ著シク高率ナルニ起因スルモノニシテ、本府三部経済制度廃止後ニ於テハ、京都市ノ家屋賃貸価格ハ従来ノ郡部ト同一ノ標準ニヨリテ更正セラルベク其ノ暁ニ於テハ伏見市ノ負担ハ著シク減少スルニ至ルヘク、又編入後ハ新ニ都市計画特別税ヲ負担スルニ至ルト雖モ、之レ事業ニ伴フ負担ニシテ合併後京都市ハ之ヲ以テ相当ノ施設ヲナスヘク、伏見市民ハ寧ロ利益スル処アルモ苦痛ヲ感じズルコト無カルベシ、況ヤ三部制廃止ニ伴フ府税ノ減額ハ、伏見市ノ地域ニ於テ優ニ七万二千四百円ニ上ルベク、之ト市税額ヲ通算スルトキハ伏見市民ノ負担ハ相当ノ軽減ヲ見ルベシ。此ノ機会ニ於テ多年ノ懸案ナル両市ノ合併ヲ為スハ最モ適当ノ措置ト謂ハザルベカラズ

資料41　「答申書」（『京伏合併記念伏見市誌』所収）　［2-3注26］

昭和五年九月十日附第一号ヲ以テ本会ニ意見ヲ諮問セラレタル伏京合併問題ノ件

左記条件ヲ付シ可ト認ムルコトニ決定致候条此段及答申候也

伏見市会議長　千歳喜次郎

伏見市長　中野種一郎　殿

左記

一、本市ハ古キ歴史ヲ有スルヲ以テ国家観念ヲ尊重シ、伏見ノ名称ヲ存続スルノ意味ニ於テ伏見区ヲ設置シ現在ノ庁舎ヲ之ニ充ツルコト。
二、市立伏見病院ヲ財団法人組織ニ変更シ、其ノ基本財産トシテ寄付金ノミヲ以テ建設シタル市営住宅、市有埋立地ヲ之ニ移管スルコト。
三、本市学校営繕費ニ要シタル起債ハ京都市ニ於テ償還継承スルコト。
四、本市埋立工事ニ関連シタル起債（金二拾万七千八百円）金額ハ京都市ニ於テ償還継承スルコト。
五、本市基本財産並積立金額（用途ヲ指定シ寄付シタル金額ヲ含ム）ハ京都市ニ於テ直ニ積戻シヲ為シ、事業資金並ニ社会事業基金ハ伏見方面委員会ニ其他基本財産トシテ蓄積スルコト。
六、本市ノ計画施設ニ属スル火葬場塵芥焼却場ハ其ノ工事ヲ継承スルコト。
七、本市ニ消防署を設置スルコト。
八、本市大手筋通ヨリ京阪国道ニ通ズル道路ヲ開削スルコト、尚下板橋通、津知橋通ノ二線ニ於テモ同様改修スルコト。
九、本市ヨリ京都市ニ通スル貫線道路及醍醐山科ニ通ズル道路ヲ開削スルコト。
十、伏見市立伏見景勝病院、市立職業紹介所、市立公益質舗、市立高等小學校、市立実科高等女学校、市立公設市場、伏見市公会堂ハ之ヲ存置シ経営スルコト。
十一、本市ノ計画施設ニ属スル上水道下水道ハ其ノ工事ノ完成ヲ期スルコト。
十二、本市ノ計画セル道路線ハ之ガ工事ノ完成ヲ期スルコト。
十三、本市ニ於テ施行セル事務中京都市ニ移管セラル、各課ハ地方市民ノ福利増進ノタメ其ノ出張所ヲ設クルコト。
十四、本市ニ於テ給料ヲ支給シタル職員使丁雇人ハ一人タリトモ失職者ヲ出サス、現給以上ニテ其ノ儘全部継承スルコト。但シ本市勤続年数ハ之ヲ京都市勤続年数ニ通算シ本市退隠料、退職給与金、死亡給与金、遺族扶助料条例ヲ適用スルコト。
十五、本市有功表彰規程ハ現在制定ノモノヲ継承シ之ヲ適用スルコト。
十六、本市ニ於テ契約締結シタル本市金庫、京都電燈ハ之ヲ継承スルコト。
十七、本市道ハ総テ京都市道ニ認定スルコト。
十八、京都市電伏見線ノ料金ハ即時均一制ヲ採用スルコト。

十九、伏見学区ノ補助金トシテ十ヶ年年額五万円ヲ京都市ヨリ補助スルコト。
二十、本市内ニ於ケル各種ノ合併記念事業ヲ施行スル為メ京都市ヨリ一時金三拾万円ヲ交付スルコト。
二十一、市税ハ昭和五年度本市当初予算ノ課率ニ依リ不均一制ヲ以テ賦課スルコト。

希望条件
一、伏見区ニ十名以上ノ議員ヲ配置スルコト。
二、醍醐村ヲ伏見区ニ編入スルコト。
三、伏見区ノ上板橋通ヲ東へ峠ヲ経テ醍醐ニ至ル道路ヲ改修スルコト。
四、市電横槍、毛利橋、油掛、下板橋、今富橋ノ交通頻繁ナル五ケ所ニ危険防止ノ設備ヲ為スコト。
五、伏見区間内ニ限リ市電ハ区間制ヲ存置スルコト。
六、伏見区ニ巡環線ノ施設ヲ為スコト。
七、市電伏見線ノ油掛、大手筋間、毛利橋、肥後橋間ノ市道線ヲ併用路線ニ変更スルコト。
八、現市会議員ヲ残存任期間ハ京都市会議員ト同様ノ待遇ヲ為スコト。
九、伏見酒造場ハ本市有力産業ナルヲ以テ之ガ事業奨励ノ意味ニテ京都市ニ於テ今後賃貸価格ヲ向上セザル様配慮セラレタキコト。

資料42　「昭和六年三月九日、伏見市、京都市編入条件ニ関スル覚書」（京都府立総合資料館府庁文書、昭六-四一-五　京都市近接市町村編入一件　基本書類）　［2-3注27］

曩ニ仰裁候伏見市ノ京都市編入ニ関スル条件覚書　左ノ通有弐押印ノ上伏見市長ニ交付可然哉

伏見市ノ京都市編入条件ニ関スル覚書

別紙伏見市ノ京都市編入条件ニ対シ協定シタルトコロ左ノ如シ。

記

第一号　目的ノ達成ニ務ム。

第二号　市立病院ヲ財団法人ニ組織変更ヲ為シ其ノ基本財産トシテ、市有埋立地第一区中書島及市営住宅ヲ処分セムトスル場合ハ之ヲ認ム。

第三号　尋常小学校ノ建築ニ要シタル公債未償還額約六万円ヲ除キ之カ目的ノ達成ニ努ム。

第四号　了承ス。

第五号　伏見警察署及元紀伊郡役所敷地ノ全部又ハ一部ヲ売却シ、之ヲ財源トシテ廃市ニ伴フ必要ナル歳出ノ追加（金五万円ヲ限度トス）ヲ為サムトスル場合ハ之ヲ認ムルコト、シテ本号ニ代フルモノトス。

自第六号至第九号　目的ノ達成ニ努ム。

第十号　了承。

自第十一号至第十九号　目的ノ達成ニ努ム。

第二十号　了承シ難シ。

第二十一号　負担激増緩和ニ付慎重考慮ス。

本覚書ハ二通作成シ各其ノ一通ヲ保管スルモノトス。

昭和六年三月四日

京都府知事　佐上信一

伏見市長　中野種一郎

〔初出一覧〕

第Ⅰ部　防火都市・農業都市の京都

第一章　京都・御所用水の近代化
小野芳朗「近代御所用水の成立」『建築史学』第六〇号、二〇一三年三月、二七～五七頁

第二章　都市経営における琵琶湖疏水の意義
一　琵琶湖疏水の開削　新稿（小野）
二　琵琶湖疏水建設のための土地収用
小野芳朗・西寺秀・中嶋節子「琵琶湖疏水建設に関わる鴨東線路と土地取得の実態」『日本建築学会計画系論文集』七七（六七六）、二〇一二年六月、一五一三～一五二〇頁
三　鴨川東部における疏水本線沿線の水力利用
小野芳朗・西寺秀・中嶋節子「京都・鴨川東部における水力利用産業地域の変遷――琵琶湖疏水の利用と空間構成の変容――」『日本建築学会計画系論文集』七八（六八八）、二〇一三年六月、一四四七～一四五五頁
四　庭園と防火
小野芳朗・西寺秀・中嶋節子「京都・南禅寺界隈庭園における琵琶湖疏水の水利用」『日本建築学会計画系論文集』七九（六九八）、二〇一四年四月、一〇二五～一〇三四頁

第三章　水道インフラ整備
一　コレラ流行と祇園祭
（2）　博覧会と祇園祭
小野芳朗「博覧会と衛生」吉田光邦編『万国博覧会の研究』思文閣出版、一九八六年二月、二六七～二八五頁
二　琵琶湖第二疏水

小野芳朗・宗宮功「琵琶湖疏水建設の背景」『第三回日本土木史研究発表会論文集』土木学会、一九八三年六月、三八～四七頁

三　御所水道　新稿（小野）

＊本章の京都市水道にかかわる記述は小野『水の環境史――「京の名水」はなぜ失われたか――』（ＰＨＰ新書、二〇〇一年五月）で論じたものを大幅に補訂して収録した。

第Ⅱ部　大京都への都市拡大と伏見編入

第一章　栄光の伏見　新稿（小野）

第二章　大京都市構想と大伏見市構想

林夏樹・小野芳朗「伏見市の京都市編入（京伏合併）過程における政治主導」（『土木史研究講演集』三二、二〇一二年、二四五～二四九頁）を大幅に小野が加筆修正。

第三章　伏見市政制の挫折と京都市への編入プロセス　新稿（小野）

あとがき

平成八（一九九六）年に職場が京都から岡山に移ったこともあって筆者の都市研究から琵琶湖疏水の影は薄まっていった。もとより、水を水質面より研究するのが本業であり、岡山でも旭川を源流とする後楽園用水や西川用水の成り立ちを追いかけていた。

そのような頃に近世の岡山後楽園研究で著名な神原邦男先生に出会い、その講義から京都の禁裏御所の普請記録を見ることとなって、それ以来禁裏御用水、つまり御所用水の存在が気になりだした。そして用水の跡を探すようになった。江戸時代の絵図と、明治、大正期のいくつかの地図、そして現地調査の結果を合わせてみたところ、上御霊神社の周辺と、相国寺境内（写真1）、それから京都御苑内の旧近衛家の池がその跡とは同定できたが、上賀茂神社から旧小山村一帯は区画整理による宅地開発で足跡はつかめなかった。その用水に琵琶湖疏水が接続するわけだが、疏水分線そのものも賀茂川以西は埋め立てられ、紫明通となり、今は分線の記憶をかすかに呼び起こすせせらぎがつくられている。

写真１　相国寺境内の御所用水跡、少年の視線の方向（南）に向かって水が流れていた。　（小野撮影、以下同）

二〇〇七年であったと記憶しているが、大学時代の先輩である大楽尚史さんと鈴木秀男さん（当時京都市上下水道局）から連絡があり、京都水の日の市民向けのワークショップ企画にでてくれないかといわれた。京都大学土木工学系の教室では先輩の依頼は滅多なことでは断らない文化がある。二の句も無く京都へ出てきたのであるが、そのワークショップを終えて、実は御所用水に興味があるとお二人に話してみた。そうしたところ、ちょうど今、琵琶湖疏水記念館で関連する展示をしているというので、早速皆で見に行ったのである。これが本書で用いた御所用水の資料との最初の出会いになる。疏水記念館のものは田邊家（朔郎の遺族）寄託の資料であって公開資料ではなかったが、御所の用水だから宮内庁が資料を持っていないかと東京の宮内庁宮内公文書館をあたってみると、「御用水録」として一式保存されていることがわかった。

こうして、用水や疏水の資料を再び検索することとなったが、筆者の見たものは主に、水利権、使用権の記録であり、水はだれのものか、を改めて考えさせられることとなった。平成二〇（二〇〇八）年には現在の勤務地に移り、再び京都に住むことになった。そして、やはり研究を支える資料探索で京都府立総合資料館への訪問も再開し始めると、ヘビーユーザーの私だから特にお願いしていると、同館での講演の依頼が福島幸宏さん（現・京都府立図書館）からあった。実は駆け出しの助手の頃から資料館にはお世話になっており、ヘビーユーザーといわれるとお断りはできない。お引き受けして平成二一年一一月五日、「北山の都市計画――琵琶湖疏水支線と北山の景観――」と題して話し、御所用水の話も提供した。

話は連鎖していく。それを聞いていた京都新聞の記者の江藤均さんから興味があると連絡があった。なんでも用水のような流水にご興味があるということで、筆者と同好の方であることがわかった。用水のことは同年一一月二〇日付で京都新聞に報道された。すると、今度は記事を読んだという明光寺のご住職の浅田純雄さんからお手紙をいただき、うちの境内に御所用水の跡があるから見に来ないかとおっしゃる。

明光寺は真宗本願寺派で鞍馬口通に南面している。さまざまな地図を眺めていると確かに用水の一部が境内を貫いているようにみえた。早速訪問してみると、幅一尺長さ三尺の石の橋が二つ、境内に置いてある（写真2）。これが用水にかかっていた橋という。なるほど、これが橋であるなら境内を北から南に貫いていたはずである。

また土地台帳の記録からも昭和三一（一九五六）年に国（大蔵省）から払い下げになった土地が北から南へ幅三尺あると記録されていることもわかった。その土地はたぶん、御所用水の跡だ、とその日はご住職に告げて帰った。しばらくして、またお手紙をいただいた。庫裏の廊下の改修ついでに造園業者に掘ってもらったら、用水跡がでてきたという。栗石で三面を囲んだ跡、である。深さ、幅とも三尺。これは相国寺境内に見えているものと同じサイズである（写真3）。用水はいつまで水をたたえていたのであろうか。その跡には下水管が埋め込まれ、そして埋め立てられたのである（掘られた溝は現在水路の跡を示して再び埋め立てられている／写真4）。お寺から南、つまり鞍馬口通から先は流れの跡はわからない。

このように、いくつかの挿話を含みながら疏水研究は進んだのであるが、これまでは御所の上流側の話である。

写真2　明光寺境内の石橋、右側が南

写真3　明光寺の御所用水跡、右側が南

写真4　同上、手前が南

筆者の視線は下流をも向き始めた。疏水の下流には伏見がある。いまや、酒造エリアや寺田屋など観光スポットとして知られる伏見であるが、かつては中書島遊郭と酒造業とを中心に産業化を目指した。

ちょうど伏見区誕生八十周年の二〇一一年である。歴史を顧みれば伏見市と市制を布いていた時期もある。しかし、伏見市は二年に満たず京都市に編入されてしまう。なぜだ。ここから研究は始まった。そしてその原因のひとつに疏水を水源としない水道事業が計画され、その財政負担があったことがわかってきた。都市というのは、行政単位でみるだけでなく、水系で解析することが可能ではないだろうか、そう考え始めた。より大きな視点でみると、京都から大阪、いまは神戸まで淀川流域として一体で見ることも可能であるがさすがに文化、歴史の差異を考えると多少範囲が大きすぎる。しかし、伏見は京都市に組み込まれる、そして同じ水系にある。水系が同じだから組み込まれた、と極論をかざして研究は始まった。結局、昭和四（一九二九）年七月五日に佐上知事がなぜ内務省に申請をしなかったのか、その真意は不明のままである。本当のことは誰も語らない。それを考えるのが、都市史研究の面白さでもあり、資料的限界でもある。

さてこれも偶然であるが、本稿の校正作業も終盤という平成二七年六月一九日、琵琶湖疏水を含む京都市岡崎一帯が、国重要文化的景観に選定された。本書でとりあげた京都市上下水道局九条山ポンプ場や南禅寺界隈の庭園、夷川船溜なども選定区域に入った。京都市の当該検証・策定委員として関わった経緯もあり、本書刊行と時を同じくし感慨深い。

この出版に関してお礼を申し上げたい皆さんは、このあとがき中にお名前をあげました。皆さんありがとうございました。最後に編集作業を集中して成し遂げていただいた思文閣出版の田中峰人さんに謝意を表します。

平成二七年水無月

小野芳朗

た行

な行

は行

ま行

索　　引

◎編著者略歴◎

小野　芳朗（おの　よしろう）

1980年３月　京都大学工学部衛生工学科　卒業
1982年３月　京都大学大学院工学研究科衛生工学専攻修士課程　修了
1993年11月　京都大学より学位（博士(工学)）授与

1982年４月　京都大学工学部助手
1994年10月　同講師
1996年４月　岡山大学環境理工学部助教授
2002年７月　岡山大学大学院環境学研究科教授
2008年10月　京都工芸繊維大学建築学部門教授
2014年３月　同大学 KYOTO Design Lab ラボ長
2015年４月　同大学副学長

水系《すいけい》都市《とし》京都《きょうと》――水《みず》インフラと都市《とし》拡張《かくちょう》――

2015(平成27)年９月30日発行

定価：本体5,400円(税別)

編著者　小 野 芳 朗
発行者　田 中　　大
発行所　株式会社　思文閣出版
〒605-0089 京都市東山区元町355
電話 075-751-1781(代表)

装　幀　井上二三夫
印　刷
製　本　亜細亜印刷株式会社

 ISBN978-4-7842-1815-8　C3021